Konstruktionsbücher

Herausgegeben von Professor Dr.-Ing. G. Pahl

Band 39

Wolfram Funk

Zugmittelgetriebe

Grundlagen, Aufbau, Funktion

Mit 140 Abbildungen

Springer-Verlag Berlin Heidelberg GmbH

Professor Dr.-Ing. Wolfram Funk
Universität der Bundeswehr Hamburg
Fachgebiet Maschinenelemente
und Getriebetechnik
Holstenhofweg 85
22043 Hamburg

Ursprünglich erschienen bei Springer-Verlag Berlin Heidelberg New York 1995

ISBN 978-3-642-77757-8   ISBN 978-3-642-77756-1   (eBook)
DOI 10.1007/978-3-642-77756-1

Cip-Eintrag beantragt

Satz: Reproduktionsfertige Vorlage des Autors
SPIN: 10059001   68/3020 - 5 4 3 2 1 0 - Gedruckt auf säurefreiem Papier

Vorwort

Zugmittel gehören zu den ältesten Maschinenelementen und sind seit mehreren Jahrtausenden bekannt. Ihnen fehlt die Faszination des Besonderen. Zugmittelgetriebe werden daher heute oft - zu Unrecht - als veraltet und wenig innovativ angesehen.

Mit diesem Buch wird dem Leser erstmals ein Werk vorgelegt, das alle Zugmittelgetriebe nach einer auf deren physikalischen Grundprinzipien aufbauenden Systematik behandelt. Der Aufbau des Buches ist so gewählt, daß die einzelnen Bauarten entsprechend ihren physikalischen Grundlagen in kraftschlüssige (Flachriemengetriebe, Keilriemengetriebe und Sonderbauformen) und formschlüssige Zugmittelgetriebe (Kettengetriebe, Zahnriemengetriebe) gegliedert werden. Für die jeweilige Bauart werden Aufbau und Funktion der Einzelelemente sowie das Betriebsverhalten beschrieben. Die Grundlagen für Berechnung und Konstruktion sind in separaten Kapiteln dargestellt, so daß der Konstrukteur in der Praxis sehr schnell alle für die Auslegung von Zugmittelgetrieben erforderlichen Daten und Hinweise erhält. Bei weiterführendem Interesse kann er in den anderen Kapiteln sein Wissen vertiefen. Der praktischen Anwendung von Zugmittelgetrieben beim Bau stufenlos einstellbarer Getriebe wurde besondere Aufmerksamkeit gewidmet. Hier wird insbesondere auf die CVT-Getriebe, die zunehmend in der Antriebstechnik für Kraftfahrzeuge Verwendung finden und dort zu ökonomisch und ökologisch sinnvollen Lösungen führen, eingegangen. Dem Titel des Buches entsprechend werden nur Zugmittelgetriebe, die der Leistungsübertragung dienen, nicht jedoch Positionierantriebe und Anwendungen von Zugmitteln in der Fördertechnik behandelt.

Mein Dank gilt allen Firmen, die durch die Bereitstellung von technischen Unterlagen und Anwendungsbeispielen zum Gelingen des Buches beigetragen haben. Weiterhin gebührt mein Dank Frau Karin Blume, die für die Textverarbeitung verantwortlich zeichnet, sowie Frau Andrea Jacob, Frau Martina Laboga und Frau Bianca Sander für die Erstellung der Zeichnungen, Tabellen und Diagramme. Mein besonderer Dank gilt Herrn Dipl.-Ing. Frank Schäfer für die redaktionelle Mitarbeit, die Erstellung des Umbruchs und die Anfertigung der druckfertigen Vorlagen. Dem Springer-Verlag danke ich für die angenehme Zusammenarbeit.

Hamburg, im Frühjahr 1995   Wolfram Funk

Inhaltsverzeichnis

Häufig verwendete Formelzeichen und Indizes

Kleine lateinische Buchstaben

a	=	Abstand der neutralen Faser
b	=	Breite
c	=	Federsteifigkeit
d	=	Durchmesser
e	=	Wellenabstand
f	=	Frequenz
h	=	Höhe, Dicke
i	=	Übersetzungsverhältnis
k	=	Ausbeute
k	=	Dämpfungsbeiwert
l	=	Länge
m	=	Trumkraftverhältnis
n	=	Drehzahl
p	=	Teilung
q	=	bezogene Masse
r	=	Radius
s	=	Weg
t	=	Lebensdauer
t	=	Teilung, veränderlich
v	=	Geschwindigkeit
z	=	Zahl, Zähnezahl

Große lateinische Buchstaben

A	=	Fläche
C	=	Faktor
E	=	Elastizitätsmodul
F	=	Kraft
J	=	Massenträgheitsmoment
K	=	Faktor
P	=	Leistung
T	=	Drehmoment
X	=	Anzahl der Kettenglieder
Z	=	Anzahl

Kleine griechische Buchstaben

α	=	Trumneigungswinkel
β	=	Umschlingungswinkel

δ	=	Ungleichförmigkeitsgrad
ε	=	Dehnung
γ	=	Keilwinkel
η	=	Wirkungsgrad
φ	=	Winkel, Öffnungswinkel
λ	=	Ordnungszahl
μ	=	Reibungsbeiwert
ν	=	Ordnungszahl
ρ	=	Dichte
σ	=	Spannung
τ	=	Teilungswinkel
ω	=	Kreisfrequenz
ξ	=	spezifische Stützzugkraft
ψ	=	Schlupf

Große griechische Buchstaben

Δ	=	Differenz, Abweichung
Φ	=	Durchzugsgrad

Indizes

0	=	vorläufig; Grundzustand
1	=	kleine Scheibe
2	=	große Scheibe
B	=	Berechnungs-; Betriebs-
B	=	Biege-
b	=	Biege-
D	=	Diagramm-
e	=	eigen
f	=	Flieh-
K	=	Kette
N	=	Normal-
n	=	Nutz-
R	=	Reib-
R	=	Riemen
R	=	Ruhe-
r	=	relativ
St	=	Standard
st	=	Stütz-
t	=	Trum
u	=	Umfangs-
v	=	Vorspann-
w	=	Wellen-
w	=	Wirk-
z	=	Zahn

1 Einleitung

Zugmittel (Ketten, Seile, Riemen) gehören zu den ältesten bekannten Maschinenelementen. Bereits aus der Bronzezeit sind Ketten bekannt, die jedoch nur als Schmuck verwendet wurden. Bei Ausgrabungen in La-Téne (Neuenburger See) fand man Kesselketten, die keltischen Ursprungs sind. In der Grabkammer des Kammerherrn Ti zu Sakarah in Ägypten ist um 2600 v. Chr. ein Seiler bei der Arbeit dargestellt. Die Babylonier und Assyrer verwendeten Ketten erstmals als Transmissionselemente für Schöpfwerke. Erste Hinweise auf derartige Anwendungsfälle findet man bei dem griechischen Mechaniker Philon von Byzanz in seinen Büchern „Mechanike Syntaxis" 225 v. Chr. Der römische Architekt und Ingenieur Markus Vitruvius Pollio baute 16 v. Chr. ein Schöpfwerk mit einer Gliederkette. Eine Weiterentwicklung der Transmissionselemente fand aufgrund der steigenden Bevölkerungszahlen mit der frühen industriellen Revolution der Renaissance in Italien statt. Im Jahr 1338 gab es in Florenz ca. zweihundert Textilwerkstätten. Schon um 1430 wurden endlose Seilumschlingungstriebe zum Antrieb von Schleifbänken eingesetzt. 1438 entwarf Jacopo Mariano ein Kettenrad, und Leonardo da Vinci (1452 bis 1519) zeigt in seinen über zweitausend Zeichnungen und Skizzen auch Gelenkketten ähnlich den heute bekannten Block- und Flyerketten. Erst im 17. Jahrhundert holten die mitteleuropäischen Länder den durch die Pest und den Hundertjährigen Krieg verlorenen wirtschaftlichen und technischen Rückstand auf. Der Brite Ph. White erhielt im Jahr 1634 ein Patent für die erste eiserne Ankerkette, eine Gliederkette.

Durch die Erfindung der Dampfmaschine kam es im 18. Jahrhundert ausgehend von England zu einer industriellen Revolution, die dazu führte, daß für die vielfältigen Antriebe in einer Fabrik neue Übertragungsmechanismen entwickelt wurden. 1750 erfand Jacques de Vocanson die Haken- oder Bandketten aus Draht zum Antrieb von Maschinen und konstruierte eine Maschine zu deren Fertigung. Riementriebe mit Flachriemen aus Chromleder waren für lange Zeit die wesentliche antriebstechnische Grundlage für den Ausbau und die Weiterentwicklung der industriellen Produktion. Die durch die Dampfmaschine zentral erzeugte Antriebsleistung wurde über lange, unterhalb der Decke der Fabrikhallen laufende Transmissionswellen (Bild 1.1) an die einzelnen Produktionsmaschinen abgegeben. Die ersten theoretischen Betrachtungen über Zugmitteltriebe begann Euler im Jahr 1775. Auf der Grundlage der Euler'schen Betrachtungsweise über Seile, die um einen Zylinder gewickelt sind und tangentiale Reibungskräfte übertragen, stellte Eytelwein 1808 in seinem Werk „Statik fester Körper" seine berühmte Eytelwein'sche Seilreibungsgleichung auf. Gleichzeitig erfolgte eine rasche Weiterentwicklung der Zugmittelgetriebe. Im Jahr 1813 konstruierte Th. Brunten eine Gliederkette mit Steggliedern, und 1822 war es James Gladstone, der eine geschweißte Kette mit doppelten Gliedern auf den Markt brachte. Der französische Münzstecher und Medailleur

André Galle erhielt am 29. Juli 1829 ein Patent auf die nach ihm benannte Gall'sche Kette. Um 1850 entwickelte Rouiller den Kettenriemen, eine Gelenkkette mit ledernen Gliedern und vernieteten drahtstiftähnlichen Zapfen. Im Jahr 1873 wurden gegossene, zerlegbare Ketten entwickelt, und auf der Weltausstellung in Wien lief die Maschine von Pickering mittels Keilriemen. Der Schweizer Hans Renold erhielt im Jahr 1880 das Patent für die Rollenkette. Auf theoretischem Gebiet teilte Grashof 1883 aus der Erkenntnis heraus, daß bei Umschlingungstrieben nicht überall in der Kontaktfläche Gleiten herrscht, den Umschlingungsbogen in zwei Bereiche ein. Während sich die Wissenschaftler und Mechaniker über die Berechnung von Zugmittelgetrieben Gedanken machten, fand der praktische Einsatz von Riementrieben durch die Einführung elektrischer Antriebsmaschinen und deren Einsatz als Einzelantriebe sowie durch zahlreiche Nachteile, die insbesondere den Lederriemen anhafteten, ein schnelles Ende. Während die Kettentriebe für die Lösung spezieller Antriebsprobleme immer ihre Anwendungsbereiche hatten, kommt den Riemengetrieben erst in neuerer Zeit wieder eine große Bedeutung zu, insbesondere durch die Verwendung neuer Werkstoffe und die Entwicklung neuartiger Bauformen von Riemen. Erste Ansätze zur Normung der Zugmitteltriebe fanden im Jahr 1934 mit den DIN-Normen 2215 und 2217 statt. In den vierziger Jahren entwickelte Uniroyal den Zahnriemen auf Gummibasis, der im Dezember 1945 zum Patent angemeldet wurde.

Bild 1.1. Zeitgenössische Darstellung einer Fabrikhalle mit Transmissionsantrieben

Heute finden Zugmittelgetriebe aufgrund ihrer vielseitigen Einsatzmöglichkeiten und ihrer Vorteile in der gesamten Antriebstechnik Verwendung. Insbesondere bei den Riemengetrieben wurden die Grundlagen geschaffen, um deren Einsatzbereich zu hohen und höchsten Leistungen hin zu erweitern. Den Kettengetrieben blieben ihre bevorzugten Einsatzbereiche bis heute erhalten. Der Zahnriemen als jüngstes Zugmittel unterliegt derzeit noch einer stürmischen Entwicklung, die dazu führen wird, seinen Einsatzbereich auf Kosten der anderen Zugmittel weiter auszudehnen. Die Grundlagen für Auswahl, Berechnung und Einsatz von Zugmittelgetrieben finden sich meist in Firmenunterlagen oder in knapper Form in technischen Handbüchern. Speziell für Riemengetriebe erschien 1993 die VDI-Richtlinie 2758, die es sich zum Ziel gesetzt hat, die Auslegung von Riemengetrieben herstellerunabhängig darzustellen.

Das vorliegende Buch geht im Umfang weit über die VDI-Richtlinie hinaus und stellt alle Zugmittelgetriebe umfassend dar. Insbesondere wird dem Betriebsverhalten ein breiter Raum gewidmet, um hieraus bevorzugte Einsatzgebiete und auch Einsatzgrenzen ableiten zu können. Auf dem Gebiet der stufenlos einstellbaren Getriebe zeichnen sich neue Entwicklungstendenzen ab, die zu deren Einsatz bei Kraftfahrzeugantrieben und dort zu ökonomisch und ökologisch sinnvollen Maßnahmen führen.

2 Kraftschlüssige Zugmittelgetriebe

Bei kraftschlüssigen Zugmittelgetrieben wird die Umfangskraft durch Reibung (Kraftschluß) von der Antriebsscheibe auf das Zugmittel und von dort auf die Abtriebsscheibe(n) übertragen. Das übertragbare Drehmoment ist von dem zwischen dem Zugmittel und den Scheiben vorhandenen Reibungsbeiwert und der Anpreßkraft abhängig. Die Grenzen der Belastbarkeit sind erreicht, wenn das Zugmittel durchzurutschen beginnt. Durch keilförmige Gestaltung des Zugmittels kann die Anpreßkraft bei gleichbleibender Belastung der Wellen erhöht werden, so daß eine Steigerung des übertragbaren Drehmoments erreicht wird. Da kraftschlüssige Zugmittelgetriebe schlupfbehaftet sind, ist keine winkelgenaue und synchrone Leistungsübertragung möglich.

2.1 Grundlagen

2.1.1 Geometrische Verhältnisse

Die geometrischen Abmessungen der einzelnen Elemente (Scheibendurchmesser, Wellenabstand, Wirklänge des Zugmittels) und die geometrischen Betriebsgrößen (Übersetzungsverhältnis, Umschlingungswinkel, Öffnungswinkel) sind direkt miteinander verknüpft.

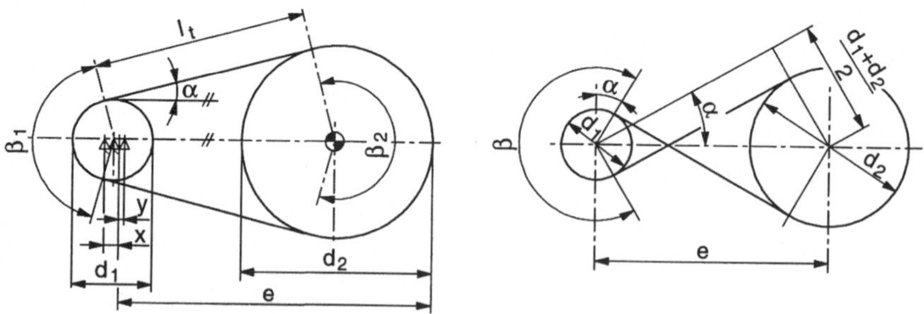

Bild 2.1. Geometrie der Zweischeibengetriebe a) offen b) gekreuzt

Beim klassischen Zweischeibengetriebe (Bild 2.1) sind die geometrischen Verhältnisse eindeutig. Die geometrische Auslegung erfolgt üblicherweise unter Zugrundelegung der in der Regel konstruktiv vorgegebenen Größen Wellenabstand und Übersetzungsverhältnis. Beim offenen Riemengetriebe (Bild 2.1a) haben An-

und Abtrieb im Gegensatz zu Zahnrad- oder Reibradgetrieben die gleiche Drehrichtung. Eine Drehrichtungsumkehr kann, zumindest bei Flachriemengetrieben, durch ein gekreuztes Riemengetriebe erreicht werden (Bild 2.1b). Der Zusammenhang zwischen den verschiedenen geometrischen Größen ergibt sich wie folgt:

Übersetzungsverhältnis

$$i = \frac{n_1}{n_2} \approx \frac{d_2}{d_1} \ . \tag{2.1}$$

Da das Drehzahlverhältnis durch den bei kraftschlüssigen Zugmittelgetrieben immer auftretenden Schlupf beeinflußt wird, das Durchmesserverhältnis jedoch eine konstruktiv fest vorgegebene Größe darstellt, gilt Gleichung (2.1) nur näherungsweise. Die auftretende Abweichung ist jedoch derart gering, daß sie bei der Getriebeauslegung unberücksichtigt bleiben kann.

Weiterhin besteht ein Unterschied zwischen dem geometrischen Durchmesser der Riemenscheibe und dem Wirkdurchmesser, der durch den Abstand a der neutralen Faser bzw. der Zugstrangeinlage des die Scheibe umschlingenden Riemens zu seiner Lauffläche bestimmt ist. Für Überschlagsrechnungen kann a = 0 gesetzt werden [39]. Wirkdurchmesser

$$d_w = d + 2 \cdot a \tag{2.2}$$

Trumneigungswinkel

$$\sin \alpha = \frac{d_2 - d_1}{2 \cdot e} = \frac{d_1}{2 \cdot e} (i - 1) \tag{2.3}$$

Umschlingungswinkel

$$\beta_1 = 180° - 2 \cdot \alpha = 180° - 2 \cdot \arcsin \frac{d_1}{2 \cdot e} (i - 1)$$

$$\beta_2 = 180° + 2 \cdot \alpha = 180° + 2 \cdot \arcsin \frac{d_1}{2 \cdot e} (i - 1) \tag{2.4}$$

Wirklänge des Zugmittels

$$l = 2 \cdot e \cdot \cos \alpha + \pi \cdot (d_1 \cdot \frac{\beta_1}{360°} + d_2 \cdot \frac{\beta_2}{360°})$$

$$= 2 \cdot e \cdot \cos \alpha + \frac{\pi d_1}{360°} \cdot \left[180° - 2 \cdot \alpha + i \cdot (180° + 2 \cdot \alpha) \right] \tag{2.5}$$

näherungsweise

$$l \approx 2 \cdot e + \frac{\pi}{2} \cdot (d_1 + d_2) + \frac{(d_2 - d_1)^2}{4 \cdot e}$$

$$\approx 2 \cdot e + \frac{\pi}{2} \cdot d_1 \cdot (i + 1) + \frac{d_1^2}{4 \cdot e} \cdot (i - 1)^2 \tag{2.6}$$

Für die zur Auslegung erforderliche noch unbekannte Größe d_1 (= Durchmesser der kleinen (treibenden) Scheibe) wird häufig der kleinste zulässige Durchmesser für das gewählte Zugmittel eingesetzt. Für das gekreuzte Riemengetriebe (Bild 2.1b) ergeben sich die geometrischen Abmessungen wie folgt:

Umschlingungswinkel

$$\beta = \beta_1 = \beta_2 = 180° + 2 \cdot \alpha \qquad (2.7)$$

mit α entsprechend Gleichung (2.3).

Wirklänge des Zugmittels

$$l = 2 \cdot e \cdot \cos\alpha + \frac{\pi \cdot \beta}{360°} \cdot (d_1 + d_2) \ . \qquad (2.8)$$

Bei Mehrscheibengetrieben (eine treibende Scheibe, zwei oder mehrere getriebene Scheiben) sind die geometrischen Verhältnisse von der Anordnung der Scheiben untereinander abhängig (Bild 2.2).

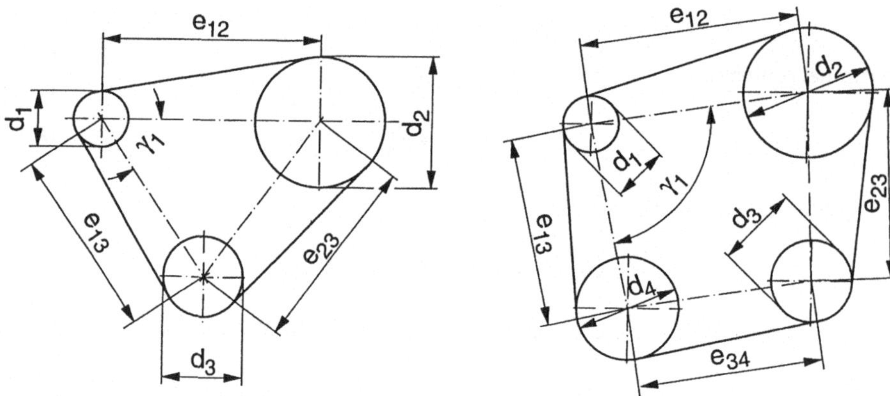

Bild 2.2. Geometrie der Mehrscheibengetriebe

Übersetzungsverhältnisse

$$i_{12} = \frac{n_1}{n_2} \approx \frac{d_2}{d_1} ; \quad i_{13} = \frac{n_1}{n_3} \approx \frac{d_3}{d_1} ; \quad i_{1m} = \frac{n_1}{n_m} \approx \frac{d_m}{d_1} \qquad (2.9)$$

Öffnungswinkel

$$\sin\alpha_{12} = \frac{d_1}{2 \cdot e_{12}} \cdot (i_{12} - 1) \quad , \qquad \sin\alpha_{13} = \frac{d_1}{2 \cdot e_{13}} \cdot (i_{13} - 1)$$

$$\sin\alpha_{1m} = \frac{d_1}{2 \cdot e_{1m}} \cdot (i_{1m} - 1) \quad , \qquad \sin\alpha_{km} = \frac{d_k}{2 \cdot e_{km}} \cdot (i_{km} - 1) \qquad (2.10)$$

Umschlingungswinkel

$$\beta_j = 180° - \alpha_{j,j-1} - \alpha_{j,j+1} - \gamma_j \tag{2.11}$$

Hierin bedeuten j = Index der Riemenscheibe und γ_j = Winkel zwischen den Verbindungslinien der Scheibenmittelpunkte.

Wirklänge des Zugmittels

$$l = \frac{\pi \cdot \beta_1 \cdot d_1}{360°} + e_{12} \cdot \cos\alpha_{12} + \frac{\pi \cdot \beta_2 \cdot d_2}{360°} + e_{23} \cdot \cos\alpha_{23} + \ldots$$
$$+ \frac{\pi \cdot \beta_k \cdot d_k}{360°} + e_{km} \cdot \cos\alpha_{km} + \frac{\pi \cdot \beta_m \cdot d_m}{360°} + e_{1m} \cdot \cos\alpha_{1m} \tag{2.12}$$

2.1.2 Mechanismus der Drehmomentübertragung

Bei kraftschlüssigen Zugmittelgetrieben erfolgt die Übertragung der Umfangskraft zwischen Zugmittel und Scheibe nach dem Prinzip der Seilreibung. Die physikalischen Grundlagen hierzu lassen sich anhand der Kraft- und Reibungsverhältnisse an einer umschlungenen Scheibe (Bild 2.3) herleiten.

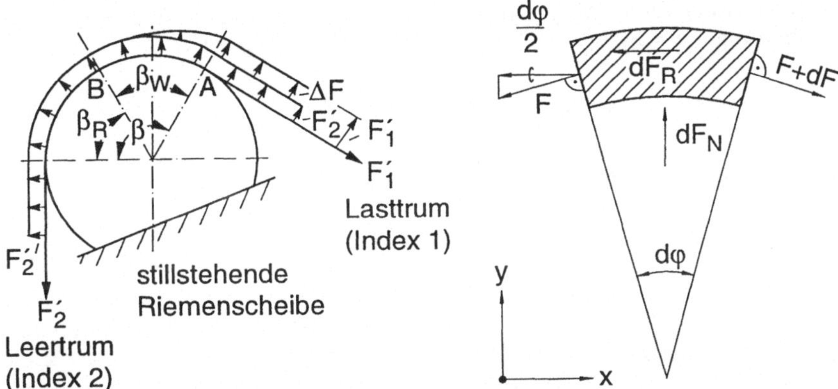

Bild 2.3. Kraft- und Reibungsverhältnisse a) an einer stillstehenden Scheibe b) am Riemenelement

Im Zustand der Ruhe (Drehmoment T = 0) wirkt im gespannten Zugorgan die Trumkraft

$$F' = F_2' = F_1' \tag{2.13}$$

Läßt man die Kraft im Lasttrum langsam um einen Betrag dF ansteigen, so dehnt sich das Zugorgan im Lasttrum zwischen A und B im Bereich des Wirkwinkels β_W. Dabei wird die Zusatzkraft dF zwischen A und B durch Reibung abgebaut, wobei zwischen Scheibe und Zugorgan „Dehnschlupf" entsteht. Betrachtet man nun die auf ein Element des Zugorgans wirkenden Kräfte (Bild 2.3b), so ergibt sich unter der Voraussetzung eines konstanten Reibungsbeiwerts μ innerhalb des Wirkwinkels β_w die Reibkraft aus dem Kräftegleichgewicht in x-Richtung

$$\mathrm{d}F_R = \mu \cdot \mathrm{d}F_N = \mathrm{d}F \cdot \cos\frac{\mathrm{d}\varphi}{2} \qquad (2.14)$$

und die Normalkraft aus dem Kräftegleichgewicht in y-Richtung

$$\mathrm{d}F_N = 2 \cdot F \cdot \sin\frac{\mathrm{d}\varphi}{2} + \mathrm{d}F \cdot \sin\frac{\mathrm{d}\varphi}{2} \ . \qquad (2.15)$$

Für kleine Winkel φ kann man $\cos(\mathrm{d}\varphi/2) \approx 1$ und $\sin(\mathrm{d}\varphi/2) \approx \mathrm{d}\varphi/2$ setzen. Das Produkt $\mathrm{d}F \cdot \sin(\mathrm{d}\varphi/2)$ kann als „Glied höherer Ordnung" vernachlässigt werden. Durch Einsetzen von $\mathrm{d}F_N$ aus (2.15) in (2.14) ergibt sich die Reibkraft

$$\mathrm{d}F_R = \mu \cdot F \cdot \mathrm{d}\varphi = \mathrm{d}F \qquad (2.16)$$

und hieraus

$$\frac{\mathrm{d}F}{F} = \mu \cdot \mathrm{d}\varphi \qquad (2.17)$$

Durch Integration dieser Gleichung zwischen den Grenzen A und B mit den Randbedingungen $F = F_1'$ bei $\varphi = 0$ und $F = F_2'$ bei $\varphi = \beta_w$ ergibt sich

$$\ln F_1' - \ln F_2' = \ln\frac{F_1'}{F_2'} = \mu \cdot \beta_w \qquad (2.18)$$

und hieraus das Trumkraftverhältnis

$$m = \frac{F_1'}{F_2'} = e^{\mu\beta_w} \ . \qquad (2.19)$$

Diese auf Euler (1707-1783) und Eytelwein (1764-1848) zurückgehende Gleichung ist für die Auslegung kraftschlüssiger Zugmittelgetriebe von grundsätzlicher Bedeutung. Die Übertragung der Umfangskraft zwischen Zugorgan und Scheibe erfolgt nur im Bereich des Wirkwinkels β_w und „Dehnschlupf" bei der getriebenen und entsprechendem „Kontraktionsschlupf" bei der treibenden Scheibe. Im restlichen Bereich des Umschlingungswinkels β, dem Ruhewinkel β_R, bleibt die Trumkraft unverändert, und es findet kein Schlupf statt. Nach Grashof (um 1880) besteht der folgende Zusammenhang

$$\beta = \beta_w + \beta_R \qquad (2.20)$$

Im Betrieb durchläuft das Zugorgan stets zuerst ohne Schlupf den Ruhewinkel β_R und dann mit Dehn- bzw. Kontraktionsschlupf den Wirkwinkel. Wird der Ruhewinkel gleich Null, so rutscht das Zugorgan auf der Scheibe durch. Es entsteht Gleitschlupf. Ein über längere Zeit wirkender Gleitschlupf kann nicht nur zum Ablaufen des Zugorgans von der Scheibe führen, sondern auch zu unzulässiger Erwärmung und zur Zerstörung des Zugorgans [39]. Da die Größe von β_w üblicherweise nicht bekannt ist, wird für die praktischen Berechnungen eines Zugmittelgetriebes meist der volle Umschlingungswinkel β der kleineren Scheibe zugrundegelegt, da ein Durchrutschen des Zugorgans zuerst an der kleineren Scheibe erfolgt.

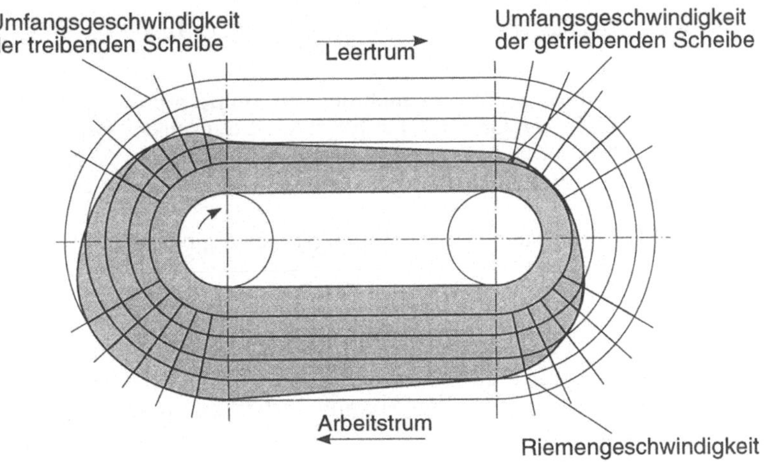

Bild 2.4. Örtliche Riemengeschwindigkeit

Durch die stärkere Dehnung ist das Zugorgan auf der Lastseite infolge der Kraft F_1' länger und muß daher bei laufendem Getriebe aus Kontinuitätsgründen eine höhere Geschwindigkeit als auf der Leerseite besitzen, d.h. v_1 ist größer als v_2 (Bild 2.4). Im Ruhewinkel stimmt die Winkelgeschwindigkeit der neutralen Faser des Zugorgans mit der Winkelgeschwindigkeit der Scheibe überein. Ein Ausgleich zwischen der höheren Riemengeschwindigkeit im Lasttrum und der niedrigeren Geschwindigkeit im Leertrum erfolgt durch Dehn- bzw. Kontraktionsschlupf innerhalb des Wirkwinkels. Dieser Schlupf macht sich als Drehzahlabweichung zwischen Riemenauflaufpunkt und Riemenablaufpunkt jeder Scheibe bemerkbar und beträgt je nach Riemenwerkstoff (E-Modul) und Belastung bei kraftschlüssigen Zugmittelgetrieben 0...2%.

$$\psi = \frac{v_1 - v_2}{v_1} = \frac{(l_2 + \Delta l) - l_2}{l_2 + \Delta l} \approx \Delta\varepsilon \tag{2.21}$$

Bei laufendem Getriebe treten im Zugorgan Fliehkräfte auf. Sie vermindern in den Umschlingungswinkeln den Auflagedruck des Zugorgans auf die Scheibe und beeinflussen daher die Übertragung der Umfangskraft. Sie werden durch die freien Trume abgestützt und wirken gleichmäßig im gesamten Zugorgan.

$$F_f = \rho \cdot v^2 \cdot A = q \cdot v^2 \tag{2.22}$$

Mit zunehmender Geschwindigkeit des Zugmittels bei konstantem Wellenabstand e und konstanten Drehmomenten bleiben die Trumkräfte F_1 und F_2 sowie die

Umfangskraft (Nutzkraft) F_u konstant. Der Auflagedruck und die nutzbaren Trumkräfte F_1' und F_2' vermindern sich durch die Fliehkraft

$$F_1' = F_1 - F_f = m \cdot F_2' \quad , \qquad F_2' = F_2 - F_f = \frac{F_1'}{m} \tag{2.23}$$

$$F_u = F_1' - F_2' = F_1 - F_2 = F_1' \cdot (1 - \frac{1}{m}) = F_2' \cdot (m - 1) \tag{2.24}$$

Wegen $F_u = F_2' \cdot (m-1)$ muß β_w dabei zunehmen, bis bei $\beta_w = \beta$ das Zugmittel auf der Scheibe mit dem kleineren Umschlingungswinkel durchrutscht. Bei $F_f = F_2$ wird $F_2' = F_1' = F_u = 0$. Dann ist kein Drehmoment mehr übertragbar. Nimmt die Geschwindigkeit des Zugmittels noch weiter zu, so hebt das Zugmittel von der Scheibe ab.

Die maximale Trumkraft in einem Zugmittelgetriebe ergibt sich zu

$$F_{max} = F_1 = F_2' + F_u + F_f \quad . \tag{2.25}$$

Unter der Wirkung der Fliehkräfte allein befindet sich das Zugmittel in sich im Gleichgewicht. Die Fliehkräfte üben keinerlei Kräfte auf die Scheiben aus. Daher ergibt sich die Wellenbelastung F_w eines Zugmittelgetriebes nur aus den nutzbaren Trumkräften F_1' und F_2' (Bild 2.5).

$$F_w = \sqrt{F_1'^2 + F_2'^2 - 2 \cdot F_1' \cdot F_2' \cdot \cos\beta} \tag{2.26}$$

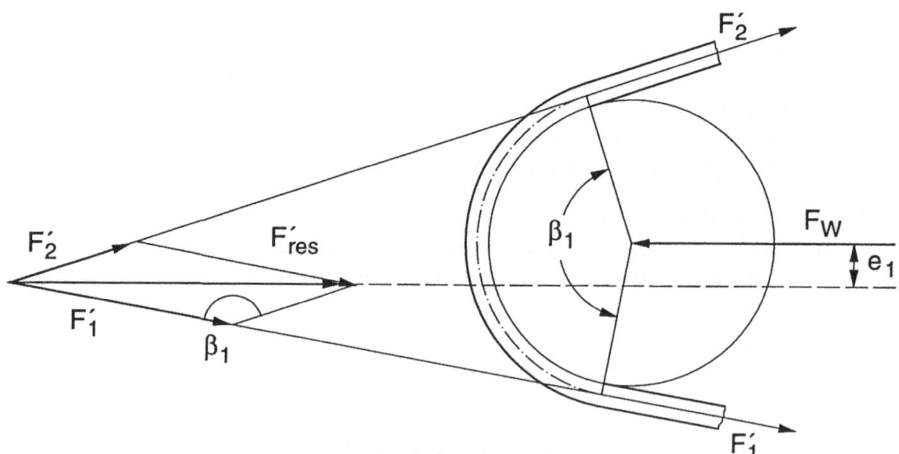

Bild 2.5. Kräfte an der Riemenscheibe und Wellenbelastung

Der Durchzugsgrad

$$\phi = \frac{F_u}{F_w} = \frac{m - 1}{\sqrt{m^2 + 1 - 2 \cdot m \cdot \cos\beta}} \tag{2.27}$$

kennzeichnet die zur Erzeugung der Umfangskraft mindestens erforderliche Wellenkraft in Abhängigkeit vom Reibwert μ und dem Umschlingungswinkel β (Bild 2.6).

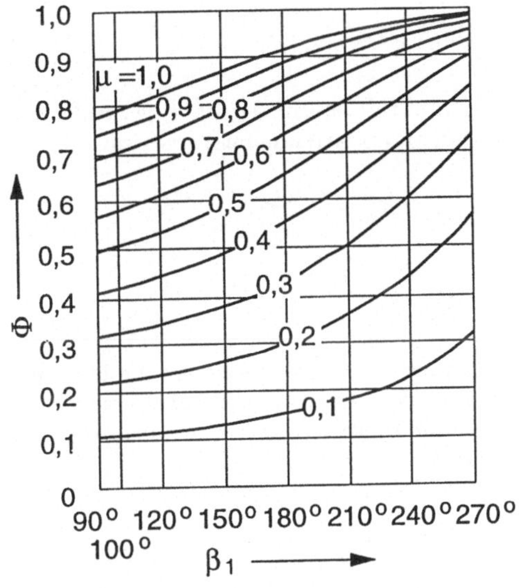

Bild 2.6. Durchzugsgrad Φ in Abhängigkeit von Reibwert μ und Umschlingungswinkel β [39]

Die Ausbeute

$$k = \frac{F_u}{F_1{'}} = \frac{m-1}{m} = 1 - \frac{1}{m} \tag{2.28}$$

kennzeichnet die mit der zulässigen Trumkraft $F_1{'}$ erzielbare Umfangskraft F_u in Abhängigkeit vom Reibwert μ und dem Umschlingungswinkel β (Bild 2.7).

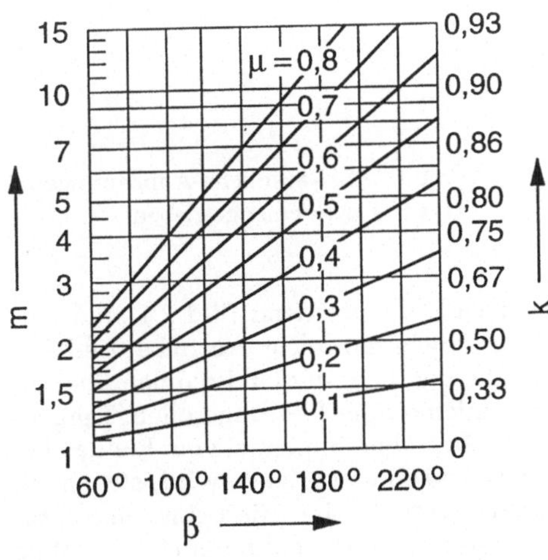

Bild 2.7. Trumkraftverhältnis m und Ausbeute k in Abhängigkeit von Reibwert μ und Umschlingungswinkel β [39]

Um die Umfangskraft durch Reibung sicher zu übertragen, benötigt man in jedem Betriebszustand eine ausreichend hohe Anpreßkraft und damit Vorspannung des Zugmittels.

$$F_v = \frac{F_1 + F_2}{2} = F_1 - \frac{F_u}{2} = F_2 + \frac{F_u}{2} = F_f + \frac{F_u \cdot (m+1)}{2 \cdot (m-1)} \tag{2.29}$$

Die im Stillstand aufzubringende Vorspannkraft ist umso größer, je größer die Nutzumfangskraft und die im Betriebszustand zu erwartende Fliehkraft sind.

2.2 Flachriemengetriebe

2.2.1 Aufbau und Funktion

Flachriemengetriebe sind kraftschlüssige Zugmittelgetriebe, bei denen die Übertragung der Umfangskräfte durch Reibkräfte zwischen Riemen und Scheibenoberfläche erfolgt. Das macht eine vergleichsweise hohe Riemenvorspannung erforderlich, was zu einer zusätzlichen Lagerbelastung führt.

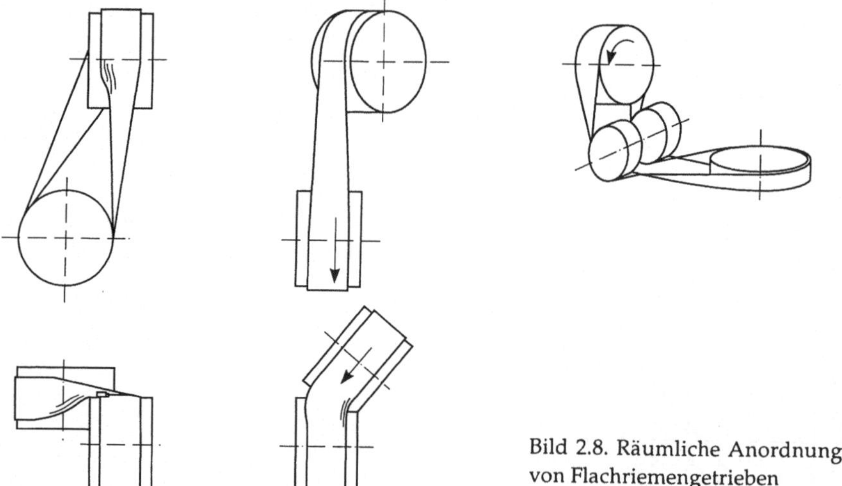

Bild 2.8. Räumliche Anordnungen
von Flachriemengetrieben

Neben dem einfachen Zweischeibengetriebe entsprechend Bild 2.1 sind Anwendungen mit mehreren Scheiben (Bild 2.2) sowie räumliche Antriebe (Bild 2.8) möglich. Bei letzteren können Zusatzelemente, die nicht der Drehmomentübertragung dienen, erforderlich werden, wie z.B. Umlenk- oder Führungsrollen. Tangentialantriebe, bei denen eine Vielzahl von Abtrieben über tangential vom Riemen berührte Scheiben (sehr kleiner Umschlingungswinkel) angetrieben wird, stellen ein besonderes Anwendungsgebiet für Flachriemengetriebe dar. Hierbei ist eine absolut konstante Riemenspannung während der gesamten Betriebsdauer eine wichtige Voraussetzung für die Funktion. Weiterhin kommen Flachriemengetriebe bevorzugt zur Überbrückung großer Wellenabstände zur Anwendung.

Flachriemengetriebe zeichnen sich durch ihre Elastizität aus, die sie unempfindlich gegen Drehmomentstöße macht, durch geräuscharmen Lauf und durch Wirkungsgrade größer als 98%. Sie können große Übersetzungsverhältnisse in einer Stufe realisieren und sind konstruktiv nicht an genormte Längen und Breiten gebunden. Spannvorrichtungen und Vorrichtungen zum Nachspannen des Riemens sind nicht erforderlich, da die bei der Montage aufgebrachte Riemenvorspannung während der gesamten Lebensdauer erhalten bleibt [20].

Nachteilig sind die durch die erforderliche Vorspannung bedingten größeren Kräfte, die auf die Wellen und die Lager wirken, sowie der unvermeidbare Schlupf. Außerdem besteht eine erhöhte Empfindlichkeit gegen Temperatur, Staub, Schmutz und Öl.

Aus diesen Eigenschaften resultieren die bevorzugten Einsatzgebiete der Flachriemengetriebe, z.B. im Bereich der Werkzeugmaschinen, Textilmaschinen, Mischund Mahlwerke, Papiermaschinen, Sägegatter, Drahtziehmaschinen, Pressen, Stanzen und Kompressoren. Flachriemen können auch als Transportbänder verwendet werden, wobei sie je nach Bedarf profiliert werden.

2.2.2 Flachriemen

Dem Hochleistungsflachriemen fehlt als Zugmittel die Faszination des Besonderen. Kein anderes Maschinenelement ist, teils bewußt, teils unbewußt, so mit Vorurteilen belastet wie das Maschinenelement „Flachriemen". Noch heute findet man in der Literatur [8] Hinweise auf Flachriemen aus Kernleder und Balata und deren technische Daten, wodurch dem Leser unwillkürlich das Bild der historischen Transmissionsantriebe vermittelt wird. Trotz dieser Vorurteile hat der moderne Hochleistungsflachriemen seinen festen Platz als Übertragungselement bei Zugmittelgetrieben eingenommen [51].

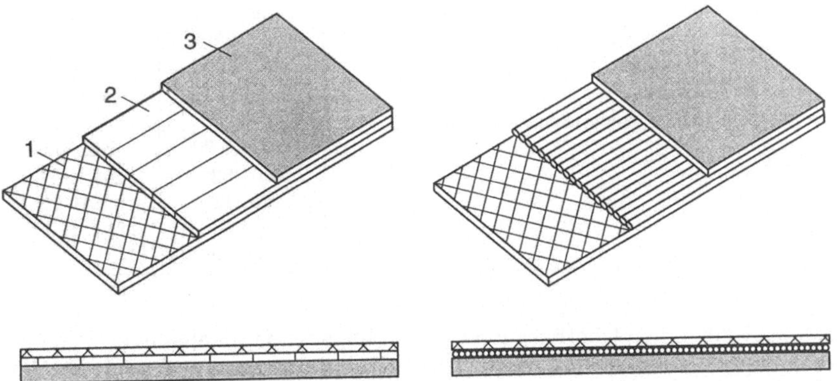

Bild 2.9. Aufbau moderner Hochleistungsflachriemen 1 Reibschicht 2 Zugschicht 3 Deckschicht

Moderne Hochleistungsflachriemen sind als Verbundkonstruktion ausgeführt und bestehen in der Regel aus drei Schichten, wobei jede Schicht eine ihr speziell zugedachte Aufgabe übernimmt. Der Mehrschichtriemen besteht aus einer Zugschicht, einer Deckschicht und einer Reibschicht (Bild 2.9). Aufgabe der Zugschicht ist es, die auftretenden Kräfte aus der Formänderungsarbeit beim Spannen des Riemens aufzunehmen. Die durch Verspannen bei möglichst geringem Spannweg gespeicherte Energie bildet die Grundlage für die Leistungsübertragung. Darüber hinaus muß die Zugschicht zusätzlich die während des Betriebs auftretenden Fliehkräfte aufnehmen. Da die für die Zugschicht verwendeten Werkstoffe nicht die erforderlichen Reibeigenschaften besitzen, wird eine separate Reibschicht aufgebracht. Diese kann hinsichtlich Werkstoffauswahl und Oberflächenbeschaffenheit den Betriebsverhältnissen angepaßt werden und überträgt die Reibkräfte von der Scheibenoberfläche auf die Zugschicht bzw. umgekehrt. Für die Zugschicht werden entweder hochverstrecktes Polyamid in Bandform oder endlos gewickelte Polyestercordfäden verwendet. Als Reibschicht, die fest mit der Zugschicht verbunden ist, finden entweder adhäsive Elastomere oder Chromleder Verwendung. Die Deckschicht, auf die auch verzichtet werden kann, besteht aus Textilgewebe, Kunststofffolien oder Chromleder. Dieses kommt dann zum Einsatz, wenn der Riemen für wechselseitige Antriebe verwendet und damit eine zweite Reibschicht erforderlich wird. Schließlich werden auch noch Riemen aus homogenem Elastomerwerkstoff ohne Einlage gefertigt.

Tabelle 2.1. Eigenschaften und Kennwerte moderner Hochleistungsflachriemen

		ZUGSCHICHT	
Begriff	**Einheit**	**Poyamid**	**Polyestercord**
Zugfestigkeit	N/mm²	450 - 600	700 - 900
Zugkraft pro Riemenbreite	N/cm	1300 - 1800	1300 - 6600
Bruchdehnung	%	~ 22	~ 12 - 15
Spannung bei 1% Dehnung	N/cm	30 - 400	100 - 400
Betriebsdehnung ε	%	1,5 - 3,0	1,0 - 1,5
Spezifische Nenn-Umfangskraft F'_{UN}	N/cm	40 - 800	100 - 400
Spezifische Nennleistung P_N	kW/cm	bis 45	bis 60
max. Riemengeschwindigkeit v	m/s	60 - 80	80 - 150
max. zulässige Biegefrequenz f	1/s	80 - 100	100 - 250
Dehnschlupf bei Nennumfangskraft s	%	~ 80 - 1,0	~ 0,4 - 0,6
Dämpfungseigenschaft logarithmisches Dekrement ϑ		~ 0,28	~ 0,25
Wirkungsgrad η		0,98 - 0,99	0,985 - 0,99
Gesamtdicke a	mm	1,0 - 8,0	0,8 - 4,0
Riemenbreite b_0	mm	max. 100	max. 450
Riemenlänge l	mm	keine Begrenzung	max. 1200

Tabelle 2.1 gibt einen Überblick über die wichtigsten physikalischen Daten der heute zum Einsatz kommenden Hochleistungsflachriemen, geordnet nach den am meisten verwendeten Zugschichtwerkstoffen Polyamid und Polyester [51].

Die Flachriemen werden nach den Forderungen des Nutzers in passender Länge endlos hergestellt oder an ihren schräg geschnittenen, zugeschärften Enden unter Erwärmung endlos geklebt (Bild 2.10). Dabei sollte die Laufrichtung beachtet werden. Beim Einsatz von Polyesterwerkstoffen werden mit modernen Flachriemen Zugfestigkeiten von ca. 800 N/mm² und damit übertragbare Leistungen pro cm Riemenbreite von 40...50 kW/cm erreicht. Hierdurch können sehr kompakte und damit preisgünstige Riemengetriebe verwirklicht werden. Je nach Bauart der Flachriemen gestatten diese Riemengeschwindigkeiten bis zu 100 m/s, in Sonderfällen bis zu 200 m/s. Riemenkonstruktionen mit einer endlos gewickelten Zugschicht aus Polyestercord erlauben heute 250 Biegewechsel pro Sekunde, ohne dadurch die rechnerische Lebensdauer zu beeinträchtigen. Der Einsatz von Flachriemengetrieben ist innerhalb eines Temperaturbereichs von -50°C bis +100°C möglich [53].

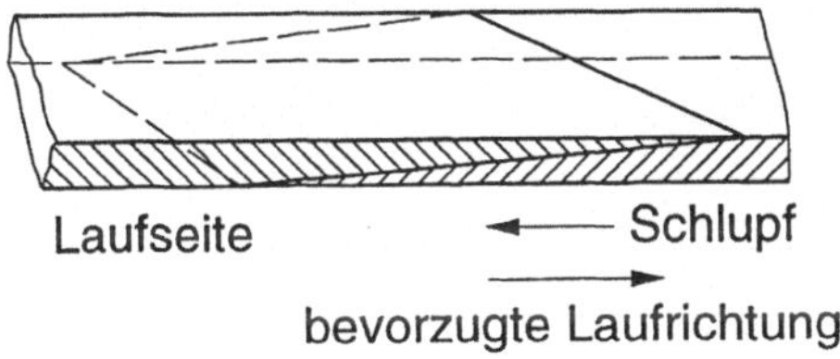

Bild 2.10. Klebestelle eines Flachriemens unter Berücksichtigung der Laufrichtung [39]

2.2.3 Riemenscheiben

Im Unterschied zu den Flachriemen sind für die Riemenscheiben die Abmessungen in DIN 111 bzw. ISO 22 genormt (Bild 2.11).

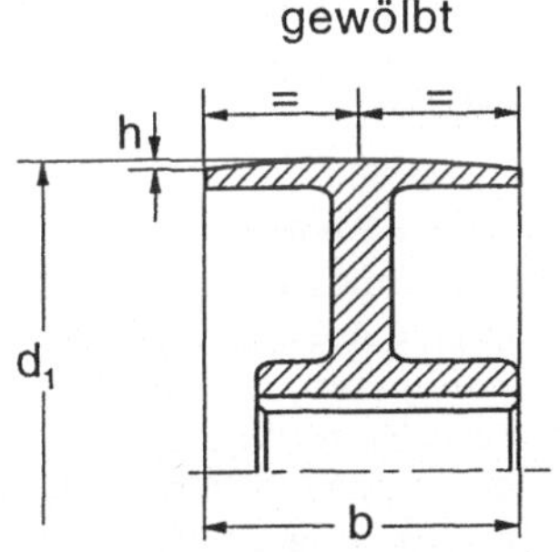

d_1 Außendurchmesser
d_w Wirkdurchmesser
h Wölbhöhe
b Scheibenbreite
h_g Riemendicke

Bild 2.11. Geometrie der Flachriemenscheibe

Die Abmessungen gehen aus Tabelle 2.2 hervor. Die Stufung der Durchmesser entspricht der Normzahlreihe R 20. Die Stufung des jeweiligen Breitenbereichs entspricht der Normzahlreihe R 10. Die Breite der Scheibe soll um eine Stufe größer sein als die Breite des eingesetzten Riemens.

Beim offenen Riemengetriebe wird mindestens eine Scheibe, beim gekreuzten nur die treibende Scheibe gewölbt ausgeführt. Bei geschränkten Riemengetrieben wird keine Wölbung vorgesehen, bei Mehrfachantrieben führt man nur einzelne Scheiben mit Wölbung aus. Man kann von folgenden Richtwerten ausgehen [36]:

große Scheibe $h_2 \approx 0{,}005 \cdot b \ldots 0{,}001 \cdot b$
kleine Scheibe $h_1 \approx h_2 \cdot d_1 / d_2$.

Tabelle 2.2. Durchmesser- und Breitenbereiche für Flachriemenscheiben

d_1	b
40	25 ... 50
50	25 ... 100
63	32 ... 100
71	40 ... 100
80	40 ... 140
90 ... 100	50 ... 200
112 ... 180	63 ... 200
200 ... 400	63 ... 315
450 ... 630	63 ... 400
710 ... 1000	100 ... 400
1120 ... 1400	125 ... 400
1600 ... 2000	200 ... 400

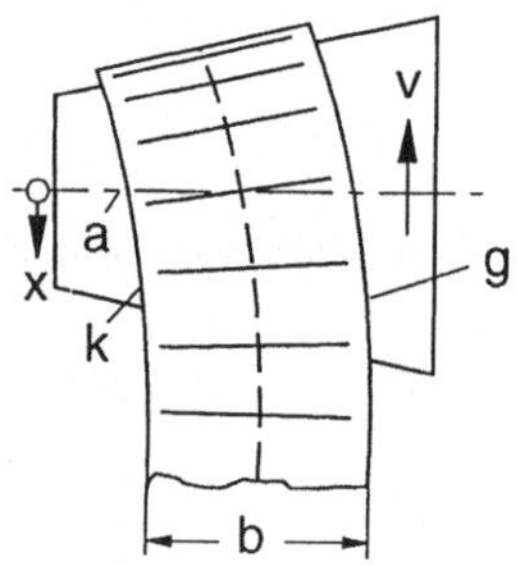

Bild 2.12. Schrägzug bei konischer
Riemenscheibe

Die Wölbung der Riemenscheibe bewirkt, daß der auflaufende Riemen zur
Scheibenmitte hin gezogen wird. Der auf den größeren Durchmesser einer konischen Scheibe auflaufende Riemenrand g (Bild 2.12) nimmt eine höhere Geschwindigkeit an als der Riemenrand k. Dadurch wird das nachfolgende Riemenstück
schräg gezogen und läuft auf einen größeren Durchmesser auf. So entsteht bei einer
gewölbten Riemenscheibe in mittlerer, symmetrischer Riemenlage Gleichgewicht,
und der Riemen wird am Ablaufen gehindert. Durch die Wölbung der Riemenscheibe ergibt sich eine ungleichmäßige Spannungsverteilung über die Riemenbreite mit dem höchsten Wert in Scheibenmitte. Da die Riemenspannung bei der
kleinen Scheibe am höchsten ist, führt man nur bei Übersetzungen bis i = 3 beide
Scheiben, bei Übersetzungen von i > 3 nur die größere Scheibe gewölbt aus.

Je nach Einsatzgebieten und technischen Anforderungen (z.B. Umfangsgeschwindigkeit) werden Riemenscheiben für Flachriemengetriebe aus Grau-, Stahl-,
Leichtmetallguß oder als Schweißkonstruktion hergestellt. Kleine Scheiben werden
als Räder mit Scheibensteg (Bodenscheiben), große Riemenscheiben werden als
Armscheiben mit 3...8 Armen (Bild 2.13) ausgeführt. Der Querschnitt der Arme ist
meist elliptisch mit einem Achsenverhältnis von 1:2 und der kleinen Achse in Richtung der Welle. Hierdurch sollen bei schnellaufenden Scheiben der Luftwiderstand
und damit die Laufgeräusche verringert werden. Die Anordnung der Arme erfolgt

üblicherweise in Scheibenmitte. Aus Transport- und Montagegründen werden Riemenscheiben mit mehr als 2 m Durchmesser geteilt ausgeführt. Sie werden als ganze Scheiben gegossen und nach dem Erkalten an Sollbruchstellen gesprengt. Daher ist bei geteilten Scheiben stets eine gerade Anzahl von Armen erforderlich, um die beiden Teile zusammenschrauben zu können. Die Naben der Riemenscheiben werden bei einteiligen Scheiben einseitig bündig, bei zweiteiligen Scheiben symmetrisch zum Kranz ausgeführt.

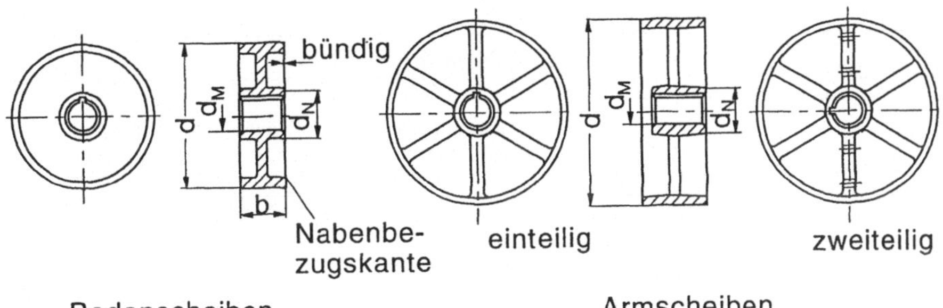

Bild 2.13. Konstruktive Ausführungen von Flachriemenscheiben

Um während des Betriebs einen ruhigen Lauf zu gewährleisten, müssen die Scheiben ausgewuchtet werden. Für Standardantriebe reicht ein Auswuchten in einer Ebene, Auswuchtgüte Q 16 nach VDI-Richtlinie 2060, bei Riemengeschwindigkeiten v > 30 m/s oder bei d/b < 4 und v > 20 m/s muß dynamisch (in zwei Ebenen) in der Auswuchtgüte Q 6,3 ausgewuchtet werden. Hierfür ist es vorteilhaft, wenn bei der Konstruktion der Riemenscheibe Auswuchtaugen an den Armen vorgesehen werden.

Die Oberfläche der Riemenscheibe muß glatt und formgenau sein. Eine glatte Lauffläche erhöht die Reibung und mindert den Verschleiß. Poröse oder wellige Oberflächen oder klebende Haftmittel behindern den Dehnschlupf im Bereich des Wirkwinkels, erhöhen den Verschleiß und können „stick-slip"-Effekte und Längsschwingungen des Riemens anregen [39].

Bei schnellaufenden Antrieben ist der konstruktiven Gestaltung und der Berechnung der Riemenscheiben besondere Aufmerksamkeit zu widmen. Kerben sind unbedingt zu vermeiden, z.B. durch große Übergangsradien zwischen Arm und Kranz bzw. Nabe. Gegossene und geschweißte Scheiben sind spannungsarm zu glühen.

Um einen ruhigen Lauf des Flachriemengetriebes zu gewährleisten, sollten die Wellen achsparallel und die Größtdurchmesser eines Paares gewölbter Scheiben fluchtend in einer Ebene liegen [39].

2.2.4 Spann- und Führungseinrichtungen

Während in der Vergangenheit den Spann- und Führungseinrichtungen in der Literatur [8, 13, 36, 39] ein breiter Raum gewidmet wurde, sind aufgrund heutiger Erkenntnisse und der Erfahrungen der Hersteller Spanneinrichtungen jeglicher Art

entbehrlich. Die Zugschichten moderner Hochleistungsflachriemen aus vorgereck-
ten Kunststoffen wie Polyamid oder Polyester halten die bei der Montage einge-
stellte Vorspannkraft während der gesamten Lebensdauer des Riemens aufrecht, so
daß ein Nachspannen oder Kürzen des Riemens entfällt. Die erforderliche Riemendehnung hängt von der gewünschten Riemenvorspannkraft ab und richtet sich
nach der verwendeten Zugstrangeinlage (Tab. 2.3).

Tab. 2.3. Erforderliche Dehnungswerte zum Aufbringen der Vorspannkraft bei Hochleistungsflachriemen

	Dehnungswerte in %		
	gleichmäßige Belastung	stoßweise Belastung	stark stoßweise Belastung
hochverstrecktes Polyamidband	ca. 2,0	ca. 2,0 - 2,5	ca. 2,5 - 3,0
endlos gewickelte Polyestercordfäden	ca. 0,8 - 1,0	ca. 1,0 - 1,5	ca. 1,5 - 1,8

Die Kontrolle der aufzubringenden Riemendehnung kann auf einfache Weise
ohne aufwendige Meßmittel erfolgen (Bild 2.14).

Auf der Oberseite des glatt ausgelegten Flachriemens werden zwei Meßmarken
im Abstand von 1000 mm, bei kurzen Riemen von 500 mm oder 250 mm
aufgebracht. Dann wird der Riemen auf die Riemenscheiben aufgelegt und so lange
durch Vergrößern des Wellenabstands gedehnt, bis der Meßmarkenabstand in ge-
dehntem Zustand den richtigen Wert angenommen hat. Zur Kontrolle sollte man
den montierten Riemen mehrmals durchdrehen, damit sich die Riemendehnung
gleichmäßig verteilen kann und dann den Meßmarkenabstand erneut messen. Für
endlose Hochleistungsflachriemen gibt es je nach Konstruktion des Riemengetriebes unterschiedliche Methoden zum Auflegen des Riemens bei festem Wellenabstand [49].

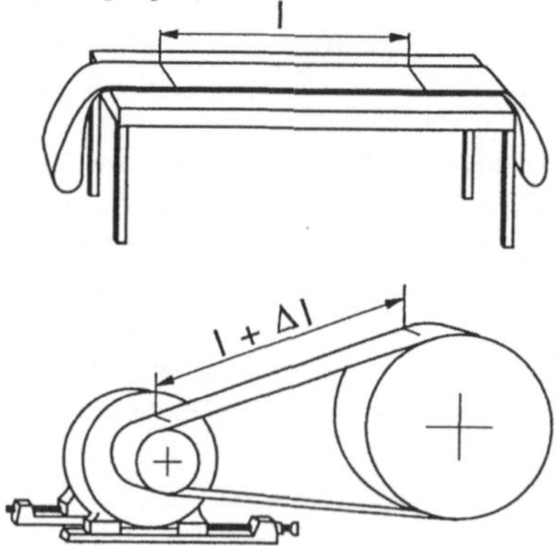

Bild 2.14. Einstellen der erforderlichen
Riemendehnung bei einem Flachriemen

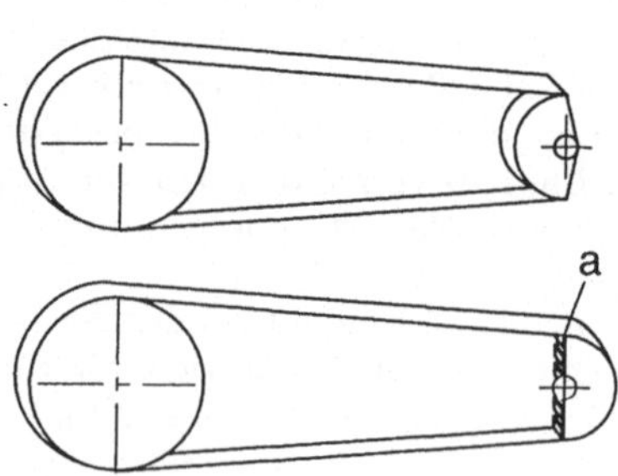

Bild 2.15. Auflegen eines Flachriemens bei
geteilter Scheibe

-   Bei Verwendung einer geteilten Riemenscheibe kann der Riemen wie folgt
    montiert werden (Bild 2.15): Eine Hälfte der geteilten Riemenscheibe wird

mit einer Schelle auf der Welle befestigt. Scharfe Kanten (a) sollten mit
Schutzmaterial (Pappe, Gummi, Blech o.ä.) abgedeckt werden. Der Riemen
wird aufgelegt und die Scheibenhälfte um 180° gedreht. Anschließend
werden das Schutzmaterial und die Schelle entfernt und die Riemenscheibe
zusammengesetzt und verschraubt.

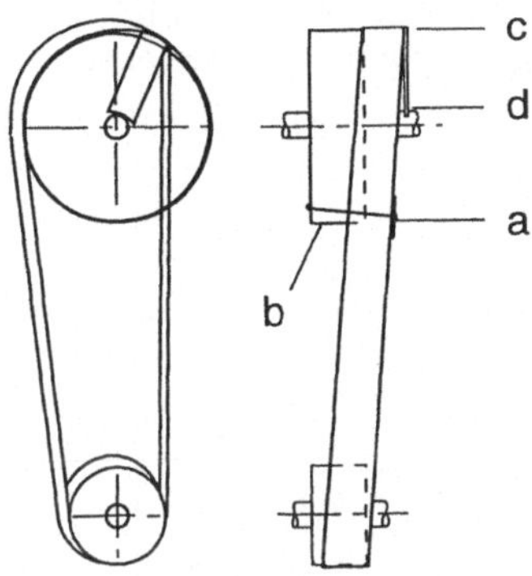

Bild 2.16. Auflegen eines Flachriemens
bei ungeteilten Scheiben

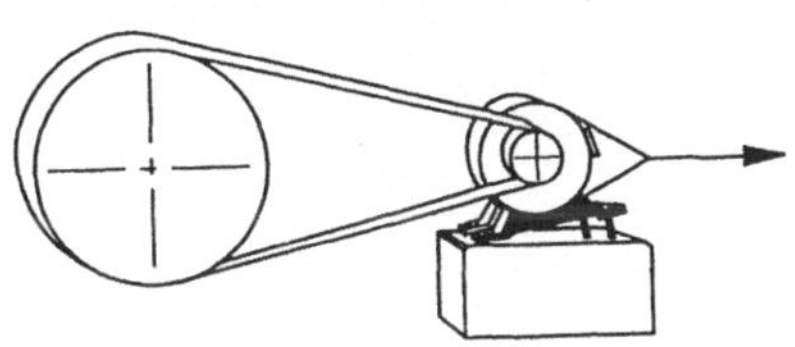

Bild 2.17. Auflegen eines Flachriemens
bei ungeteilten Scheiben und großem
Wellenabstand

- Meist werden bei Flachriemengetrieben jedoch ungeteilte Scheiben eingesetzt. Dabei bedient man sich zur Riemenmontage mehr oder weniger einfa-
   cher Hilfsvorrichtungen [49]. Zunächst wird der Riemen auf die kleinere
   Scheibe aufgelegt (Bild 2.16). Auf die große Scheibe wird unter den Ab-
   knickpunkt des Riemens beispielsweise ein abgerundetes Brett c gelegt, das
   gegen die Welle mit einem anderen Brett d abgestützt wird. Mit einer
   Schnur b wird der Riemen an der großen Scheibe befestigt. Dabei muß man
   den Riemen an der Bindestelle a mit Zwischenlagen von Pappe, Gummi o.ä.
   gegen Beschädigungen schützen. Im Anschluß daran wird der Riemen auf
   die große Scheibe aufgedreht.

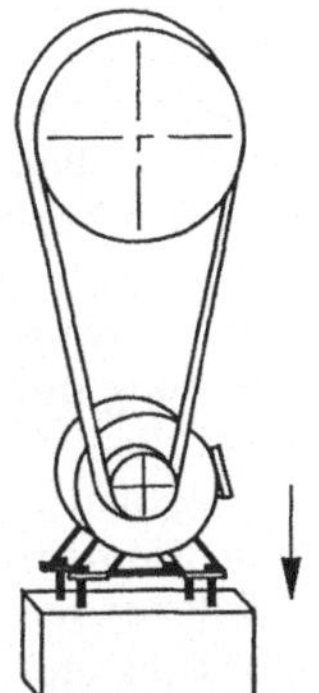

Bild 2.18. Auflegen eines Flachriemens
durch Niederschrauben bei senkrechter
Anordnung

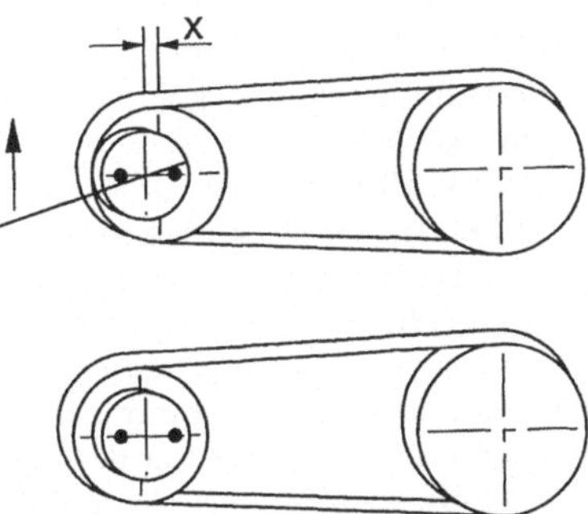

Bild 2.19. Auflegen eines Flachriemens
mit Exzenterspannvorrichtung

-   Bei vorwiegend größeren Wellenabständen empfiehlt es sich beispielsweise, den Flachriemen über beide Scheiben zu legen (Bild 2.17) und durch Zurückziehen des Motors mit einem Flaschenzug so lange zu spannen, bis die Fundamentschrauben im Motorfuß einrasten. In Anlehnung hieran kann man bei senkrechter Anordnung des Riemengetriebes (Bild 2.18) den Motor mit der kleinen Riemenscheibe in den Flachriemen einhängen und durch lange Fundamentschrauben in seine endgültige Position herunterziehen.

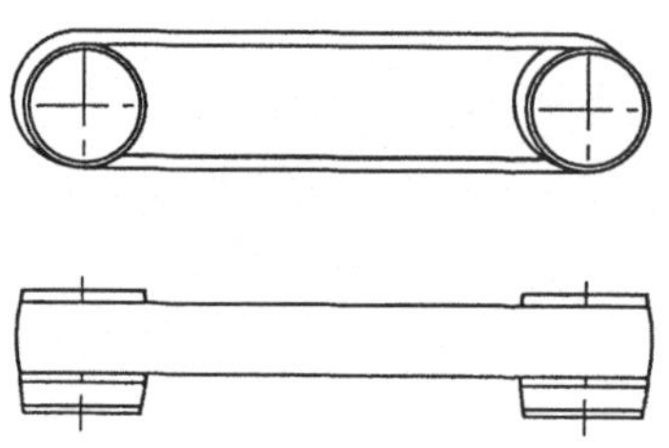

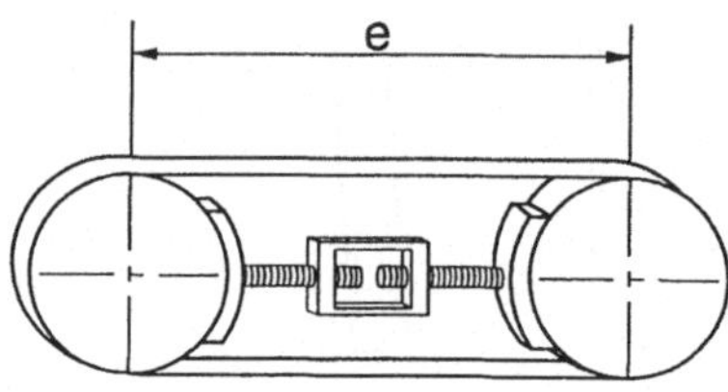

Bild 2.20. Auflegen eines Flachriemens mit Aufdrehkegel

Bild 2.21. Auflegen eines Flachriemens mit Spannvorrichtung und Spannschloß

-   Bei vorzugsweise kurzen Wellenabständen, z.B. bei Werkzeugmaschinenantrieben, bieten sich Hilfsvorrichtungen an. Die mit Exzenter versehene Scheibe (Bild 2.19) wird durch radiales Einschwenken der anderen Scheibe so genähert, daß der Flachriemen spannungslos aufgeschoben werden kann. Beim Zurückschwenken des Exzenters um 180° wird die Gesamtdehnung erzeugt. Der mit einem zylindrischen Ansatz versehene Aufdrehkegel (Bild 2.20) hat im allgemeinen eine Neigung von 1:5. Er wird am Scheibenkranz oder an der Scheibennabe angeschraubt. Der Unterschied zwischen der um die zylindrischen Kegelansätze gemessenen und der um die Riemenscheiben gemessenen Riemenlänge muß der zum Aufbringen der erforderlichen Vorspannkraft notwendigen Riemenverlängerung entsprechen.
-   Schließlich ist noch eine weitere, sehr zuverlässige Methode zum Vorspannen des Riemens bekannt (Bild 2.21). Mit Hilfe einer Spannvorrichtung mit entsprechend der aufzubringen Kraft einem oder mehreren Spannschlössern werden die Riemenscheiben mit aufgelegtem Riemen bis auf den genauen Wellenabstand auseinandergedrückt. Dann werden die beiden Riemenscheiben gemeinsam mit dem gespannten Flachriemen auf die Wellenenden geschoben und fixiert. Anschließend wird die Montagehilfsvorrichtung entfernt.

Leit- oder Führungsrollen dienen bei räumlichen Antrieben zur Umlenkung der Trume (Bild 2.8) und übertragen keine Umfangskräfte. Sie werden als glatte Scheiben ohne Wölbung ausgeführt.

2.2.5   Betriebsverhalten

Das Betriebsverhalten von Flachriemengetrieben ist durch ruhigen, schwingungs-
armen Lauf bei hohen Riemengeschwindigkeiten gekennzeichnet. Durch die hohe
Elastizität des Zugorgans können Stöße aufgenommen werden. Moderne Hochleistungsflachriemen gewährleisten eine lange Lebensdauer und einen guten Wirkungsgrad. Sie sind gegen kurzzeitige Überlastung unempfindlich, da der Riemen
auf der Scheibe durchrutschen kann.

2.2.5.1   Schlupf

Eine Kraft kann nur dann durch Reibschluß übertragen werden, wenn zwischen
den sich berührenden Oberflächen ein Dehnungsunterschied $\Delta\varepsilon$ vorhanden ist [14].
Aus diesem Grund stellt sich bei kraftschlüssigen Zugmittelgetrieben stets ein
drehmomentabhängiger Schlupf ein. Dieser ist durch Gleichung (2.21) in Kapitel
2.1.2 definiert.

Nach Langer [28,29] setzt sich der Schlupf bei Flachriemen aus mehreren Antei-
len zusammen:
- dem Übersetzungsschlupf aufgrund unterschiedlicher Biegedehnung des
  Riemens an verschiedenen Scheibenradien, der bereits im Leerlauf auftritt;
- dem Spiralschlupf, der darauf beruht, daß die mittlere Faser des realen Riemens aufgrund der Biegesteifigkeit des Riemens die Mittellinie der theoretischen Bezugsfigur überkreuzen kann und dann außerhalb verläuft;
- dem Kippungsschlupf: von der Mitte des Umschlingungsbogens aus gegen
  den Auf- und Ablaufpunkt hin tritt eine zunehmende Verkippung der Halbquerschnitte in der innenliegenden Deckschicht ein, die im freien Trum
  wieder in eine Senkrechtstellung übergeht; und schließlich
- dem bekannten Dehn- bzw. Kontraktionsschlupf und
- dem Gleitschlupf. Dieser tritt nur bei Überlastung auf (Bild 2.22).

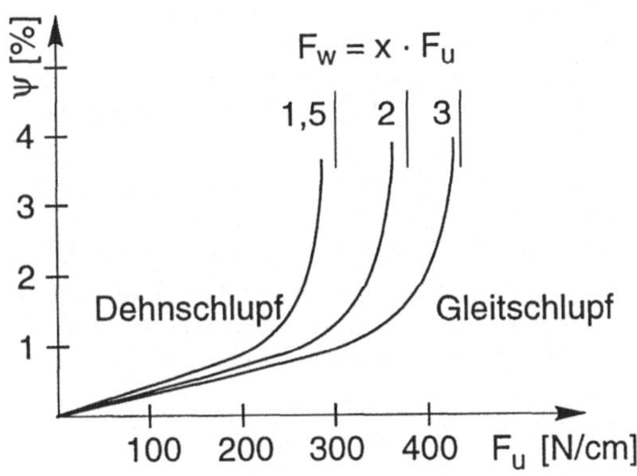

Bild 2.22. Umfangskraft-Schlupf-
Verhalten in Abhängigkeit von
der Wellenbelastung

Von praktischem Interesse ist der örtliche Schlupf jedoch nicht. Vielmehr interessieren dessen Auswirkungen auf den Unterschied der Riemengeschwindigkeiten
in Last- und Leertrum, den Gesamtschlupf ψ. Die Biegedehnungen, der spiralige
Lauf und die Verkippung der innenliegenden Halbquerschnitte interessieren daher

nur, soweit der ihnen zuzuordnende örtliche Schlupf nicht an der treibenden und an der getriebenen Scheibe den gleichen Betrag, aber entgegengesetztes Vorzeichen hat [29].

Die Berechnung des Dehnschlupfs wird üblicherweise ohne Berücksichtigung weiterer Anteile auf der Grundlage des Hooke'schen Gesetzes durchgeführt. Messungen haben jedoch gezeigt [29], daß handelsübliche Flachriemen dem Hooke'schen Gesetz auch nicht näherungsweise folgen, sondern daß man das viskoelastische Materialverhalten des Zugorgans der Rechnung zugrundelegen muß.

Der systembedingte Schlupf bei Flachriemengetrieben wirkt sich aus auf
- das Übersetzungsverhältnis:

$$i = \frac{n_1}{n_2} = \frac{(d_1 + 2 \cdot a) \cdot v_1}{(d_2 + 2 \cdot a) \cdot v_2} = \frac{(d_2 + 2 \cdot a)}{(d_1 + 2 \cdot a) \cdot (1 - \psi)} \approx \frac{d_2}{d_1} \qquad (2.30)$$

Für eine den praktischen Belangen hinreichend entsprechende Bestimmung der effektiven Übersetzung ist die Kenntnis des Schlupfverhaltens unerheblich.

- die Grenzen der Drehmomentübertragung: Bei zunehmender Umfangskraft F_u vergrößert sich der Wirkwinkel β_w so lange, bis er schließlich die Größe des Umschlingungswinkels β erreicht und der Riemen durchrutscht. In diesem Punkt geht der Dehnschlupf in Gleitschlupf über. Im Bereich des Dehnschlupfs ist dessen Verlauf abhängig vom elastischen Werkstoffverhalten des Riemens. Der Verlauf im Bereich des Gleitschlupfs wird durch das Reibungsgeschehen zwischen Riemen und Scheibe bestimmt [9]. In Bild 2.22 wird deutlich, daß der Schlupf das übertragbare Drehmoment begrenzt. Der Grenzbereich liegt umso höher, je größer die Vorspannung des Riemens ist. Bei festem Wellenabstand weist die Schlupfkennlinie auch im Bereich des Gleitschlupfs noch eine geringfügige Steigung auf, so daß man bei dem sich hieraus ergebenden Moment nicht von einem Rutschmoment sprechen kann [9]. Allerdings sollte man auf die in der Literatur manchmal vorgeschlagene teilweise Ausnutzung des Gleitschlupfs zur Drehmomentübertragung verzichten, obwohl dabei der Durchzugsgrad steigt, ohne daß zunächst der Verschleiß unzulässig groß wird. Dieses Verfahren ist nur beherrschbar, wenn das Schlupfverhalten des Getriebes genau bekannt ist [29]. Bild 2.22 zeigt, daß bei einem Flachriemengetriebe der Bereich des Dehnschlupfs durch Erhöhung der Vorspannkraft gesteigert werden kann. Auf diese Weise kann sichergestellt werden, daß eine kurzfristige Erhöhung der Umfangskraft, wie sie beispielsweise bei Anfahrvorgängen auftreten kann, ohne Gleitschlupf übertragen wird. Infolge der bei hohen Vorspannkräften auftretenden großen Lagerbelastungen sind dieser Vorgehensweise jedoch Grenzen gesetzt.
- den Wirkungsgrad: Näherungsweise gilt

$$\eta \approx 1 - \psi \ . \qquad (2.31)$$

2.2.5.2 Kräfte

Zum einwandfreien Betrieb und zur Leistungsübertragung benötigt ein Flachriemengetriebe eine Vorspannkraft, die in jedem Betriebszustand eine hinreichend große Reibkraft gewährleistet. Sie wird nach Gleichung (2.29) berechnet. Unter Berücksichtigung des Trumwinkels α (vgl. Bild 2.1) ergibt sich hieraus die maximale Wellenbelastung, die beim Auflegen des Riemens aufzubringen ist.

$$F_{w\,max} = F_v \cdot \cos\alpha = 2 \cdot \varepsilon \cdot E \cdot A \cdot \cos\alpha \qquad (2.32)$$

Für die Leistungsübertragung im Flachriemengetriebe sind die in den Trumen herrschenden Kräfte von Bedeutung (vgl. Abschnitt 2.1.2). Bild 2.23 zeigt die theoretisch im Riemen erforderlichen Mindestkräfte in Abhängigkeit von der zu übertragenden Umfangskraft [39] entsprechend Gleichung (2.24). Die maximale Trumkraft F_1 ergibt sich aus Gleichung (2.25). Die Fliehkraft im Riemen wirkt sich auf die Übertragung der Umfangskraft nicht aus. Sie beeinflußt jedoch die Wellenkraft im Stillstand F_{w0}. Die beim Flachriemengetriebe mit festem Wellenabstand wirksamen Verhältnisse gehen aus Bild 2.24 hervor. In diesem Fall ist $F_1 + F_2 = $ const. (unabhängig von F_u) und $F_w = F_1' + F_2' = F_1 + F_2 - 2 \cdot F_f$.

Aus diesen Kräften und dem Riemenquerschnitt $A = b \cdot 2 \cdot a$ ergeben sich die im homogenen Riemen herrschenden Spannungen. Für Mehrschichtriemen ist der Abstand a etwa gleich dem Abstand zur Mitte der Zugschicht a_Z. Hier sind diese Spannungen nur fiktive rechnerische Werte, die für die Beurteilung der Tragfähigkeit nicht herangezogen werden können. Sie dienen jedoch sehr anschaulich zur Verdeutlichung der Spannungsverteilung in einem offenen Flachriemengetriebe. Wegen des heterogenen Aufbaus des Riemenquerschnitts und der unterschiedlichen Funktionen der einzelnen Schichten behilft man sich bei der Beschreibung der Eigenschaften und der Spannungen damit, daß für jeden Riementyp die Zugspannung und der Zugelastizitätsmodul auf die Einheit der Breite des Riemens bezogen werden [21]. Entsprechend wird die spezifische Masse des Riemens nicht auf das Volumen, sondern auf die Riemenoberfläche bezogen.

Infolge der Krümmung auf der Scheibe erfährt der Riemen eine Biegespannung σ_b. Diese läßt sich aus der Dehnung der Riemenfasern gegenüber der Mittelfaser ermitteln.

$$\Delta l = \beta \cdot (r + 2 \cdot a) - \beta \cdot (r + a) = \beta \cdot a$$
$$\varepsilon = \frac{\Delta l}{l} = \frac{\beta \cdot a}{\beta \cdot (r+a)} = \frac{a}{r+a} \approx \frac{2 \cdot a}{d} \quad , \qquad \sigma_b = \varepsilon \cdot E_b \approx \frac{2 \cdot a}{d} \cdot E_b \qquad (2.33)$$

Die Dehnung ε wird umso größer, je kleiner der Scheibendurchmesser d wird. Bei der praktischen Auslegung wird σ_b nicht berücksichtigt, weil die Lebensdauer eines Riemens viel stärker von der Biegefrequenz als von σ_b abhängt [13]. Die größte Spannung im Riemen tritt im Lasttrum beim Übergang (Auf- oder Ablauf) zur kleineren Scheibe auf (Bild 2.25).

$$\sigma_{max} = \sigma_1' + \sigma_f + \sigma_b = \frac{F_1'}{A} + \rho \cdot v^2 + E_b \cdot \frac{2 \cdot a}{d} \qquad (2.34)$$

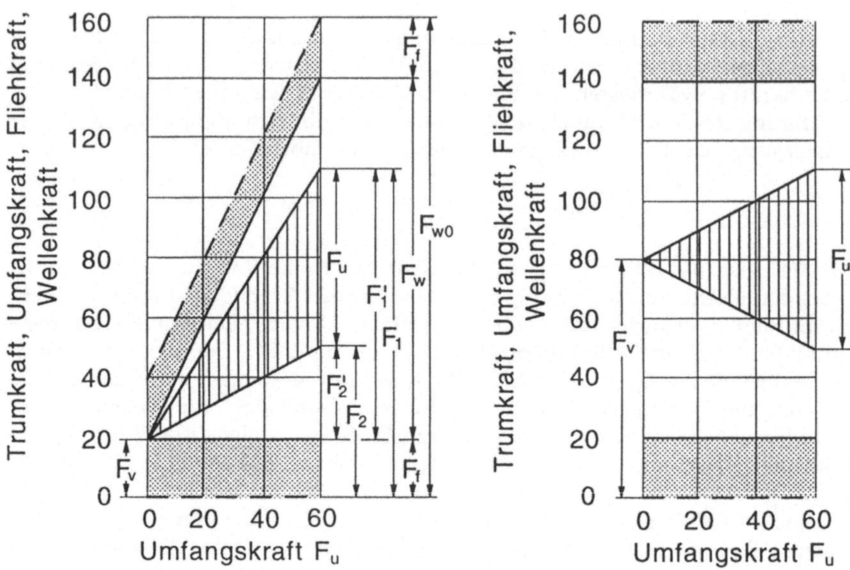

Bild 2.23. Theoretisch erforderliche Mindestkräfte im Flachriemengetriebe

Bild 2.24. Kräfte in einem Flachriemengetriebe mit festem Wellenabstand

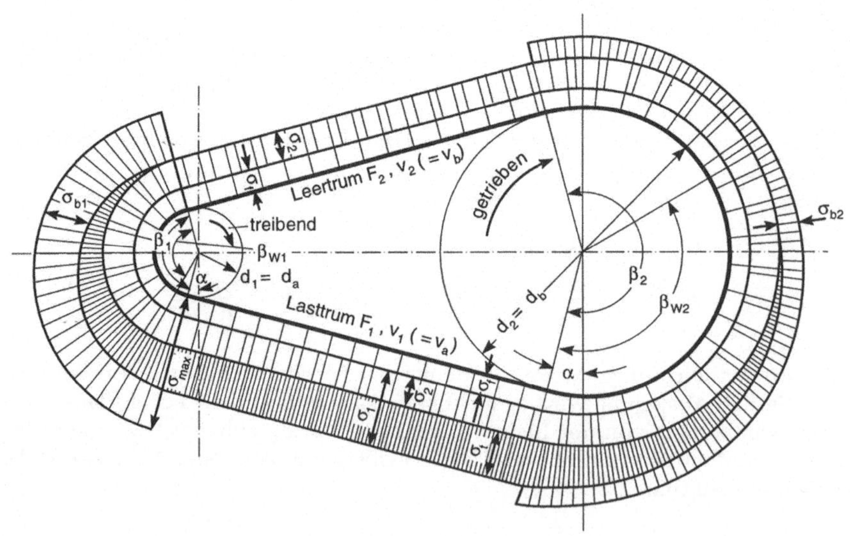

Bild 2.25. Spannungen in der Riemenaußenfaser beim offenen Flachriemengetriebe [39]

Die zulässige Beanspruchung hängt von der Biegefrequenz, vom kleinsten Scheibendurchmesser und von Material und Aufbau des Riemens ab (siehe Herstellerangaben). Die Biegefrequenz errechnet sich zu

$$f_b = \frac{v \cdot z}{1} \, , \qquad z = \text{Anzahl der Scheiben.} \tag{2.35}$$

Die maximale übertragbare Leistung von Riemengetrieben kann aus der folgenden Überlegung hergeleitet werden: die übertragbare Leistung

$$P = F_u \cdot v = \sigma_n \cdot A \cdot v \tag{2.36}$$

mit σ_n = Nutzspannung = F_u/A wird gleich Null, wenn entweder die Riemengeschwindigkeit $v = 0$ wird oder wenn die Riemengeschwindigkeit einen maximalen Wert erreicht, bei dem die zulässige Riemenspannung allein durch die Flieh- und Biegespannung ausgeschöpft wird, so daß auch $\sigma_1' = \sigma_2' = \sigma_n = 0$ werden. Dann ergeben sich

$$\sigma_{zul} = \sigma_f + \sigma_b = \rho \cdot v_{max}^2 + \sigma_b \tag{2.37}$$

und die maximale Riemengeschwindigkeit

$$v_{max} = \sqrt{\frac{\sigma_{zul} - \sigma_b}{\rho}} \, . \tag{2.38}$$

Zwischen $v = 0$ und $v = v_{max}$ liegt v_{opt} bei einem Maximum der übertragbaren Leistung P. Mit $\sigma_{max} = \sigma_{zul}$ und $\sigma_1' = \sigma_n/m$ wird

$$\sigma_{zul} = \frac{1}{m} \cdot \sigma_n + \rho \cdot v^2 + \sigma_b \tag{2.39}$$

und damit

$$\sigma_n = m \cdot (\sigma_{zul} - \rho \cdot v^2 - \sigma_b) \, . \tag{2.40}$$

Die auf den Riemenquerschnitt bezogene übertragbare Leistung wird

$$\frac{P}{A} = \sigma_n \cdot v = m \cdot (\sigma_{zul} \cdot v + \rho \cdot v^3 - \sigma_b \cdot v) \tag{2.41}$$

und erreicht dann ein Maximum, wenn die erste Ableitung nach v zu Null wird. Für σ_{zul} = const. wird

$$v_{opt} = \sqrt{\frac{\sigma_{zul} - \sigma_b}{3 \cdot \rho}} = \sqrt{\frac{1}{3}} \cdot v_{max} \, . \tag{2.42}$$

Diese Beziehung gilt theoretisch für alle Zugmittel, solange σ_{zul} (oder F_{zul}) unabhängig von der Geschwindigkeit angenommen wird. Da σ_{zul} jedoch mit steigender Riemengeschwindigkeit abnimmt, ergeben sich Spannungs- und Leistungsverläufe nach Bild 2.26. Bei gegebenen Drehzahlen bzw. unter Berücksichtigung der maximal zulässigen Biegefrequenz kann man die Geschwindigkeit nur durch Vergrößern des Riemenscheibendurchmessers steigern; damit nimmt auch die Biegebeanspruchung an der Scheibe ab.

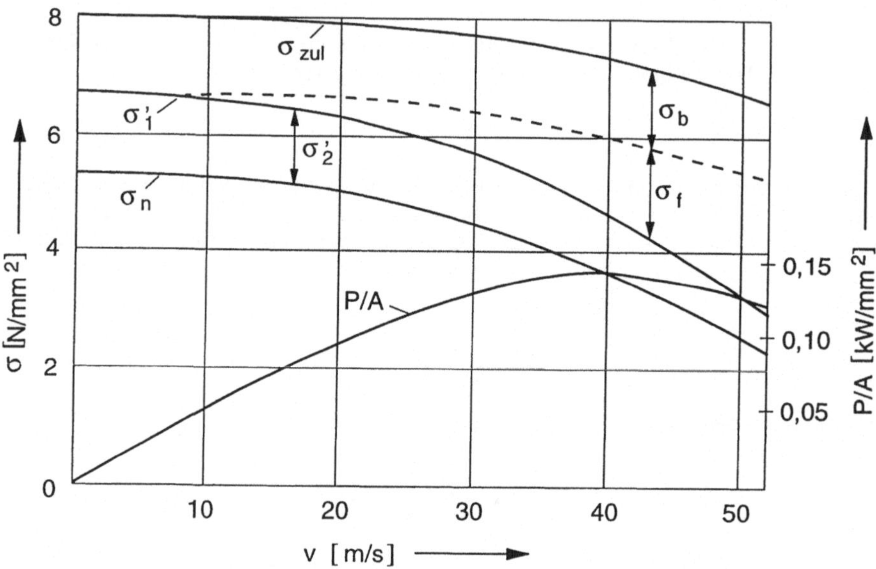

Bild 2.26. Riemenspannungen und spezifische Leistung bei einem Flachriemengetriebe [36]

In der Praxis wählt man die Riemengeschwindigkeit meist etwas niedriger als v_{opt}, da Bauvolumen und Kosten mit etwas kleineren Scheiben eher gesenkt werden können als durch optimale Riemenausnutzung [39].

2.2.5.3 Schwingungen

Flachriemengetriebe gelten im allgemeinen als laufruhig und schwingungsarm. Je nach konstruktivem Aufbau des Getriebes und Beschaffenheit von An- und Abtriebsmaschinen können Flachriemengetriebe schwingungsdämpfend wirken oder zur aktiven Schwingungsanregung beitragen. Das dynamische Verhalten kraftschlüssiger Zugmittelgetriebe wird in Kapitel 2.5 zusammenfassend dargestellt. Es wird durch konstruktionsbedingte Parameter wie Riementyp, Wellenabstand, Scheibendurchmesser, Übersetzung und Drehzahl sowie statisches und dynamisches Drehmoment, Vorspannung, Temperatur und Erregerfrequenz beeinflußt.

2.2.5.4 Geräusche

Das Flachriemengetriebe gilt als ausgesprochen geräuscharmer Antrieb. Selbst bei Hochgeschwindigkeitsantrieben mit Riemengeschwindigkeiten von 200 m/s und mehr wird das Laufgeräusch als „angenehm leise" bezeichnet [21]. Häufig rühren die wahrgenommen Geräusche nicht vom Eingriffsverhalten des Flachriemens her, sondern entstehen als Ventilations- oder Lagergeräusche an den Riemenscheiben. Sie können durch entsprechende konstruktive Maßnahmen an diesen Systemelementen reduziert werden.

Treten infolge des dynamischen Verhaltens Schwingungen im Riemengetriebe auf, so können diese zur Emission von Geräuschen führen. Meist erfolgt hierbei eine Schallanregung mit hoher Frequenz und geringer Amplitude [48]. Abhilfemaßnahmen bieten sich durch eine geänderte Beschichtung der Laufseite des Riemens, z.B. durch Wahl einer Chromleder-Reibschicht oder durch eine andere Strukturierung der Elastomer-Reibschicht, an. Auftretende Riemenbrüche, die von Randschäden ausgehen, kündigen sich bereits Stunden vor dem endgültigen Versagen des Riemens durch starke Laufgeräusche an [21].

2.2.5.5 Einsatzgrenzen

Die Einsatzgrenzen für Flachriemengetriebe ergeben sich zum einen systembedingt aufgrund der konstruktiven Auslegung, zum anderen betriebsbedingt aufgrund des physikalischen Geschehens. Systembedingte Einsatzgrenzen sind:

- die maximale Vorspannung. Da die Kraftübertragung beim Flachriemengetriebe durch Reibung erfolgt, ist in jedem Betriebszustand eine Vorspannkraft im Leertrum erforderlich. Dadurch werden die Wellen und vor allem die Lager stärker belastet als bei anderen Getriebebauarten, was dazu führt, daß man in der Praxis die Vorspannung nur so hoch wählt, wie es die zu übertragende Umfangskraft gerade erfordert. Damit werden die modernen Hochleistungsflachriemen nicht entsprechend ihren Festigkeitseigenschaften genutzt.
- die bleibende Riemendehnung. Tritt im Betrieb im Laufe der Zeit eine bleibende Riemendehnung auf, so führt diese zu einer Reduktion der Vorspannkraft und damit ggf. zu einem vorzeitigen Durchrutschen des Riemens mit Gleitschlupf als Folge. Dies führt zu einem raschen Verschleiß des Riemens und vorzeitigem Versagen des Getriebes.
- der Einfluß der Fliehkraft. Bei hohen Riemengeschwindigkeiten im Bereich oberhalb v_{opt} führt das Auftreten der Fliehkraft zur Verringerung der Auflagekräfte und schließlich sogar zum Abheben des Riemens, wodurch dann keine Leistungsübertragung mehr möglich ist. Andererseits ist zur Ausnutzung der hervorragenden Zugfestigkeit moderner Mehrschichtriemen der Betrieb bei hohen Riemengeschwindigkeiten erforderlich (Bild 2.27). Nach [21] ist das Maximum der übertragbaren Leistung bei Riemengeschwindigkeiten von 150 bis 200 m/s zu erwarten. Bei den im Maschinenbau üblichen niedrigen Drehzahlen lassen sich solche Laufgeschwindigkeiten nur durch große Riemenscheibendurchmesser realisieren. Diese kommen jedoch aufgrund des großen Bauvolumens und der damit verbundenen hohen Kosten in der Praxis nicht zum Einsatz.

Betriebsbedingte Einsatzgrenzen sind:

- der Riemenverschleiß. Das Versagen des Zugorgans Flachriemen erfolgt nicht durch Reißen infolge einer Zugbelastung, sondern durch Verschleiß und Zerrüttung. Diese geht von der Riemenkante aus und setzt sich ins Innere der Zugschicht fort. Die Zugschicht zerfasert, es entsteht eine extreme

Riemendehnung und das Getriebe wird funktionsunfähig. Erste Randschäden bei Flachriemengetrieben kündigen sich sehr frühzeitig durch eine starke Erhöhung der Laufgeräusche an. Entscheidend für die lebensdauergerechte Bemessung eines Flachriemens ist nicht seine Zugfestigkeit, sondern die errechnete Biegefrequenz. Mit zunehmendem Durchmesser der kleineren Scheibe nimmt die Biegebeanspruchung des Riemens ab. Um den Riemenverschleiß gering zu halten, müssen Geometrie- und Montagefehler der Riemenscheiben vermieden werden. Fluchtungsfehler infolge unzureichender Ausrichtung der Wellen sowie fehlende Balligkeit der Scheiben führen zum Ablaufen des Riemens von der Scheibenmitte und damit zu einer raschen Zunahme von Verschleißerscheinungen.

- die Abnahme des Wirkwinkels. Beim Betrieb eines Flachriemengetriebes mit hohen Laufgeschwindigkeiten bildet sich am Riemeneinlauf zwischen Riemen- und Scheibenoberfläche ein Luftpolster aus, das zu einer Verringerung des Wirkwinkels und damit zu einem vorzeitigen Durchrutschen des Riemens führt [21].

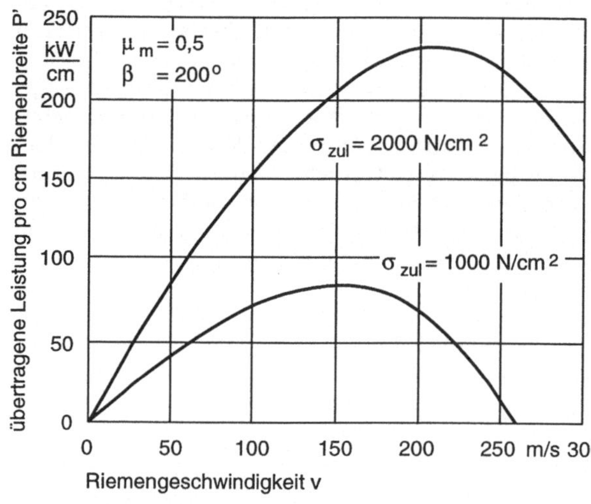

Bild 2.27. Übertragbare Leistung von Hochleistungsflachriemen in Abhängigkeit von der Riemengeschwindigkeit und der zulässigen Riemenspannung [21]

2.2.6 Wartung und Pflege

Wartung und Pflege sind für moderne Hochleistungsflachriemen nach Angaben der Hersteller [20, 49] während des Betriebs nicht erforderlich. Allerdings empfiehlt es sich, das Flachriemengetriebe vor dem Eindringen von Ölen und Fetten sowie Feuchtigkeit und Staub zu schützen. Chromleder-Reibschichten können ggf. mit herstellerseitig zur Verfügung gestellten Sprühpasten gepflegt werden. Soweit Flachriemen im Rahmen einer Vorratshaltung gelagert werden, sollte dies in kühlen und nicht zu trockenen Räumlichkeiten geschehen [49]. Die Hersteller empfehlen, die Riemen nicht auf eine Kante zu legen, sondern sie auf Papphülsen aufzuhängen. Soweit das Material durch einseitige Lagerung unter Einfluß von Feuchtigkeit oder trockener Wärme leicht bogenförmig verformt wurde, genügt bereits eine Dehnung von 0,2 bis 0,4%, um diese Verformung wieder auszugleichen.

2.2.7 Berechnung und Konstruktion

Als wichtige Grundlage für die Berechnung von Flachriemengetrieben dient neben den Unterlagen der Riemenhersteller die VDI-Richtlinie 2758 [53]. Nachdem die an das Getriebe zu stellenden Anforderungen und die Einsatzbedingungen geklärt sind, wählt man den aufgrund seines Leistungsvermögens infragekommenden Riemen aus. Hierzu dient das in Bild 2.28 wiedergegebene Diagramm.

Ausgehend von Normbreiten und -größen wurden in dem Diagramm Kriterien wie Wirtschaftlichkeit und Baugröße berücksichtigt. Während die linken Begrenzungslinien die Mindest-Scheibendurchmesser angeben, führt die rechte Begrenzungslinie zu einem sinnvollen Grenzmaß für die maximale Riemenbreite. Bei der praktischen Auslegung sollte der Bereich der Mindest-Scheibendurchmesser vermieden werden, weil hier die Riemenscheiben zu breit werden. Eine optimale Leistungsübertragung wird durch die Wahl möglichst großer Scheibendurchmesser erreicht. Hierbei sind durch die zulässigen Riemengeschwindigkeiten allerdings Grenzen gesetzt. Bestehen keine besonderen räumlichen Vorgaben, so sollte man den Durchmesser d_2 der großen Scheibe so groß wählen, wie es der zur Verfügung stehende Bauraum zuläßt. Dadurch werden kleine Umfangskräfte und eine kleine Biegebeanspruchung erreicht. Der Durchmesser d_1 der kleinen Scheibe muß auf jeden Fall größer als d_{min} des ausgewählten Riementyps sein.

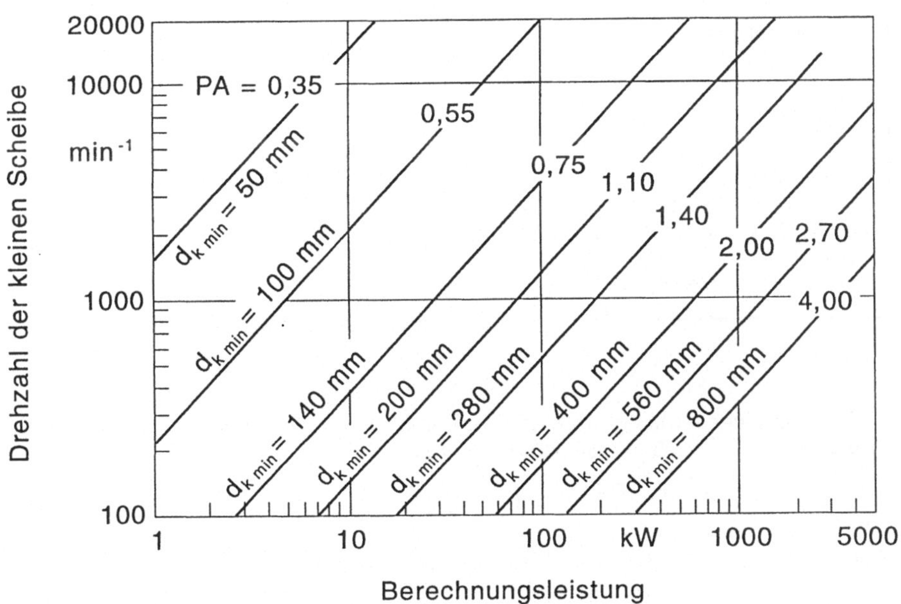

Bild 2.28. Leistungsvermögen von Flachriemen (PA = Polyamid-Zugbanddicke)

Der im folgenden dargelegte Berechnungsgang [53] beschränkt sich ausschließlich auf offene Zweischeibengetriebe. Die für die leistungsmäßige Auslegung angegebenen Zahlenwerte sind Mittelwerte, die aus den Leistungstabellen namhafter Riemenhersteller berechnet wurden. Diese Werte sind fabrikat- und typabhängig.

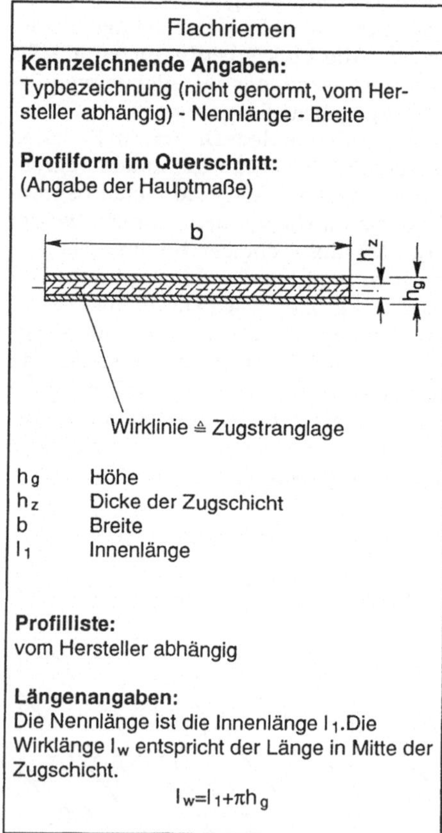

Bild 2.29. Maßangaben für Flachriemen

Um die Gegebenheiten der An- und Abtriebsmaschinen zu berücksichtigen, wird vorab eine Berechnungsleistung ermittelt

$$P_B = P_N \cdot C_B \ . \tag{2.43}$$

Hierin ist C_B ein Betriebsfaktor, der sich je nach Anwendung wie folgt errechnet

$$C_B = 1 + C_{Typ} \cdot (0,075 \cdot C_{ab} + 0,1 \cdot C_{an} + 0,1 \cdot C_t) \ . \tag{2.44}$$

Tabelle 2.4. Betriebsfaktor C_B für Riemengetriebe

Typfaktor C_{Typ}

C_{Typ}	Riementyp
1	Flach-,Keil-,Rippenriemen
1,6	Zahnriemen mit Trapezprofil
2	Zahnriemen mit kreisbogen-förmigem Profil

Einsatzdauerfaktor C_t

C_t	Betriebsdauer je Tag
0	< 10 h
1	10 bis 16 h
2	< 16 h

Faktor für Abtriebsmaschine C_{ab}

C_{ab}	Art des Abtriebs	Beispiele
0	sehr leicht	Geräte der Büro-,Film-,Audio- und Videotechnik; leichte Haushaltsmaschinen;Bandförderanlagen für leichtes Gut
1	leicht	Stetigförderer für Schüttgut mit gleichmäßiger Beschickung; leichte Holzbearbeitungsmaschinen; kleine Lüfter und Pumpen; Flüssigkeitsrührwerke
2	mittelschwer	Rührwerke für teigige Massen; Werkzeugmaschinen ohne extreme Stoßbelastungen; große Ventilatoren, Lüfter, Kompressoren; Textilmaschinen
3	schwer	Kolbenpumpen, -verdichter; Ventilatoren, Radialgebläse mit großem Anlaufmoment; Mahlwerke; Kunststoffverarbeitungsmaschinen wie Kalander, Extruder
4	sehr schwer	Brecher; Walzwerke; Ziegeleimaschinen; alle Maschinen mit sehr hohen Anlaufmomenten oder sehr hohem Ungleich-förmigkeitsgrad

Faktor für Antriebsmaschine C_{an}

C_{an}	Art des Antriebs	Beispiele
0	gleichmäßig	Elektromotore mit niedrigem Anlaufmoment (bis $1,5 \cdot T_{nenn}$) ; Gleichstrom-Nebenschlußmotore; Verbrennungsmotore mit mehr als 8 Zylindern; Turbinen
1	ungleichmäßig	Wechsel- und Drehstrommotore mit normalem Anlaufmoment ($1,5$ bis $2,5 \cdot T_{nenn}$), z.B. Stern-Dreiecksanlauf; Doppelschlußmotore; Verbrennungsmotore mit 4 bis 6 Zylindern
2	sehr ungleich-mäßig	Wechsel- und Drehstrommotore mit hohem Anlaufmoment ($>2,5 \cdot T_{nenn}$), z.B. Drehstrom-Bremsmotore; Verbrennungsmotore mit weniger als 4 Zylindern; Hydraulikmotore

Die Faktoren C_{Typ}, C_{ab}, C_{an} und C_t sind anhand von Tabelle 2.4 auszuwählen. Treten zusätzliche Umwelteinflüsse wie Nässe, Staub oder Dämpfe auf, so ist der Betriebsfaktor mit einem Zuschlag von 0,1 zu versehen. Die Berechnung der für die Konstruktion des Getriebes notwendigen geometrischen und kinematischen Werte

erfolgt mit Hilfe der in Kapitel 2.1.1 und 2.2.5.2 entwickelten Grundlagen.
Übersetzungsverhältnis nach (2.1)

$$i = \frac{n_{an}}{n_{ab}} \approx \frac{d_{ab}}{d_{an}} \; .$$

Bei Festlegung des Übersetzungsverhältnisses sind die genormten Durchmesser zu
berücksichtigen. Da bei Flachriemen meist die Innenlängen angegeben werden,
kann $d_w = d$ gesetzt werden (2.2). Der Wellenabstand e_0 wird, falls er nicht durch
die Konstruktion vorgegeben ist, vorläufig wie folgt ermittelt

$$e_{min} \leq e_0 \leq 2 \cdot (d_1 + d_2) \; . \tag{2.45}$$

Der Trumneigungswinkel α (Bogenmaß) ergibt sich aus den Wirkdurchmessern der
großen und kleinen Scheibe und dem vorläufigen Wellenabstand

$$\alpha = \arcsin(\frac{d_2 - d_1}{2 \cdot e_0}) \; . \tag{2.46}$$

Damit kann der Umschlingungswinkel β berechnet werden. Er wird vom Wellenabstand und dem Übersetzungsverhältnis beeinflußt.

$$\begin{array}{llc} \text{kleine Scheibe} & \beta_1 = \pi - 2 \cdot \alpha \\ \text{große Scheibe} & \beta_2 = \pi + 2 \cdot \alpha \end{array} \tag{2.47}$$

Mit Hilfe der bis jetzt berechneten Werte läßt sich die vorläufige Berechnungslänge
$l_{w,0}$ des Riemens bestimmen, vgl. auch (2.5)

$$l_{w,0} = 2 \cdot e_0 \cdot \cos\alpha + \frac{d_1}{2} \cdot \beta_1 + \frac{d_2}{2} \cdot \beta_2 \; . \tag{2.48}$$

Die endgültige Berechnungslänge $l_{w,St}$ ergibt sich dann aus der diesem Wert am
nächsten kommenden Normlänge. Bei Flachriemen, die aus Meterware endlos hergestellt werden, ist $l_w = l_{w,0}$ möglich. Aus dem vorläufigen Wellenabstand und der
endgültigen Berechnungslänge des Riemens läßt sich der endgültige Wellenabstand
bestimmen.

$$e \approx e_0 + \frac{l_{w,St} - l_{w,0}}{2} \tag{2.49}$$

Muß der Wellenabstand genau bestimmt werden, z.B. bei Antrieben, bei denen
eine Einstellmöglichkeit des Wellenabstands nicht vorgesehen ist, so kann dies nur
durch Iteration mit den Gleichungen (2.46), (2.48) und (2.49) geschehen.
Die Riemengeschwindigkeit v ergibt sich zu

$$v = \pi \cdot \omega_{an} \cdot d_{an} = \pi \cdot n_{an} \cdot d_{an} \cdot 10^{-3} / 60 \; . \tag{2.50}$$

Dabei muß beachtet werden, daß die zulässige Höchstgeschwindigkeit des Riemens
nicht überschritten wird. Die Riemenumlauffrequenz f_R berechnet sich aus der

Riemengeschwindigkeit und der Wirklänge des Riemens

$$f_R = \frac{v}{l_w} \cdot 10^3 \qquad (2.51)$$

und die Biegefrequenz unter Berücksichtigung der Zahl der umschlungenen Scheiben K

$$f_B = K \cdot f_R \quad . \qquad (2.52)$$

Die zulässigen Höchstwerte (z.B. Herstellerangaben) für die Biegefrequenz sind bei der Auslegung zu beachten. Tritt im Riemengetriebe Gegenbiegung auf, z.B. beim Einsatz von Umlenkrollen, so sind nur 2/3 dieser Werte zulässig.

Nach der Auswahl des Riementyps wird aufgrund der maximal zu übertragenden Umfangskraft $F_{u,B}$ und der jeweils zulässigen spezifischen Umfangskraft $f_{u,zul}$ (in N/mm Riemenbreite) die erforderliche Breite des Riemens bestimmt. Dabei errechnen sich die zu übertragende Umfangskraft und die Riemenbreite zu

$$F_{u,B} = \frac{P_B \cdot 10^3}{v} \qquad (2.53)$$

$$b_{erf.} = \frac{F_{u,B}}{f_{u,zul}} \quad . \qquad (2.54)$$

Die zulässige spezifische Umfangskraft, soweit sie nicht aus Herstellerangaben entnommen werden kann, wird in zwei Richtungen ermittelt, wobei dann zur Berechnung der erforderlichen Riemenbreite der kleinere Wert einzusetzen ist.

$$f_{u,zul,p} = \frac{1}{2} \cdot d_2 \cdot p_{zul} \cdot C_w \qquad (2.55)$$

$$f_{u,zul,z} = h_z \cdot (\sigma_{zul} - \sigma_f - \sigma_b) \cdot C_w \qquad (2.56)$$

mit dem Winkelfaktor

$$C_w = 1 - e^{\mu_r \cdot \beta_1} \qquad (2.57)$$

der Fliehspannung

$$\sigma_f = \frac{\rho \cdot v^2 \cdot h_g}{1000 \cdot h_z} \qquad (2.58)$$

und der Biegespannung

$$\sigma_b = \frac{h_z \cdot E}{d_1 + d_2} \quad . \qquad (2.59)$$

Die Werkstoffkennwerte für den Elastizitätsmodul E, die zulässige Zugspannung

σ_{zul}, die zulässige Flächenpressung p_{zul}, die Dichte ρ und der Berechnungsreibwert μ_r werden von den Riemenherstellern üblicherweise nicht angegeben. Für Flachriemen mit einer Zugschicht aus vorgerecktem Polyamid gelten die folgenden Richtwerte [53]:

$$E \quad = 1000\,N\,/\,mm^2 \qquad p_{zul} \quad = 0,42\,N\,/\,mm^2 \qquad \mu_r = 0,5$$

$$\sigma_{zul} = \quad 42\,N\,/\,mm^2 \qquad \rho \quad = 1,1\,g\,/\,cm^3 \qquad\qquad h_g = h_z + 1,5 \quad \text{(falls nicht angegeben)}$$

Bei anderen Bauformen von Flachriemen ist die Auslegung mit herstellerbezogenen Daten durchzuführen.

Technische Daten:
Antriebsleistung P $= 630kW$
$d_1 = 490mm$
$d_2 = 1690mm$
$n_1 = 1488min^{-1}$
$n_2 = 431min^{-1}$
Wellenabstand e $= 1930mm$
Riemenbreite b $= 300mm$

Bild 2.30. Flachriemengetriebe als Antrieb eines Kältekompressors

Werkbild: Siegling

Die bei Flachriemengetrieben im Stillstand aufzubringende Wellenspannkraft $F_{w,0}$ ergibt sich unter Berücksichtigung des Umschlingungswinkels β_1 aus der Trumvorspannkraft $F_{t,0}$

$$F_{t,0} = \frac{F_{u,B}}{2} \cdot \frac{e^{\mu \cdot \beta_1} + 1}{e^{\mu \cdot \beta_1} - 1} + \frac{h_g \cdot b_{erf} \cdot \rho \cdot v^2}{1000} \tag{2.60}$$

$$F_{w,0} = 2 \cdot F_{t,0} \cdot \sin(\frac{\beta_1}{2}) \ . \tag{2.61}$$

Kann die aufzubringende Vorspannkraft $F_{w,0}$ nicht direkt gemessen werden, so ist die entsprechende Riemendehnung ε_0 im gestreckten Trum zu bestimmen

$$\varepsilon_0 = \frac{F_{t,0}}{E \cdot h_z \cdot b_{erf}} \cdot 100\% \ . \tag{2.62}$$

Flachriemengetriebe benötigen kein eigenes Getriebegehäuse. Im allgemeinen wird eine Schutzabdeckung zur Verhütung von Unfällen vorgesehen, oder es wird ein Blechgehäuse verwendet, das außerdem als Schutz gegen Verschmutzung und das Eindringen von Feuchtigkeit oder Ölnebel dient. Hierbei ist darauf zu achten, daß keine Verstärkungseffekte für die Laufgeräusche durch Resonanzen im Gehäuse entstehen.

Ein Flachriemengetriebe im praktischen Einsatz ist in Bild 2.30 dargestellt. Es handelt sich um den Antrieb eines mehrstufigen Kältekompressors mit einem sehr großen Ungleichförmigkeitsgrad.

2.3 Keilriemengetriebe

2.3.1 Aufbau und Funktion

Keilriemengetriebe gehören zu den kraftschlüssigen Getrieben. Die Übertragung der Umfangskraft F_u erfolgt ausschließlich durch Reibkräfte an den Flanken der Paarung Riemenscheibe/Riemen (Bild 2.31). Die Keilwirkung erhöht die Anpreßkraft, so daß bei gleichem wirksamem Scheibendurchmesser d_w und gleicher übertragbarer Leistung eine geringere Vorspannung als bei Flachriemen erforderlich ist. Der Keilriemen darf nicht auf dem Rillengrund aufliegen, da dies zur Verminderung der übertragbaren Umfangskraft, Gleitschlupf und Schädigung durch Überhitzen führt.

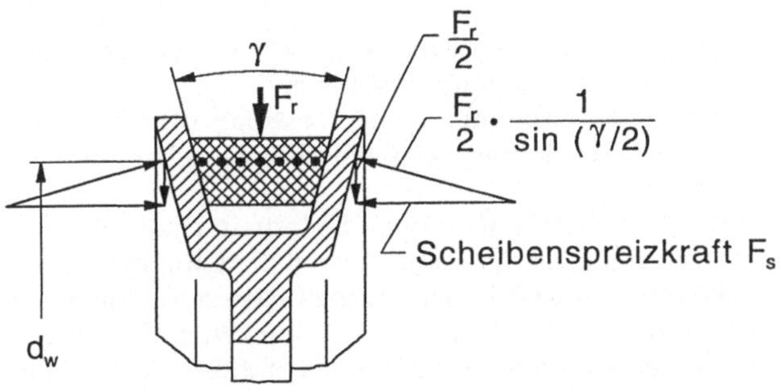

Bild 2.31. Kräfte zwischen Keilriemen und Keilriemenscheibe

Für die Berechnung von Keilriemengetrieben besitzt die Eytelwein'sche Gleichung in der bekannten Form (2.19) keine Gültigkeit, da ein Keilriemen nicht mehr nur Dehnschlupf in Umfangsrichtung erfährt, sondern durch die radiale Komponente der Trumkraft unter Reibungsverlusten auch radial in die Keilrille gezogen wird. Daher ist

$$\frac{F_{1'}}{F_{2'}} > e^{\dfrac{\mu \cdot \pi \cdot \beta}{\sin(\gamma/2) \cdot 180°}} . \tag{2.63}$$

Zur rechnerischen Auslegung ist hier der Umschlingungswinkel β_1 der kleineren Riemenscheibe einzusetzen.

Keilriemengetriebe gewährleisten eine sichere Führung der Riemen in allen Lagen und lassen sich raumsparend unterbringen, da kleine Wellenabstände bei großen Übersetzungen möglich sind. Durch den großen Riemenquerschnitt wird beim Keilriemen die Riemenkrümmung behindert, was entweder Modifikationen bei der Bauart des Riemens oder größere Mindest-Scheibendurchmesser als beim Flachriemengetriebe erforderlich macht. Bei der Übertragung großer Leistungen ist der Einsatz von Mehrstrangantrieben üblich (Bild 2.42). Hierbei kommen mehrere (üblicherweise 5, im Schwermaschinenbau 25 bis 35) parallel nebeneinander laufende Normal- oder Schmalkeilriemen zum Einsatz.

Die Anwendungsvielfalt der Keilriemengetriebe in der Praxis ist groß. Sie können bei mittleren Wellenabständen und mittleren Geschwindigkeiten praktisch überall im Maschinenbau eingesetzt werden. Ein Hauptanwendungsgebiet ist der Antrieb von Hilfsaggregaten im Kraftfahrzeug- und Motorenbau. Eine ausführliche Zusammenstellung aller Einsatzgebiete findet sich in [53].

2.3.2 Riemen

Die unterschiedlichen Keilriementypen sind durch die geometrischen Abmessungen der Riemenprofile gekennzeichnet, die Bauarten der Riemen durch deren inneren Aufbau. In Bild 2.32 sind die gebräuchlichsten Bauarten von Keilriemen dargestellt. Keilriemen sind aus folgenden, durch Vulkanisieren fest miteinander verbundenen, Elementen aufgebaut:
- Einlage hochfester Cordfäden (Textil, Polyester) zur Übertragung der Strangkraft.
- Hochelastischer Riemenkörper (Gummi, Kunststoff) zur Übertragung der Umfangskräfte zwischen Riemenflanken und Cordfäden.
- Imprägnierte, verschleißfeste Gewebeumhüllung (Textilfasern) beim konventionellen Keilriemen zur Übertragung der Reibkräfte zwischen Riemenflanken und Keilrillenscheibe.

Der flankenoffene Keilriemen hat einen anisotropen Unterbau. Dadurch kann die Ummantelung entfallen. Durch Schleifen der Flanken kann die Laufgenauigkeit verbessert werden. Beim flankenoffenen Keilriemen erfüllen Fasern, die quer zur Laufrichtung liegen, die Forderungen nach Quersteifigkeit, Biegetüchtigkeit und Abriebfestigkeit. Die flankenoffenen Keilriemen werden als endlose Normalkeilriemen der kleinen Profilgrößen und als endlose Schmalkeilriemen hergestellt und sind diesen bei hohen Drehzahlen, kleinen Scheibendurchmessern und großem Leistungsbedarf deutlich überlegen.

Die Cordfäden bilden wegen ihres höheren Elastizitätsmoduls die neutrale Biegefaser und zugleich den für die Übertragung der Umfangsgeschwindigkeit maßgebenden Wirkdurchmesser d_w des Keilriemens in der Keilrille.

Besondere Eigenschaften der Keilriemen sind: die Möglichkeit der Drehzahlverstellung, internationale Austauschbarkeit durch Normung der Profile, Unempfindlichkeit gegen Drehmomentstöße, Unzulässigkeit von Fluchtungsfehlern, Möglichkeit einer Kupplungsfunktion, Überlastungssicherheit.

Die endlosen Normalkeilriemen (Bild 2.32a), auch klassische Keilriemen genannt, sind genormt (DIN 2215, ISO 4184, ISO 9608). Sie werden in genormten Längen geliefert und können nicht gekürzt werden. Das Verhältnis von Breite zu Höhe (b/h) ist $\approx$ 1,6. Die Profile werden nach der oberen Breite b bezeichnet (Bild 2.40).

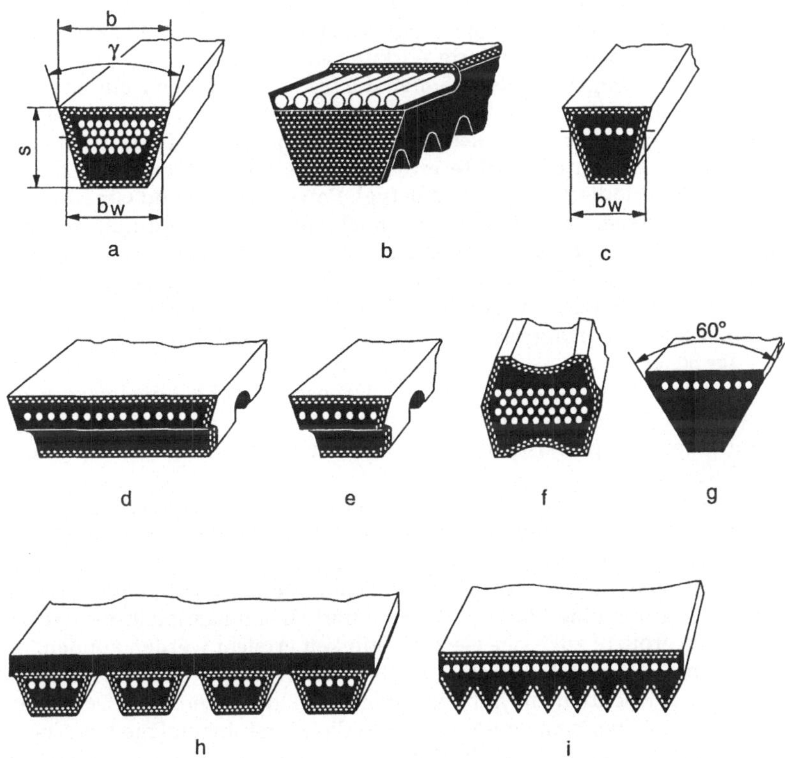

Bild 2.32. Bauformen handelsüblicher Keilriemen

Endliche Keilriemen haben in der Praxis keine große Bedeutung, da sie niedrigere Leistungen übertragen und größere Scheibendurchmesser bei maximal möglichen Riemengeschwindigkeiten von 30 m/s erfordern. Sie werden als Meterware geliefert und in der jeweils gewünschten Länge von der Rolle abgeschnitten. Beim

Auflegen werden ihre beiden Enden durch ein Riemenschloß verbunden, das die Riemenscheibe nicht berührt und daher den Riemenlauf über die Keilrillen nicht stört. Endliche Keilriemen finden bei problematischen Einbau- oder Montageverhältnissen Verwendung.

Endlose Schmalkeilriemen (Bild 2.32c) nach DIN 7753 Teil 1 und 2 (ISO 2790) für den Maschinenbau und Teil 3 für den Kraftfahrzeugbau mit einem Verhältnis Breite zu Höhe $(b/h) \approx 1{,}25$ stellen heute den am meisten verwendeten Riementyp dar. Sie übertragen höhere Leistungen als Keilriemen gleicher Wirkbreite.

Breitkeilriemen (Bild 2.32d) nach DIN 7719 mit einem Verhältnis von Breite zu Höhe $(b/h) \approx 3{,}1$ finden ausschließlich bei Stellantrieben mit stufenlos einstellbarer Übersetzung Anwendung. Ein größeres Breitenverhältnis ermöglicht im allgemeinen einen größeren Stellbereich [34]. Die übertragbare Leistung entspricht etwa derjenigen der Normalkeilriemen gleicher Profilhöhe, nimmt aber mit zunehmendem (b/h) um bis zu 20% ab. Die Keilwinkel liegen je nach Stellbereich und Konstruktion der Verstellscheiben zwischen 22° und 34° (ISO-Empfehlung 26°), wobei die kleineren Keilwinkel größere Verstellbereiche, aber - wegen der Annäherung an die Selbsthemmungsgrenze- verminderte Wirkungsgrade ergeben.

Zur Erhöhung der Biegewilligkeit können die bisher genannten Keilriemen mit Quernuten in der Profilinnenfläche versehen werden (Bild 2.32d). Bei nur geringer Verminderung der übertragbaren Leistung wird der zulässige Mindestradius der kleineren Scheibe auf etwa die Hälfte reduziert. Die Nuten (Formverzahnung) verursachen jedoch periodische Einlaufstöße (vgl. Polygoneffekt) und Geräusche.

Als Verbundkeilriemen (Bild 2.32h) bezeichnet man bis zu fünf durch ein elastisches, nicht auf den Scheiben aufliegendes Deckband verbundene Normal- oder Schmalkeilriemen. Das Deckband verhindert Verdrillen oder starkes Schwingen einzelner Riemen eines Satzes. Verbundkeilriemen können auch bei Antrieben mit großen Wellenabständen erfolgreich eingesetzt werden und erfordern eine gute Ausrichtung der Scheiben.

Hexagonal- oder Doppelkeilriemen (Bild 2.32f) nach DIN 7722 dienen zum Antrieb von gegenläufigen Scheiben ebener Vielwellenantriebe. Sie besitzen ein symmetrisches Sonderprofil - praktisch Rücken an Rücken gelegte Keilriemen - mit einem Verhältnis $(b/h) \approx 1{,}25$.

60°-Keilriemen (Bild 2.32g) sind aus Polyurethan (hoher Reibwert) gegossene Riemen mit Polyester-Zugsträngen. Zur Vermeidung von Selbsthemmung ist wegen des hohen Reibwerts der große Flankenwinkel von 60° erforderlich. Durch das Gießen läßt sich im Vergleich zu den herkömmlichen Riemen eine größere Maßhaltigkeit erzielen, wodurch eine höhere Laufruhe und Gleichmäßigkeit der Drehbewegung sowie eine größere zulässige Geschwindigkeit erreicht werden können.

Keilrippenriemen (Bild 2.32i) nach DIN 7867 sollen wegen ihrer flachen Bauform die Vorteile des Flachriemens mit denen des Keilriemens vereinen. Der dünne, flexible Oberbau trägt über seine gesamte Breite die Zugstrangeinlage (im Gegensatz zum Verbundkeilriemen). Die als Rippen bezeichneten Keilprofile besitzen einen Winkel von 40° und füllen die Rillen der Scheiben annähernd bis zum Grund aus. Ihre Aufgabe ist es, die Umfangskraft zwischen Scheibe und Deckband zu übertragen. Da diese Riemen gegen zwischen Scheibe und Riemen eindringende Fremdkörper empfindlich sind, werden die modernen Ausführungen der Keilrippenriemen mit abgeflachtem Rippenkopf ausgeführt [53], was zur Folge hat, daß der Riemen ähnlich wie die anderen Keilriementypen radial in die Scheibenlücke einwandern kann. Mit Keilrippenriemen sind gegenläufige Antriebe mit Keilrillen-

Keilriemenscheiben		Durchmesserbereich (d_r, d_w), Abstände					
Kennzeichnende Angaben:		Profil	DIN	d_{min}	d_{max}	e	f_{min}	c
Scheibe - Norm - Profil - ungeteilt/geteilt -		(5)	2217	20	80	6	5	1,3
Richt-oder Wirkdurchmesser - Rillenzahl -		6	2217	28	025	8	6	1,6
Nabenausführung		(8)	2217	40	200	10	7	2
		SPZ	2211	63	500	12	8	2
Bezeichnungsbeispiel:		XPZ	2211	50	500	12	8	2
Scheibe DIN 2211 - SPC - 1T 500x8x90 PN		10	2211	50	500	12	8	2
		SPA	2211	90	630	15	10	2,8
Rillenform:		XPA	2211	63	630	15	10	2,8
		HAA	2211	80	630	15	10	2,8
einrillig mehrrillig		13	2211	71	630	15	10	2,8
		SPB	2211	140	800	19	12,5	3,5
		XPB	2211	100	800	19	12,5	3,5
		HBB	2211	125	800	19	12,5	3,5
		17	2211	112	800	19	12,5	3,5
		(20)	2217	160	2000	23	15	5,1
		SPC	2211	224	2000	25,5	17	4,8
		XPC	2211	160	2000	25,5	17	4,8
		HCC	2211	224	2000	25,5	17	4,8
		22	2211	180	2000	25,5	17	4,8
d_r Richtdurchmesser		(25)	2217	250	2000	29	19	6,3
d_w Wirkdurchmesser (d_w=d_r)		32	2217	355	2000	37	24	8,1
d_a Außendurchmesser (d_a=d_r+2c)		HDD	2217	355	2000	37	24	8,1
c Wirklinienabstand		40	2217	500	2000	44,5	29	12,0
f Randabstand		Die Stufung der Durchmesser entspricht der Normzahlreihe R20.Für endliche Keilriemen nach DIN 2216 gelten größere Mindestdurchmesser. Durchmesser für gezahnte Breitkeilriemen nach DIN 7719 sind nicht genormt, als Richtwert für den Mindestdurchmesser gilt der 5,6fache Wert der Riemenhöhe.						
e Rillenabstand								
b Scheibenbreite b=2f+(z-1)e								
z Rillenzahl								

Bild 2.33. Keilriemenscheiben, kennzeichnende Angaben [53]

und Flachscheiben realisierbar. Die geringe Biegesteife ermöglicht große Übersetzungen, wobei die große Scheibe als Flachscheibe ausgeführt werden kann. Keilrippenriemen sind in fünf Profilen lieferbar bei einer Breite von bis zu 75 Rippen.

Der Leistungsbereich für den Einsatz von Keilriemengetrieben reicht im allgemeinen bis etwa 700 kW, gegebenenfalls bis 1000 kW, in Ausnahmefällen bis 5000 kW. Die zahlreichen unterschiedlichen Antriebsfälle im Maschinenbau lassen für den Einsatz von Keilriemen keine allgemeingültigen Lebensdauerangaben zu, zumal die Lebensdauer stark von den jeweiligen Einsatzbedingungen abhängt. Von Einfluß sind die Montage- und Betriebsbedingungen, jedoch spielen auch Umgebungseinflüsse wie Öl, Staub usw. sowie klimatische Bedingungen eine Rolle. Den in den Normen angegebenen Leistungswerten liegt der sehr hohe empirische Lebensdauerwert von 24000 Stunden zugrunde. Dieser Wert wird nur bei optimalen Einsatzbedingungen, wie z.B. keinen Fluchtungsfehlern der Scheiben, keiner Über-

<table>
<tr><td colspan="6" align="center">Keilrippenscheiben</td></tr>
</table>

Kennzeichnende Angaben:
Keilrippenscheibe - Norm - Rillenzahl -
Profil - Bezugsdurchmesser
Bezeichnungsbeispiel:
Keilríppenscheibe DIN 7867 - 6Kx90
Rillenform:

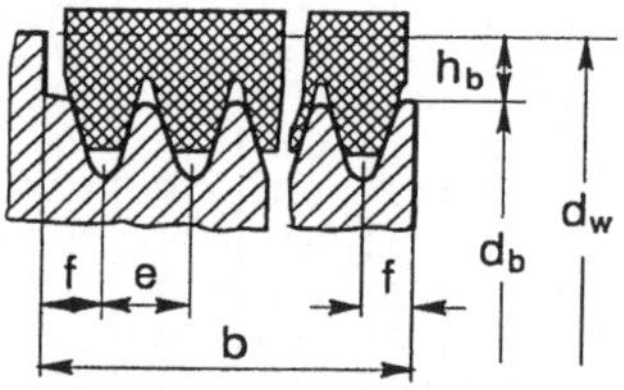

d_b	Bezugsdurchmesser
d_a	Außendurchmesser ($d_a < d_b$, da Kürzung der Profilköpfe zulässig)
d_w	Wirkdurchmesser ($d_w = d_b + 2h_b$)
h_b	Wirklinienabstand
f	Randabstand
e	Rillenabstand
b	Scheibenbreite $b = 2f + (z-1)e$
z	Rillenzahl

Durchmesserbereich (d_b), Abstände (DIN 7867)

Profil	$d_{b\,min}$	$d_{b\,max}$	e	f_{min}	h_b
H	13	140	1,60	1,3	0,8
J	20	500	2,34	1,8	1,25
K	45	315	3,56	2,5	1,6
L	75	800	4,70	3,3	3,5
M	180	1000	9,40	6,4	5,0

Die Stufung der Durchmesser entspricht
der Normzahlreihe R20.

Bild 2.34. Keilrippenscheiben,
kennzeichnende Angaben[53]

lastung, Einhalten der erforderlichen Riemenspannung, normalen Umweltbedingungen usw. erreicht.

2.3.3 Riemenscheiben

Keilriemenscheiben, oft auch Keilscheiben genannt, sind für Normalkeilriemen (DIN 2217), Schmalkeilriemen (DIN 2211) und Keilrippenriemen (DIN 7867) genormt (Bild 2.33, 2.34). Für andere Riemenarten werden sie nach Herstellernorm gefertigt.

Als Werkstoffe kommen vorzugsweise Grauguß für höhere Leistungen und Stahlblech für Nebenantriebe von Kraftfahrzeugen und Landmaschinen zur Anwendung. Bei starker Krümmung des Riemens wird der Keilwinkel γ infolge der Querdehnung kleiner, was dazu führt, daß der Rillenwinkel der Riemenscheibe bei kleinen Scheibendurchmessern kleiner (je nach Riemenart ca. 32°) als bei großen (bis 38°) sein muß. Beim gestreckten Riemen ist der Keilwinkel um 6 bis 12° größer. Er paßt sich dann beim Biegen dem Scheibenwinkel an. Rundlauf-, Planlauf- und Auswuchtgenauigkeit entsprechen im wesentlichen den Anforderungen an Flachriemenscheiben (vgl. Kapitel 2.2.3).

2.3.4 Spann- und Führungseinrichtungen

Spann- und Führungsrollen sollten, wie bei anderen Riemengetrieben auch, grundsätzlich vermieden werden. In speziellen Fällen, insbesondere bei Keilrippenriemen, sind Spannrollen jedoch zur Vergrößerung des Umschlingungswinkels unvermeidbar. Sie sind nach Möglichkeit im Leertrum in der Nähe des Abtriebs anzuordnen. Zur Vermeidung der nachteiligen Gegenbiegung (Minderung der Lebensdauer des Riemens) sind Innenspannrollen gegenüber Außenrollen zu bevorzugen. Sie müssen dem Riemenprofil entsprechen und verringern den Umschlingungswinkel. Außenrollen müssen grundsätzlich als Flachrollen ausgeführt sein. Da sie auf dem Riemenrücken laufen, sind vorzugsweise Riemen mit geschliffenem Rücken einzusetzen. Der Durchmesser der Spannrollen sollte nicht kleiner sein als der kleinste Scheibendurchmesser des Riemengetriebes. Außenrollen, die mit zusätzlichen Bordscheiben versehen sind, dienen zur Führung von Keilriemen. Die Ecken zwischen Lauffläche und Bordscheibe sollen scharfkantig sein [1]. Rundungen begünstigen das Auflaufen der Riemen auf die Bordscheiben und damit ein Verdrehen des Riemens.

2.3.5 Betriebsverhalten

Wie bei allen kraftschlüssigen Zugmittelgetrieben tritt auch bei Keilriemengetrieben ein physikalisch bedingter Dehnschlupf ψ zwischen Riemen und Scheibe auf, der hier jedoch neben der tangentialen noch eine radiale Komponente besitzt, die mit nachlassender Vorspannung und mit steigender Umfangskraft anwächst und im Hinblick auf die Lebensdauer bei Nennbelastung 1% nicht überschreiten sollte [34]. Aus genauen Drehzahlmessungen mit und ohne Drehmomentbelastung läßt sich der mittlere Tangentialschlupf berechnen.

$$\psi = \left[1 - \frac{n_{an}/n_{ab})_{leer}}{(n_{an}/n_{ab})_{last}} \right] \tag{2.64}$$

Bei fast allen Bauarten von Keilriemen werden die Zugkräfte durch die Zugstrangeinlage (z.B. Cordfäden) übertragen, die in der biegeneutralen Zone des Riemens angeordnet ist. Die Übertragung der Umfangskraft zwischen Riemenkörper und Keilscheibe erfolgt durch Schubspannungen an den Riemenflanken. Die hierbei auftretenden Schubverformungen verleihen dem Keilriemengetriebe eine zusätzliche Elastizität, die Stöße mindert und Schwingungen durch Reibung an den Riemenflanken dämpft. Wegen des großen Riemenquerschnitts A wird die beim Keilriemengetriebe auftretende Fliehkraft groß, was dazu führt, daß man bei der Auslegung des Keilriemengetriebes die Riemengeschwindigkeit so wählt, daß sie in der Nähe von $v_{opt.}$ liegt (Kap. 2.2.5.2, Gl. (2.42)). Dabei erreichen Riemenprofil, Anzahl der Riemen und Wellenbelastung für einen gegebenen Antriebsfall Kleinstwerte [34].

Auch beim Keilriemengetriebe ergeben sich die Einsatzgrenzen sowohl system- als auch betriebsbedingt:

- Gleitverschleiß an den Riemenflanken. Durch sein Auftreten wird der Laufradius des Riemens in den Keilscheiben verkleinert und dadurch die Riemenvorspannung vermindert. Überschreitet der Schlupf ψ über längere Zeit Werte von 3 bis 5%, so wird der Riemen durch Reibung übermäßig erhitzt, was zur Versprödung führt.
- Vorspannungsverlust. Ein Vorspannungsverlust mit dadurch verursachtem erhöhtem Schlupf und hohem Flankenverschleiß kann durch eine während der ersten Betriebsstunden eines neuen Riemens auftretende bleibende Dehnung hervorgerufen werden. Daher ist bei Keilriemen nach einer vom Hersteller angegebenen Einlaufzeit die Vorspannung zu kontrollieren und der Riemen gegebenenfalls nachzuspannen [53].
- Wechselverformungen über den Riemenquerschnitt. Sie führen zusammen mit den auftretenden Biegeverformungen nach langer Betriebszeit zu einer Zerrüttung des Riemens.
- Biegewechselverformungen. Diese und die durch sie hervorgerufene Biegebeanspruchung des Riemens hängen in entscheidendem Maße vom kleinsten Scheibendurchmesser ab. Daher können bei größeren Scheiben höhere Leistungen und größere Nutzkräfte bei gleicher Lebensdauer übertragen werden.
- Biegehäufigkeit. Eine Erhöhung der Biegefrequenz setzt die Lebensdauer des Keilriemens herab, weil hierdurch eine stärkere innere Zerrüttung des Riemens bewirkt wird.

2.3.6 Wartung und Pflege

In DIN 7716 sind die „Anforderungen an die Lagerung, Reinigung und Wartung für Erzeugnisse aus Kautschuk und Gummi" angegeben, die für Keilriemen und Keilriemengetriebe zu beachten sind. Danach sollten die Riemen vor Licht geschützt werden. Die relative Luftfeuchte der Lagerräume sollte bei 65% liegen, und die Riemen sollten spannungsfrei und ohne Verformungen gelagert werden. Die Reinigung von verschmutzten Riemen kann mit einer Glycerin-Spiritus-Mischung im Verhältnis 1:10 erfolgen. Benzin, Benzol, Terpentin u.a. sollte nicht verwendet werden. Ferner dürfen keinesfalls scharfkantige Gegenstände, Drahtbürsten, Schmirgelpapier usw. eingesetzt werden, da dies zu einer mechanischen Beschädigung am Riemen führt [53]. Die Anwesenheit von Schmierstoffen (Ölen/Fetten) bewirkt bei Keilriemengetrieben eine Herabsetzung des Reibungskoeffizienten und damit eine Minderung der übertragbaren Leistung. Ferner schädigen Schmierstoffe das Material des Riemens.

Die Wartung beschränkt sich bei Keilriemengetrieben auf eine regelmäßige Kontrolle der Vorspannung nach Angaben der Hersteller. Ein Nachspannen der Riemen ist je nach Höhe und Art der Belastung nur selten erforderlich. Bei Keilriemengetrieben muß nach dem ersten etwa einhalb- bis einstündigen Vollastbetrieb nachgespannt werden, um die Anfangsdehnung auszugleichen (vgl. Kap. 2.3.5).

2.3.7 Berechnung und Konstruktion

Die Berechnung von Keilriemengetrieben erfolgt anhand der VDI-Richtlinie 2758 bzw. von Herstellerunterlagen, z.B. [1]. Dabei wird in gleicher Weise verfahren, wie in Kap. 2.2.7 für Flachriemengetriebe bereits ausgeführt wurde. Anhand der Diagramme Bild 2.35 bis 2.38 kann eine Vorauswahl für den jeweils gewünschten Keilriementyp getroffen werden. Ähnliche Darstellungen finden sich auch in den produktbezogenen Unterlagen der Riemenhersteller. Die Bilder 2.35 bis 2.38 berücksichtigen außer den Profilbereichen auch Angaben zu den profilbezogenen Mindest-Scheibendurchmessern, die gleichzeitig die linken Begrenzungslinien bilden. Die rechten Begrenzungslinien gelten für die maximalen Scheibendurchmesser. Das geeignete Profil wird durch den Schnittpunkt der vertikalen Linie der Berechnungsleistung mit der horizontalen Linie der Drehzahl bestimmt. Im Grenzbereich zweier Profile empfiehlt es sich, bei gleichen Scheibendurchmessern auch mit dem nächst kleineren Profil eine Antriebsauslegung durchzuführen. Oft führt das nächst kleinere Profil zu raum- und damit kostensparenden Antrieben. Eine optimale Leistungsausnutzung und Wirtschaftlichkeit wird durch die Wahl möglichst großer Scheibendurchmesser, bezogen auf das jeweilige Profil, erreicht. Hierbei sind die Grenzwerte der zulässigen Riemengeschwindigkeit zu beachten. Durch die der Profilauswahl nachfolgende genaue Antriebsberechnung wird dann die Anzahl der benötigten Keilriemen, Keilrippen oder die benötigte Riemenbreite festgelegt.

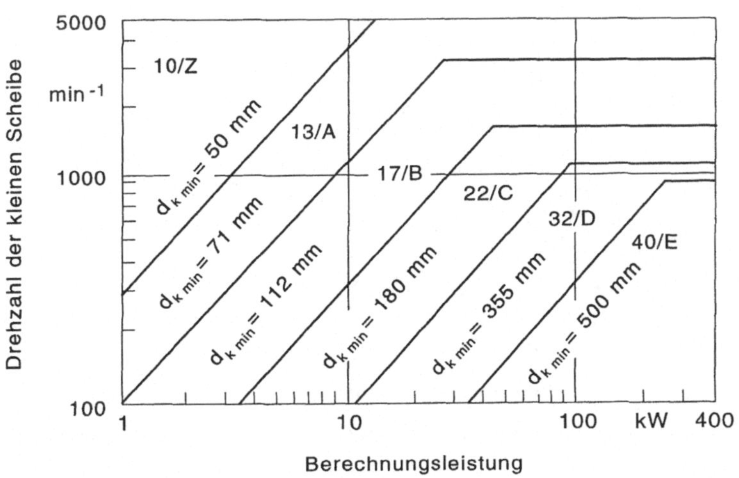

Bild 2.35. Auswahlempfehlung für Riementyp und -profil ummantelter Keilriemen

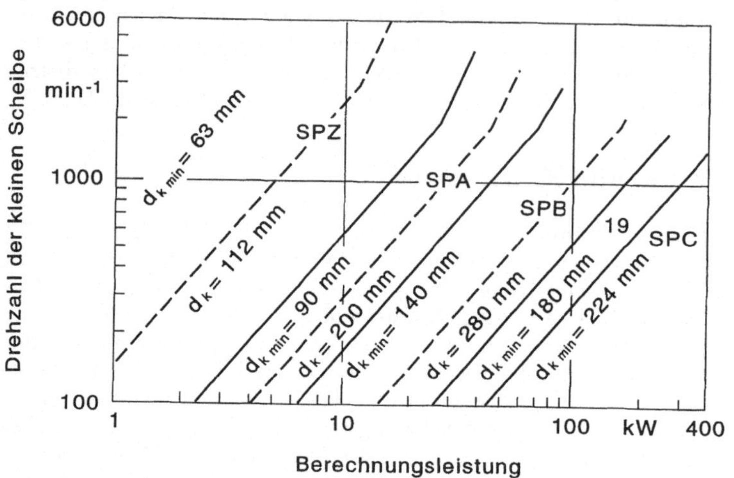

Bild 2.36. Auswahlempfehlung für Riementyp und -profil ummantelter Schmalkeilriemen

Der im folgenden wiedergegebene Berechnungsgang beschränkt sich ausschließlich auf offene Zweischeibengetriebe und entspricht dem in Kap. 2.2.7 wiedergegebenen Berechnungsgang für Flachriemengetriebe [53]. Er dient als Abschätzung für die Auslegung.

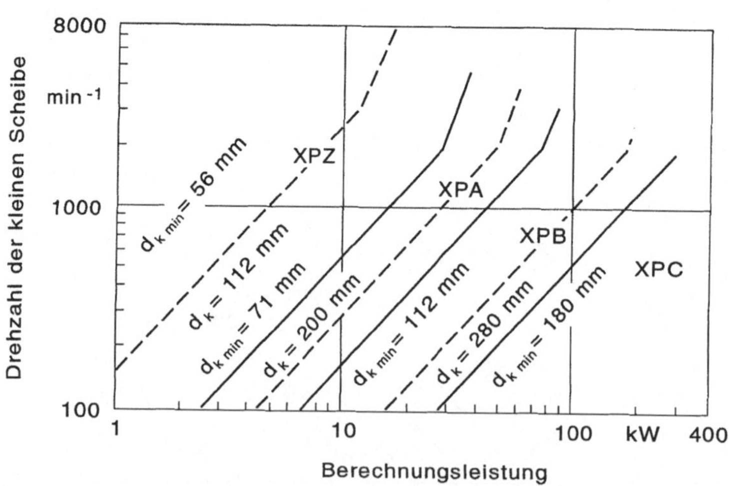

Bild 2.37. Auswahlempfehlung für Riementyp und -profil flankenoffener Schmalkeilriemen

Die Berechnungsleistung für das Keilriemengetriebe wird mit Gleichung (2.43) unter Berücksichtigung des Betriebsfaktors C_B entsprechend Gleichung (2.44) ermittelt. Ebenso ergeben sich die wesentlichen geometrischen und kinematischen Werte

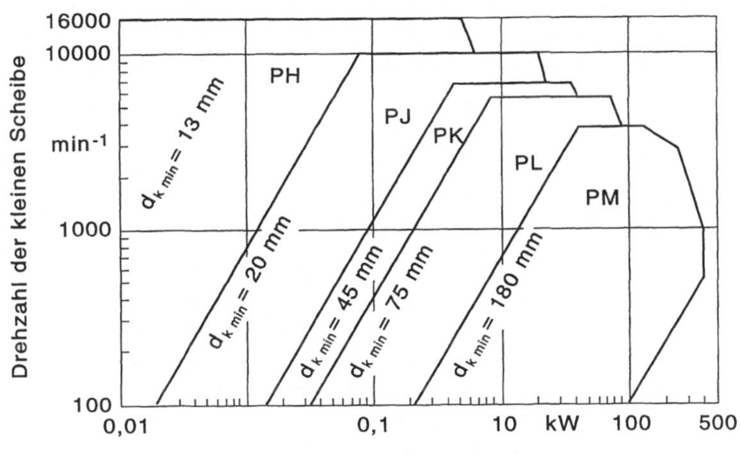

Bild 2.38. Auswahlempfehlung für Riementyp und -profil für Keilrippenriemen

Tabelle 2.5. Konstanten für die Berechnung von Keilriemen [53]

Profil	C_1	C_2	C_3	C_4	l_{bez}	m'	L_{max}
Ummantelte Keilriemen nach DIN 2215, V_{max}=30m/s, f_{Bmax}=60 s^{-1}							
10/Z*)	0,1430	3,80	$5,000 \cdot 10^{-6}$	0,0240	822	0,060	2500
13/A	0,4220	18,90	$1,140 \cdot 10^{-5}$	0,0769	1730	0,104	5000
17/B	0,6615	41,70	$1,890 \cdot 10^{-5}$	0,1180	2280	0,190	7100
22/C	1,1000	97,60	$3,230 \cdot 10^{-5}$	0,1870	3800	0,300	8500
32/D	2,0400	280,00	$6,220 \cdot 10^{-5}$	0,3330	6375	0,640	12500
40/E	2,6400	479,00	$8,600 \cdot 10^{-5}$	0,4500	7180	1,030	12500
Ummantelte Keilriemen nach DIN 7753, V_{max}=42m/s, f_{Bmax}=100 s^{-1}							
SPZ	0,3650	14,20	$8,560 \cdot 10^{-6}$	0,0493	1600	0,070	3550
SPA	0,6210	33,40	$1,370 \cdot 10^{-5}$	0,0867	2500	0,119	4500
SPB	0,9950	73,00	$2,320 \cdot 10^{-5}$	0,1330	3550	0,194	8000
SPC	1,8200	199,00	$4,300 \cdot 10^{-5}$	0,2360	5600	0,360	12500
Ummantelte Keilriemen nach DIN 7753, V_{max}=42m/s, f_{Bmax}=120 s^{-1}							
XPZ*)	0,3800	11,50	$6,020 \cdot 10^{-6}$	0,0604	1600	0,065	3550
XPA*)	0,6130	27,10	$1,059 \cdot 10^{-5}$	0,0765	2500	0,111	3550
XPB*)	0,9710	58,80	$1,730 \cdot 10^{-5}$	0,0886	3550	0,183	3550
XPC*)	1,5400	129,00	$2,840 \cdot 10^{-5}$	0,1320	5600	0,340	3550

*) Bei diesen Profilen bestehen teilweise merkliche Unterschiede bei den Leistungsangaben der Firmenkataloge, in kritischen Fällen sollte bei den Herstellern rückgefragt werden!

analog zum Flachriemengetriebe aus den Gleichungen (2.45) bis (2.52). Für die gewählte Bauart des Keilriemens wird die erforderliche Breite bzw. Strang- oder Rippenzahl entsprechend der maximal zu übertragenden Umfangskraft $F_{u,B}$ (2.53) ermittelt. Die erforderliche Anzahl der Einzelriemen bzw. Rippen ergibt sich zu

$$Z_{erf.} = \frac{F_{u,B}}{F_{u,zul}} \; . \tag{2.65}$$

Tabelle 2.6. Konstanten für die Berechnung von Keilrippenriemen [53]

Profil	C_1	C_2	C_3	C_4	l_{bez}	m'	L_{max}	V_{max}
PH*)	0,0248	0,208	$5,600 \cdot 10^{-7}$	0,00359	813	0,005	2155	60
PJ*)	0,0458	0,393	$6,090 \cdot 10^{-7}$	0,00745	1016	0,009	2489	50
PK*)	0,1170	3,370	$2,130 \cdot 10^{-6}$	0,01830	1600	0,020	3492	50
PL*)	0,2090	6,480	$2,590 \cdot 10^{-6}$	0,03910	2095	0,036	6096	40
PM*)	0,7240	48,500	$1,675 \cdot 10^{-5}$	0,13200	4090	0,159	15265	30

*) Bei diesen Profilen bestehen teilweise merkliche Unterschiede bei den Leistungsangaben der Firmenkataloge, in kritischen Fällen sollte bei den Herstellern nachgefragt werden!

Die vom Einzelriemen bzw. von der Einzelrippe übertragbare Umfangskraft $F_{u,zul}$ wird mit Hilfe der Konstanten aus den Tabellen 2.5 (Keilriemen) und 2.6 (Keilrippenriemen) berechnet.

$$F_{u,zul} = K \cdot (F_{u,b} + \Delta F_{u1} + \Delta F_{u2}) \cdot 10^{-3} \tag{2.66}$$

Darin bedeuten

$$F_{u,b} = 2 \cdot \left[C_1 - C_2 \cdot \frac{1}{d_w} - C_3 \cdot (2 \cdot v)^2 - C_4 \cdot \log(2 \cdot v) \right] \tag{2.67}$$

die übertragbare Umfangskraft eines Bezugsriemens,

$$\Delta F_{u1} = 2 \cdot C_4 \cdot \log\left(\frac{2}{1 + 10^Q}\right) \tag{2.68}$$

mit

$$Q = \frac{C_2}{C_4} \cdot \frac{d_1 - d_2}{d_2 \cdot d_1} \tag{2.69}$$

einen Übersetzungszuschlag,

$$\Delta F_{u2} = 2 \cdot C_4 \cdot \log\left(\frac{1}{l_{bez}}\right) \tag{2.70}$$

einen Längenzuschlag und

$$K = 1,25 \cdot (1 - 5^{-(\beta_1 / \pi)}) \qquad (2.71)$$

einen Winkelfaktor.

Die Anzahl der einzusetzenden Riemen oder Rippen ergibt sich aus $Z_{erf.}$ (2.65) als nächsthöherer ganzzahliger Wert $Z > Z_{erf.}$. Für das zwanglose Auflegen und das Spannen der Keilriemen soll der Wellenabstand e um die Verstellwege x und y verändert werden können.

Spannweg
$$x \geq \frac{C_1 \cdot l_w}{\sin(\beta_1 / 2)} , \qquad (2.72)$$

Auflegeweg
$$y \geq \frac{C_2 \cdot l_w + C_3 \cdot h \cdot \beta_1}{\sin(\beta_1 / 2)} , \qquad (2.73)$$

wobei für h die Gesamthöhe des einfachen Riemenprofils einzusetzen ist, d.h. bei Doppelkeilriemen der h-Wert des korrespondierenden Einfachprofils. Die Werte C_1 bis C_3 ergeben sich aus Tabelle 2.7.

Tabelle 2.7. Koeffizienten für Verstellwege

Riementyp	C_1	C_2	C_3
Keilriemen	0,015	0,005	0,5
Keilrippenriemen	0,010	0,010	0,35

Die im Riementrum zu erzeugende Vorspannkraft $F_{t,0}$ ergibt sich zu

$$F_{t,0} = \frac{F_{u,B}}{2} \cdot (\frac{2,5}{K} - 1) + m' \cdot v^2 \cdot Z . \qquad (2.74)$$

K ergibt sich aus Gleichung (2.71), Z ist die Anzahl der Rippen bei Keilrippenriemen. Für Keilriemen ist $Z = 1$. Damit ergibt sich die über die Wellenzentren im statischen Zustand gemessene Wellenspannkraft

$$F_{w,0} = 2 \cdot F_{t,0} \cdot \sin(\beta_1 / 2) . \qquad (2.75)$$

Das Aufbringen bzw. die Kontrolle der korrekten Vorspannung kann nach verschiedenen Methoden geschehen:
- Direkte Messung. Mit einem geeigneten Kraftmeßgerät wird die Wellenspannkraft $F_{w,0}$ im statischen Zustand gemessen.
- Messung der Eindrücktiefe des gespannten Trums (Bild 2.39). Die Eindrücktiefe t_e des mit $F_{t,0}$ vorgespannten Trums der Länge l_f durch die Eindrückkraft F_e ergibt sich zu

$$t_e = \frac{l_f}{100} \cdot (K_1 - K_2 \cdot \log F_{t,0}) \qquad (2.76)$$

mit $l_f = e/\cos\alpha$.

Zahlenwerte für die Konstanten K_1 und K_2 enthält Tabelle 2.8.

- Messung der Eigenfrequenz des gespannten Trums. Meßgeräte hierfür werden im Handel angeboten. Sie sind einfach zu handhaben und arbeiten berührungslos.

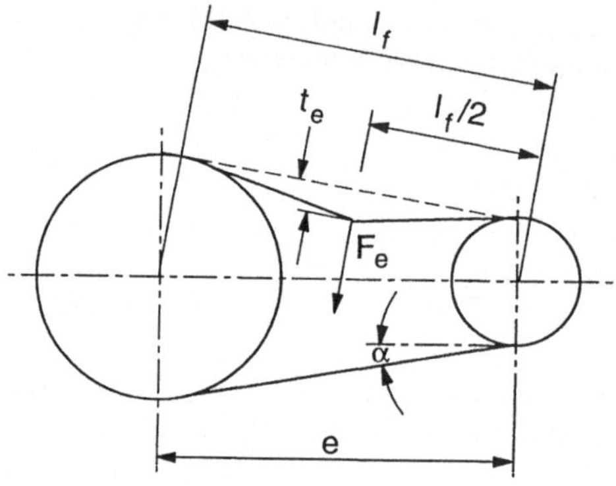

Bild 2.39. Bestimmung der Vorspannung von Keilriemen und Keilrippenriemen

Tabelle 2.8. Konstanten für Vorspannungsbestimmung [53]

Profil	F_e N	K_1	K_2	$F_{t,0}$ von..bis N
SPZ,XPZ	25	10,34	3,47	200... 500
SPA,XPA	50	12,84	3,92	300... 1000
SPB,XPB	75	17,53	5,35	400... 1200
SPC,XPC	125	17,10	4,82	400... 1400
Z/10,ZX/X10	25	6,92	2,33	140... 330
A/13,AX/X13	25	8,65	2,72	180... 450
B/17,BX/X17	50	11,62	3,42	200... 630
C/22,CX/X22	100	15,11	4,22	360... 1040
D/32	150	14,96	3,98	350... 1500
PH	3	6,14	2,81	20... 70
PJ	5	8,15	3,38	30... 100
PK	8	9,44	3,77	40... 185
PL	10	9,84	3,82	50... 200
PM	25	11,10	3,67	200... 550

Die Angaben für die Keilrippenriemen beziehen sich jeweils auf eine Rippe.

Keilriemen

Kennzeichnende Angaben:
Normbezeichnung - NORM - Profilkurzzeichen - Nennlänge
Beispiel:Schmalkeilriemen DIN 7753-XPZ 710

Profilform im Querschnitt:
(Angabe der Hauptmaße)

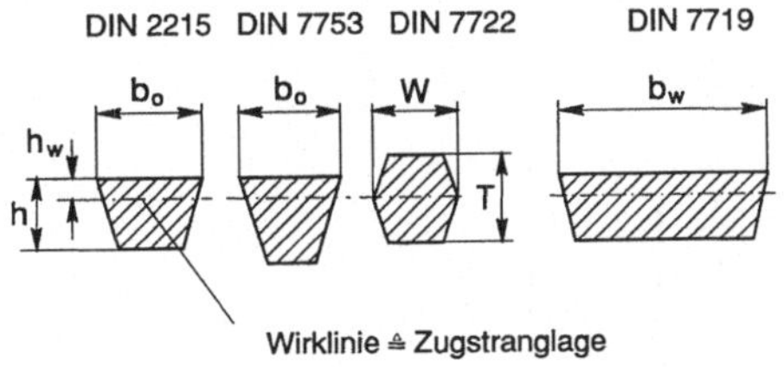

DIN 2215   DIN 7753   DIN 7722   DIN 7719

Wirklinie ≙ Zugstranglage

h	Gesamthöhe	W	Gesamtbreite bei Doppel-KR
h_w, h_o	Wirklinienabstand	T	Gesamthöhe bei Doppel-KR
b_o	obere Breite	l_1	Innenlänge
b_w	Wirkbreite	l_w	Wirklänge

Profilliste:

Kurzzeichen und kennzeichnende Breite							
Normal-			Schmal-		Doppel-		Breit-KR
$b_o/h \approx 1{,}6$			$b_o/h \approx 1{,}25$		$W/T \approx 1{,}3$		$b_w/h \approx 3{,}1$
DIN 2215	ISO 4184	b_o	DIN 7753 T1	b_o	DIN 7722	W	DIN 7719	b_w
(5)	-	5						
6	Y	6						
(8)	-	8						
10	Z	10	SPZ,XPZ	9,7				
13	A	13	SPA,XPA	12,7	HAA	13		
17	B	17	SPB,XPB	16,3	HBB	17	W16	16
(20)	-	20					W20	20
22	C	22	SPC,XPC	22,0	HCC	22		
(25)	-	25					W25	25
32	D	32			HDD	32	W31,5	31,5
40	E	40					W40	40
							W50	50
Profile in ( ) möglichst nicht mehr verwenden.							W63	63
							W71	71
							W80	80
							W100	100

Profile für endliche Keilriemen (DIN 2216) entsprechen denen nach DIN 2215 (6-32).

Verbund-Keilriemen (bis zu 5 Einzelriemen durch gemeinsames Deckband
stoffschlüssig verbunden) werden aus Riemen nach DIN 2215 bzw. DIN 7753 gebildet.

Längenangaben:
Die Nennlänge ist in den Normen nicht einheitlich festgelegt.
Bei Normal-Keilriemen nach DIN 2215 ist die Innenlänge l_1 Nennmaß,
bei anderen Typen ist das Nennmaß die Wirklänge l_w bzw. die diesem Wert
entsprechende Bezugslänge l_r (auch l_p).
Für die Wirklänge l_w der Riemen nach DIN 2215 gilt angenähert

$$l_w \; (=l_r=l_p) \approx l_1 + 2{,}4 b_o$$

Bild 2.40. Maßangaben für Keilriemen

<table>
<tr><td colspan="3" align="center">Keilrippenriemen</td></tr>
<tr><td colspan="3">

Kennzeichnende Angaben:
Normbezeichnung - Norm - Rippenzahl -
Profilkurzzeichen - Nennlänge
Beispiel:
Keilrippenriemen DIN 7867 - 6 PK 800
Profilform im Querschnitt (DIN 7867):
(Angabe der Hauptmaße)

b

h

s

Wirklinie ≙ Zugstranglage

h   Höhe
b   Breite
s   Rippenabstand
l_b Bezugslänge
z   Rippenzahl

Profilliste (DIN 7867)
</td></tr>
<tr><td align="center">Kurz-
zeichen</td><td align="center">h*)</td><td align="center">s</td></tr>
<tr><td align="center">PH</td><td align="center">3</td><td align="center">1,60</td></tr>
<tr><td align="center">PJ</td><td align="center">4</td><td align="center">2,34</td></tr>
<tr><td align="center">PK</td><td align="center">6</td><td align="center">3,56</td></tr>
<tr><td align="center">PL</td><td align="center">10</td><td align="center">4,70</td></tr>
<tr><td align="center">PM</td><td align="center">17</td><td align="center">9,40</td></tr>
<tr><td colspan="3">

*) Die Maße für h können in der Praxis von
den angegebenen Werten abweichen.

Längenangaben:
Die Nennlänge ist die Bezugslänge l_b, die
unter genormten Meßbedingungen ermittelt
wird; l_b ist die Riemenlänge in der Lage des
Bezugsdurchmessers d_b der Scheiben.Die
Differenz zur Wirklänge ist $2 \cdot h_b \cdot \pi$.
</td></tr>
</table>

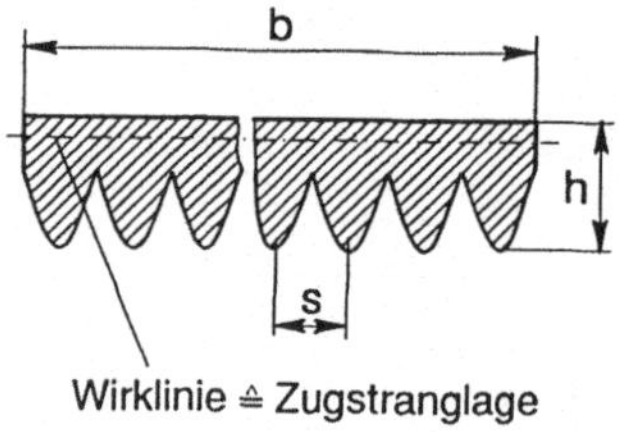

Bild 2.41. Maßangaben für
Keilrippenriemen

Die konstruktive Ausführung des Keilriemengetriebes hängt von dem Anwendungsfall und der gewählten Bauart des Riemens ab. Die Auswahl des Riemens kann anhand der Normen, der VDI-Richtlinie 2758 (Bild 2.40 und 2.41) sowie der Herstellerkataloge erfolgen. Soweit die Keilriemengetriebe Hilfsantriebe in einem größeren Gesamtsystem darstellen, sind sie in dieses integriert und benötigen kein eigenes Gehäuse.

Technische Daten:
Antriebsleistung P = 700 kW
n_{Mot} = 1500 min^{-1}
15 Stück Profil SBC x 7100 lw

Bild 2.42. Antrieb eines Ventilators

Werkbild: Optibelt

Werkbild: Continental

Bild 2.43. Keilrippenriemen im Einsatz in einem Bearbeitungszentrum

Es ist jedoch darauf zu achten, daß keine schädigenden Umwelteinflüsse vorhanden sind (Temperatur, Schmierstoffe, Stäube). So ist beispielsweise das Umfeld in dem Motorraum eines Kraftfahrzeugs nicht gerade optimal für ein Keilriemengetriebe. Der zulässige Temperaturbereich für Keilriemengetriebe liegt zwischen -50 und +70°C.

Wenn höhere Leistungen im Maschinenbau übertragen werden sollen, so werden Mehrstrangantriebe (Bild 2.42) eingesetzt. Bei zentralen Antrieben mit hohen Ausfallkosten, z.B. bei Grubenlüftern sowie in der Hütten-, Glas- und Zementindustrie, erfüllt der Mehrstrangantrieb wegen der sehr niedrigen Wahrscheinlichkeit des plötzlichen Ausfalls eines ganzen Riemensatzes zusätzlich ein Sicherheitsbedürfnis. Voraussetzung für ruhigen Riemenlauf und gleichmäßige Verteilung der Gesamtleistung auf alle Riemen ist die Gleichheit der Vorspannung und der Übersetzungen aller Stränge. Ungleiche Übersetzung und Vorspannung würde zu einer

Werkbild: Optibelt

Bild 2.44. Stufenlos einstellbarer Antrieb einer Bohrmaschine mit einem flankenoffenen Breitkeilriemen. Technische Daten: Leistung P = 1,5 bis 5kW, Scheibendurchmesser d = 73 bis 200mm, Drehzahl n = 220 bis 4500min^{-1}

Verminderung der Lebensdauer führen. Aus diesem Grunde soll man auch nicht einzelne defekte Riemen erneuern, sondern bei einer erforderlichen Überholung den ganzen Satz austauschen.

2.4 Sonderbauformen

Von den Riemenherstellern werden Sonderbauformen angeboten, die sich entweder hinsichtlich der Geometrie bzw. der konstruktiven Ausführung oder hinsichtlich der zulässigen Betriebsbedingungen von den üblichen Keilriemenarten unterscheiden.

Rundriemen (Bild 2.45) können mit und ohne Zugstrangeinlage hergestellt werden und dienen vorzugsweise zur Bewegungs-, nicht zur Leistungsübertragung. Sie werden aus einem homogenen Werkstoff (Gummi, Kunststoff) hergestellt und können in engen Toleranzen gefertigt werden. Je nach Einsatzbereich werden Ausführungen mit oder ohne verschleißfeste Gewebeumhüllung angeboten. Rundriemen werden vorwiegend für Antriebe mit räumlichen Umlenkungen und für Präzisionsgeräte mit hoher Gleichlaufgenauigkeit angewendet [39]. Für Rundriemen mit Zugstrang und Gewebeumhüllung beträgt der Keilscheibenwinkel $\gamma_s = 60°$, für Rundriemen ohne Zugstrang (und Vierkantriemen) $\gamma_s = 90°$.

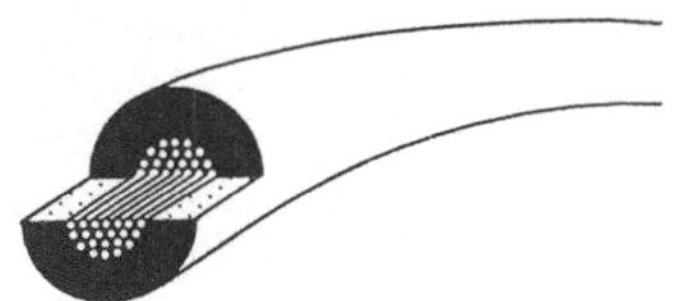

Bild 2.45. Rundriemen mit Zugstrangeinlage

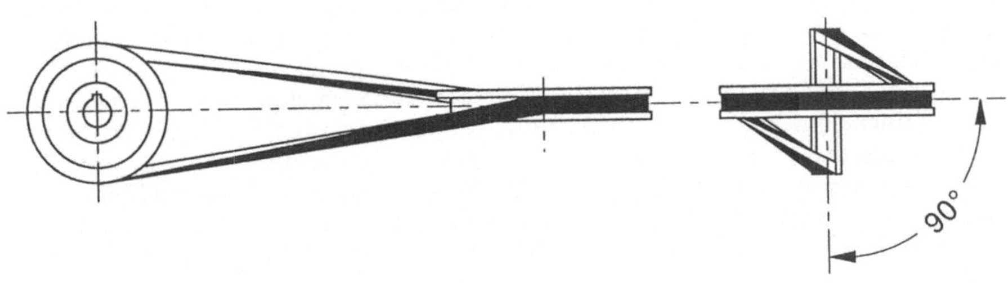

Bild 2.46. Keilriemengetriebe mit gekreuzten Wellen

Auch für verschränkte Antriebe finden Keilriemen Verwendung. Hierbei wird eine besondere Seitenbiegefähigkeit des Riemens erwartet, die aufgrund der Querschnittsform von Keilriemen gewährleistet wird. Allerdings können mit normalen Keilriemen nur Verschränkungen bis zu 90° (gekreuzte Wellen, Bild 2.46) realisiert werden, wobei der Ein- und Auslaufwinkel der Riemen, bezogen auf die Scheibenebene, 5° nicht überschreiten darf. Die Verschränkung des Riementrums und das nicht fluchtende Einlaufen der Riemen in die Scheibe führen zu einer Reduzierung der Lebensdauer des Antriebs. Daher wurden für spezielle Antriebsanordnungen, insbesondere für eine Verschränkung von 180° zur Drehrichtungsumkehr, Riemen entwickelt, die während des Fertigungsprozesses wahlweise einen Rechts- oder Linksdrall von 360° erhalten [1]. Dadurch wird ein verdrehungsfreier Lauf der sich kreuzenden Trume erreicht.

Für extreme Betriebsbedingungen bieten die Riemenhersteller Sonderausführungen herkömmlicher Bauformen an. So werden beispielsweise ölbeständige Keilriemen (Einsatz bei Werkzeugmaschinen), hitzebeständige Keilriemen (Einsatz bei Umgebungstemperaturen zwischen +70° und +90°C), kältebeständige Keilriemen (Einsatz bei Umgebungstemperaturen von -60 bis -70°C) und laufruhig selektierte Keilriemen [19] angeboten. Letztere kommen vorzugsweise dort zum Einsatz, wo besonders hohe Anforderungen an die Konstanz des Wellenabstands gestellt werden, z.B. bei Dreh- und Schleifmaschinen. Allerdings reicht die Methode des „laufruhig selektierens" keinesfalls aus, um riemeninduzierte Schwingungen bei schwingungsempfindlichen Antrieben zu minimieren. Sollten bei drehschwingungssensiblen Antrieben Keilriemen eingesetzt werden, so ist auf alle Fälle auf „drehfehlergeprüften" Riemen zu bestehen [49]. Breitkeilriemen werden auch mit einem einseitigen Flankenwinkel nahe 0° angeboten. Hiermit läßt sich zwar ein größerer Verstellbereich verwirklichen, jedoch neigen Riemen dieser Bauart infolge der unsymmetrischen Lastverteilung schneller zum Kippen als Breitkeilriemen herkömmlicher Bauart.

Insbesondere in der Fördertechnik findet man verschiedene Bauarten von Keilriemen in endlicher und endloser Ausführung mit einer aufvulkanisierten Rückenauflage, die in zahlreichen Profilierungsarten geliefert werden können. Sie dienen im allgemeinen aber nicht zur Leistungsübertragung.

2.5 Dynamisches Verhalten

Das dynamische Verhalten der Riemengetriebe wird sowohl durch das Drehschwingungs- als auch das Biegeschwingungsverhalten der freien Riementrume (Transversalschwingungen) gekennzeichnet. Beide Schwingungsarten können getrennt oder auch gekoppelt zu Problemen im Übertragungsverhalten führen. Während für die Entstehung der Drehschwingungen das Riemengetriebe als elastisches Verbindungselement im Anlagenverbund aufgefaßt werden kann, resultieren die Transversalschwingungen aus dem Eigenverhalten des Riemengetriebes selbst. Von Einfluß auf das dynamische Verhalten sind neben den konstruktionsbedingten Parametern wie Riementyp, Wellenabstand, Scheibendurchmesser, Übersetzung und Drehzahl das statische und dynamische Drehmoment, die Vorspannung, die Temperatur und die Erregerfrequenz.

Das Riemengetriebe bildet mit den angeschlossenen an- und abtriebsseitigen Massenträgheitsmomenten ein schwingungsfähiges System. Um das *Drehschwingungsverhalten* beurteilen zu können, muß das reale System in ein sinnvolles Ersatzsystem überführt werden. Die rechnerische Behandlung erfolgt dann unter Berücksichtigung der Eigenarten ähnlich, wie es von den drehelastischen Kupplungen her bekannt ist. Da die Zugmittel der Riemengetriebe hochelastische Maschinenelemente sind, bestimmen sie in vielen Antriebssystemen die niedrigste Eigen- oder Resonanzfrequenz des gesamten Systems. In der Regel genügt es, das Riemengetriebe zur Analyse der Drehschwingungen als Zweimassensystem aufzufassen, dessen Eigenkreisfrequenz ω_e (Bild 2.47) (bzw. torsionskritische Drehzahl n_e) gemäß der Beziehung

$$\omega_e = \sqrt{\frac{c}{J_1} + \frac{c}{J_2}} = 2 \cdot \pi \cdot n_e \tag{2.77}$$

berechnet werden kann. Hierin sind J_1 und J_2 die an- und abtriebsseitigen Massenträgheitsmomente und c die Verdrehsteifigkeit des Riemengetriebes, wobei J_2 und c entsprechend der Übersetzung i des Getriebes auf die Antriebsdrehzahl zu reduzieren sind.

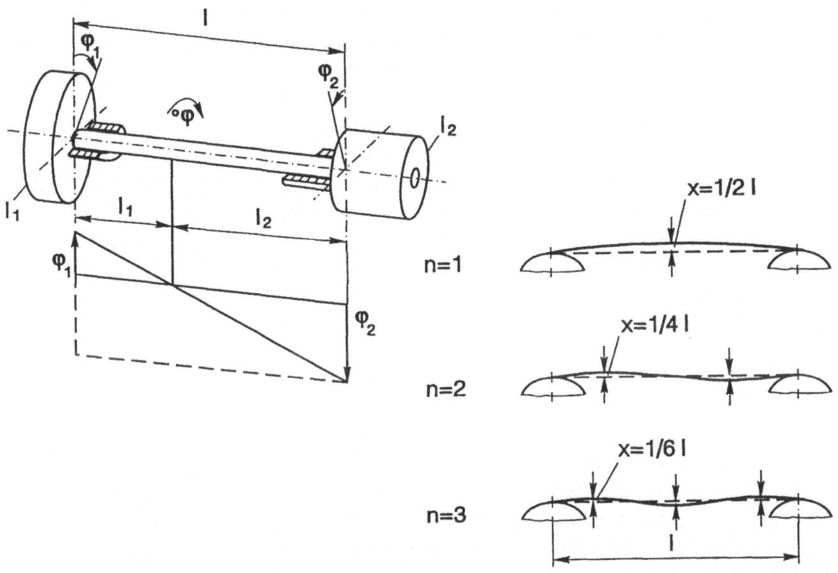

Bild 2.47. Dreheigenschwingungsform und Lage des Schwingungsknotens beim ungefesselten Zweimassenschwinger; Lage der Maximalauslenkungen für die ersten drei Eigenschwingungsformen bei Transversalerregung

Um Resonanzen zu vermeiden, dürfen Erregerfrequenzen und Dreheigenfrequenzen nicht zusammenfallen. Die statische Verdrehsteifigkeit c eines Riemengetriebes kann auf einfache Weise experimentell an einer ausgeführten Anlage durch Messung des Verdrehwinkels φ der Motorscheibe bei drehstarr blockierter Abtriebsscheibe unter Momentenbelastung ermittelt werden. Sind Messungen an ausgeführten Anlagen nicht möglich oder sollen dynamische Effekte Berücksichtigung

finden, so kann unter der vereinfachenden Annahme, daß nur die freien Riementrume einen Beitrag zur Verdrehelastizität leisten, die Verdrehsteifigkeit nach fol-
gender Beziehung berechnet werden

$$c = \frac{T}{\Delta\varphi} = \frac{2 \cdot E \cdot A \cdot r'}{l} \ . \tag{2.78}$$

Hierin ist $E \cdot A$ der dynamische Riemenkennwert als Produkt des E-Moduls des
Riemens und der Querschnittsfläche A [9]. Dieser Wert bleibt als zusammenge-
setzte Größe bestehen und ersetzt als Kennwert den E-Modul des Riemens, da
Gummi und Kunststoffe ein nichtlineares Werkstoffverhalten zeigen. Der dynamische $E \cdot A$-Kennwert nimmt mit steigender statischer Last zu und fällt mit steigender
dynamischer Amplitude. Eine Frequenzabhängigkeit konnte nicht festgestellt werden [9]. r' ist der Wirkradius der treibenden Scheibe nach Reduktion auf die Antriebsdrehzahl und l die freie Trumlänge (bei Übersetzung i=1 entspricht l dem
Wellenabstand e). Für genauere Berechnungen müssen die Verschiebungsvertei-
lungen über den Scheiben berücksichtigt [42] oder die Riemenkennwerte in dreh-
schwingungsbelasteten Prüfständen experimentell ermittelt werden [10]. Hierbei ist
zu berücksichtigen, daß in der Praxis die dynamische Steifigkeit von sämtlichen Belastungsparametern abhängt und erheblich von der im statischen Versuch ermittelten Steifigkeit abweicht.

Zur Durchführung von Drehschwingungsrechnungen werden neben dem Ver-
formungsverhalten auch Angaben über die Dämpfungseigenschaften benötigt, die
am zweckmäßigsten experimentell ermittelt werden. Ähnlich wie bei der Steifigkeit
liegt eine Abhängigkeit von den verschiedenen Belastungsparametern vor. Verwendet man beim Aufstellen der Bewegungsgleichungen einen geschwindigkeits-
proportionalen Dämpfungsansatz, so kann in guter Näherung über die in DIN 740
definierte und für gummielastische Elemente üblicherweise verwendete verhält-
nismäßige Dämpfung ψ eine Beziehung für den benötigten Dämpfungsbeiwert k
aufgestellt werden

$$k = \frac{\psi \cdot c_{tan}}{2 \cdot \pi \cdot \omega_0} \tag{2.79}$$

mit der (mittleren) tangentialen Federsteifigkeit c_{tan} und der hieraus resultierenden
(mittleren) Eigenkreisfrequenz ω_0. Die Höhe der Dämpfung zeichnet Riemengetriebe als hochdämpfende Übertragungselemente aus.

Bei den kraftschlüssigen Riemengetrieben ist es, insbesondere bei hohen Bela-
stungen, notwendig, zur Berücksichtigung des überlastbegrenzenden Verhaltens
die Schlupfkennlinie in die Bewegungsgleichungen zu integrieren, da in diesen
Fällen der Schlupf die dominierende Einflußgröße des Schwingungssystems ist [41].
Eine Berücksichtigung des Schlupfs führt zu geschlossen nicht mehr lösbaren
Schwingungsdifferentialgleichungen, die durch den Einsatz numerischer Integrati-
onsmethoden die Berechnung des dynamischen Beanspruchungsgeschehens im
Zeitbereich gestatten. Ähnliches gilt, wenn eine Linearisierung der Drehfeder- und
Dämpfungskennlinie oder eine Überführung in ein Zweimassensystem nicht mehr
sinnvoll ist oder bei Berechnungsnachweisen für instationäre Betriebszustände. Da
sich Drehschwingungen eines Riemengetriebes optisch nicht erkennen lassen, werden sie vielfach nicht beachtet oder unterschätzt [53].

Als *transversale Biegeschwingungen* werden diejenigen Schwingungen bezeichnet, bei denen die Auslenkung der Riementrume in einer Ebene senkrecht zur Riemenoberfläche erfolgt. Diese Schwingungen können zu Übertragungsfehlern, verstärkter Geräuschabstrahlung, Minderung der Vorspannung durch bleibende Dehnung des Riemens und zuletzt zu einer verringerten Lebensdauer des Riemengetriebes führen. Bei der Auslegung eines Riemengetriebes können solche Betriebszustände vermieden werden, wenn die Eigenfrequenzen vorausberechnet und möglichen bekannten Erregerfrequenzen gegenübergestellt werden können. Bei Vernachlässigung der Biegesteife berechnet sich die Eigenfrequenz in guter Näherung (Bild 2.47) zu

$$f_0 = \frac{n}{2 \cdot l} \cdot \frac{(F - w \cdot v^2)}{\sqrt{F \cdot w}} \tag{2.80}$$

mit der Ordnungszahl n, der Trumkraft F, der freien Trumlänge l, der Massenbelegung des Riemens w und der Riemengeschwindigkeit v. Wie aus der Bestimmungsgleichung hervorgeht, steigen mit zunehmender Trumkraft die Eigenfrequenzen an und fallen mit zunehmender Riemengeschwindigkeit und Riemenlänge ab. Hieraus resultieren unmittelbar geeignete Maßnahmen zur Verlagerung von f_0. Parametererregte Schwingungen treten dann auf, wenn Anregungs- und Eigenfrequenz in einem ganzzahligen Verhältnis zueinander stehen.

Bei langen Trumen sind in Abhängigkeit von den Auslegungs- und Betriebsbedingungen sehr große Amplituden möglich, wodurch benachbarte Maschinenteile berührt werden können [53]. Gleichzeitig treten Trumkraftschwankungen mit der doppelten Schwingfrequenz auf, da das Kraftmaximum in jeder Extremlage des schwingenden Trums auftritt. Diese im Vergleich zu den Umlauffrequenzen der Riemen höherfrequenten Anregungen können resonante Gestell- und Gehäuseschwingungen anregen.

Alle kraftschlüssigen Bauarten von Riemengetrieben weisen im Gegensatz zu vielen anderen Antriebselementen, wie z.B. Zahnrad- und Kettengetrieben, bei denen prinzipiell mit periodischen Störungen (z.B. Zahnsteifigkeitsschwankungen, Eingriffsstoß, Polygoneffekt) zu rechnen ist, eine theoretisch störungsfreie Bewegungsübertragung auf. *Drehübertragungsfehler* hängen demnach ausschließlich von der Fertigungsgenauigkeit aller Komponenten des Riemengetriebes ab. Exzentrische und unrunde Scheiben bewirken periodische Trumkraftänderungen, die Gestellschwingungen zur Folge haben können. Schwerer als diese Fertigungs- oder Montagefehler der Scheiben, die sich bei entsprechendem Aufwand vermeiden lassen, wiegen die Ungenauigkeiten des Riemens selbst. Die über dem Riemenumfang fertigungsbedingt oder infolge von Verbindungsstellen veränderliche Lage der Zugstrangschicht äußert sich einerseits in Trumkraftschwankungen mit doppelter Riemenumlauffrequenz (bei gleichen Scheiben), andererseits ändern sich auch die Wirkradien beider Scheiben periodisch mit dem Riemenumlauf und führen so zu Übersetzungsschwankungen, die unmittelbar als Störgröße auftreten. Die Grundfrequenz dieser in weiten Bereichen belastungsunabhängigen Übersetzungsschwankungen ist die Riemenumlauffrequenz, vgl. Gleichung (2.51). Auch höhere (bei i=1 nur ungerade) Oberwellen dieses kinematischen Fehlers sind vorhanden [44] und stellen eine wichtige Anregungsursache für Trumschwingungen dar.

Die genannten dynamischen Vorgänge können Ursache für die Entstehung von Störgeräuschen sein [53]. Bei besonders schwingungsempfindlichen Antrieben, z.B.

in Werkzeugmaschinen, können die dynamischen Vorgänge die Produktqualität beeinträchtigen und müssen daher vermieden werden. Sofern die Störungen vom Riemengetriebe selbst ausgehen, läßt sich die unerwünschte Schwingungsanregung zumeist durch den Einsatz besonders laufruhiger Riemen vermeiden. Infolge verbesserter Fertigungsverfahren lassen sich bei nahezu jedem Riementyp die Laufeigenschaften optimieren, z.B. bei flankenoffenen Keilriemen durch Schleifen der Riemenflanken. Auch Verbesserungen der Prüfverfahren [11] zur Auswahl besonders drehschwingungsarmer Ausführungen erhöhen die Qualität von laufruhig selektierten Riemen, da bisherige Prüfverfahren nur bedingt aussagefähig sind [19]. Flachriemengetriebe weisen bereits in der Standardausführung eine hohe Laufgüte auf.

Wird ein Riemengetriebe durch innere oder äußere periodische Störungen zu Resonanzschwingungen angeregt, so kann die Schwingungsamplitude durch Verstimmen des Systems, d.h. Verlagern der Eigenfrequenz, verkleinert werden. Das „Trumflattern" läßt sich beispielsweise durch geringfügiges Verändern der Vorspannung fast vollständig unterdrücken. Da die Vorspannung aber im Betrieb gewissen Schwankungen unterliegt und häufig viele eng benachbarte Anregungsfrequenzen (Vielfache der Riemenumlauffrequenz) vorhanden sind, ist die so erreichte Schwingungsarmut nicht immer stabil. In diesem Fall können die Schwingungen des gefährdeten Trums durch Anbringen einer zusätzlichen Spannrolle vermieden werden, da die verringerte Länge der Trumstücke vor und hinter der Rolle drastisch verschobene Eigenfrequenzen zur Folge hat. Weiterhin werden so auch die Maximalausschläge reduziert.

2.6 Vergleichende Bewertung

Die Auswahl eines geeigneten Zugmittels für einen bestimmten Bedarfsfall sollte nach den beiden Gesichtspunkten erfolgen:
-   *Funktion:* das Zugmittelgetriebe muß unter den vorgegebenen Betriebsbedingungen (Drehzahlen, Momente, Raumbedarf, Überlastungen, Wellenverlagerungen, Temperaturen und andere Umwelteinflüsse) über eine angemessene Zeitdauer sicher funktionieren.
-   *Wirtschaftlichkeit:* die engere Auswahl unter den hinsichtlich ihrer Funktion geeigneten Zugmittelgetrieben geschieht nach deren Wirtschaftlichkeit, die von den folgenden Faktoren beeinflußt wird:
    - den Herstellungskosten des Zugmittels,
    - den konstruktiven Folgekosten, die das verwendete Zugmittel erfordert, z.B. Kosten für Riemenscheiben, größere Lager zur Aufnahme einer erforderlichen Vorspannung, evtl. notwendige Schmiereinrichtungen und Abdichtungen, besondere Vorkehrungen für die Montage, Spanneinrichtungen etc.,
    - den Transport- und Einbaukosten, die im wesentlichen durch Gewicht und Raumbedarf eines Antriebs bestimmt werden,
    - den Betriebs- und Wartungskosten,
    - dem Ausfallrisiko in Verbindung mit Reparatur- und Folgekosten.

Diese Einflüsse haben für verschiedene Maschinen unterschiedliches Gewicht, wobei die Kosten für das verwendete Zugmittel als Antriebselement die geringste Bedeutung haben. Jedes Antriebselement wird sich dort durchsetzen, wo seine be-

Tabelle 2.9. Bewertbare Eigenschaften von Riemengetrieben

Anforderung		Zugmittel				
		Zahnriemen	Flachriemen	Keilriemen	Keilrippenriemen	Breitkeilriemen
Kraftübertragung		formschlüssig	kraftschlüssig	kraftschlüssig	kraftschlüssig	kraftschlüssig
max. Drehzahl	min^{-1}	20 000	130 000	10 000	12 500	10 000
Leistungsgrenze	kW	1 000	5 000	3 000	1 000	70
max. Umfangsge- schwindigkeit	m/s	80	200	50	60	25
max. Biegefrequenz	Hz	200	>200	100	200	40
Kriterium für Überlastung		Überspringen	Durchrutschen	Durchrutschen	Durchrutschen	Durchrutschen
Wellenbelastung		$1{,}1\ F_u$	$1{,}5$ bis $1{,}8\ F_u$	$1{,}3\ F_u$	$1{,}3\ F_u$	abhängig von Verstellscheiben-federn
Wirkungsgrad	%	98	98	96	96	90
Übersetzung		bis 1:10	bis 1:12	bis 1:12	bis 1:35	bis 1:10 bei zwei Verstellscheiben
Übersetzungsverhältnis (Regelbereich)		konstant	bedingt variabel $(R_{max}=1{,}6)$	konstant $(R_{max}=1{,}6$ mit Verstellscheiben möglich)	konstant	variabel mit Ver- stellscheiben $(R_{max}=9)$
Synchronlauf		ja	nein	nein	nein	nein
Temperaturbereich	°C	-35 bis +100	-50 bis +100	-35 bis +80	-35 bis +80	-35 bis +80
Spännweg (siehe ISO 155)		0,005 Lw	0,01 Lw + 0,003 $\cdot (d+D)$	0,03 Lw	0,03 Lw	entfällt
Montageverstellweg (siehe ISO 155)		ca. 1 bis 2,5 Teilung	ca. 0,005 bis 0,016 Lw	0,015 Lw	0,015 Lw	entfällt

Einflüsse durch Feuchtigkeit, Temperatur und Schmiermittel auf Funktion bzw. Werkstoff können sich von Fall zu Fall unterschiedlich auswirken. Rückfragen beim Hersteller erforderlich.

sonderen technischen Eigenschaften den wirtschaftlichsten Antrieb ermöglichen. Um die Auswahl geeigneter Zugmittel zu erleichtern, sind in Tabelle 2.9 [53] die wichtigsten Betriebseigenschaften von kraftschlüssigen Zugmitteln und Hinweise auf Investitionskosten sowie Wartung und Montage vergleichend zusammengefaßt. Ergänzend wurde der Zahnriemen (vgl. Kapitel 3.2) als formschlüssiges Zugmittel in die Betrachtungen einbezogen, da sich seine Einsatzgebiete stärker mit denen der Riemen als mit denen der Ketten überschneiden.

Die übertragbare Leistung als Produkt von Drehmoment und Winkelgeschwindigkeit steigt mit zunehmender Drehzahl an (Bild 2.48). Die das Drehmoment erzeugende Umfangskraft wird durch die mit dem Quadrat der Riemengeschwindigkeit wachsende Fliehkraft gemindert. Es ergibt sich für jeden Riementyp und jede Riemenbreite ein Geschwindigkeitsbereich für die Übertragung maximaler Leistung. Danach sind Flachriemen für höchste Drehzahlen, Keil- und Zahnriemen für die häufigsten mittleren Drehzahlen üblicher Elektro- und Kolbenmotoren besonders geeignet.

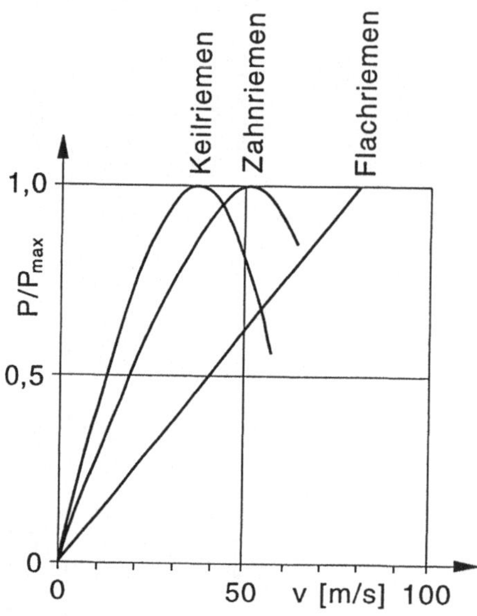

Bild 2.48. Nutzleistung von Riemengetrieben, bezogen auf die maximale Leistung [39]

3 Formschlüssige Zugmittelgetriebe

3.1 Kettengetriebe

3.1.1 Aufbau und Funktion

Einfache Kettengetriebe - als Zweirädergetriebe - dienen der winkelgenauen Drehmomentübertragung vorzugsweise bei großen Wellenabständen. Die Kette als formschlüssiges Zugmittel überträgt die Umfangskraft bei parallelen Wellen schlupffrei zwischen Ritzel und Rad (Bild 3.1). Auch Mehrfachantriebe - mit und ohne Drehrichtungsumkehr - sind möglich.

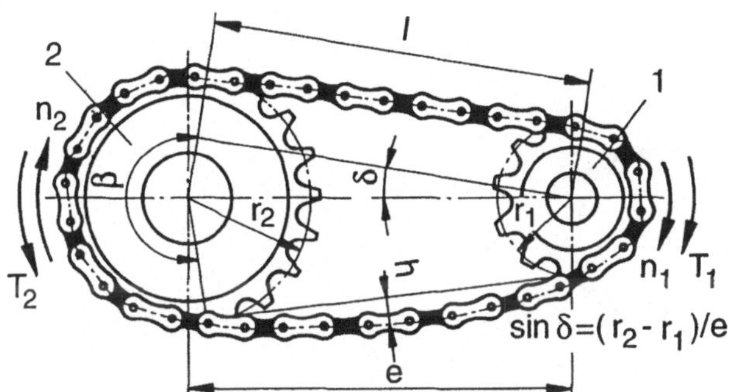

Bild 3.1. Geometrie eines einfachen Kettengetriebes

Bei der Anordnung der Kettenräder ist zu beachten, daß das üblicherweise spannungslose Leertrum im Gegensatz zu den Riemengetrieben unten liegt und einen Durchhang von 1...2% der Trumlänge aufweist. Dadurch ergeben sich Anordnungen (Bild 3.2), die zu bevorzugen sind.

Je nach Bauart und Anordnung der Kettengetriebe werden Zusatzeinrichtungen erforderlich, die nicht der Drehmomentübertragung dienen. So werden Spanneinrichtungen, die im Leertrum angeordnet und durch Federkraft angepreßt werden, oder Spannbänder und Spannschuhe eingesetzt, wenn der Kettendurchhang begrenzt oder ein Mindestumschlingungswinkel eingehalten werden muß.

Weitere Charakteristika der Kettengetriebe sind: einfache Montage durch Auflegen der Kette ohne Vorspannung und Verbinden der Enden mit einem Verschlußglied; geringe Empfindlichkeit gegen Feuchtigkeit, Hitze und Schmutz sowie eine gewisse Elastizität der Ketten, die durch entsprechende Gestaltung der Kettenglieder gesteigert werden kann (Rotarykette), und Dämpfungsfähigkeit durch Ölpolster in den Gelenken und an den Rollen.

An Nachteilen seien genannt: Schwankungen der Kettenkraft und -geschwin-
digkeit durch Polygoneffekt (Vieleckwirkung der Kettenräder), keine absolute
Spielfreiheit, hohe Anforderungen an die Montagegenauigkeit (Fluchten der Kettenräder), Möglichkeit des Auftretens von Kettenschwingungen und Beschränkung
der Lebensdauer durch Verschleiß in den Gelenken und an den Kettenrädern.

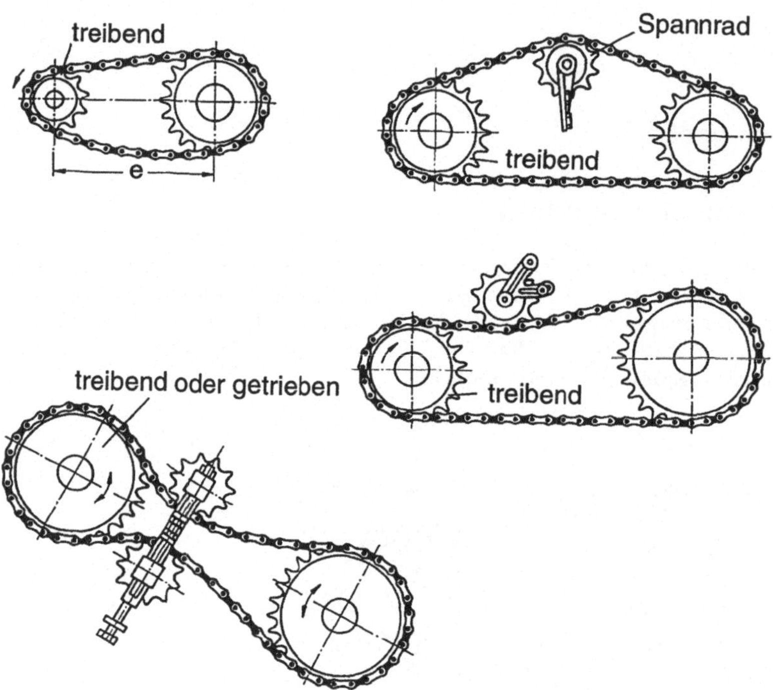

Bild 3.2. Bevorzugte Anordnungen von Kettengetrieben

Kettengetriebe werden bevorzugt im allgemeinen Maschinenbau angewandt,
speziell in der Werkzeugmaschinen- und Automobilindustrie, im Landmaschinen-,
Verpackungs- und Textilmaschinenbau, in der Bau-, Förder- und Transporttechnik,
im Bergbau sowie in Raffinerie- und Erdölbohranlagen und in Hüttenbetrieben.

3.1.2 Stahlgelenkketten

Neben den Antriebsketten (Funktion: Leistungsübertragung), die hier behandelt
werden sollen, gibt es Förderketten (durch Anbau von Sonderteilen für den Trans-
port von Stück- und Schüttgut geeignet) und Lastketten (zum Heben von Lasten bei
niedrigen Geschwindigkeiten). Für die Lösung von Antriebsproblemen hat die Rollenkette von allen Stahlgelenkketten die größte Bedeutung. Ursache hierfür ist der
große Verschleißwiderstand dieser Bauart (Bild 3.3).
Das Innenglied besteht aus den Buchsen (a), den Innenlaschen (b) und den Rollen (c). In den Buchsen sind die Bolzen (d) gelagert, die mit den Außenlaschen (e)

das Außenglied bilden. Die Buchsen sind in den Innenlaschen und die Bolzen in den Außenlaschen eingepreßt. Eine Vernietung sichert zusätzlich die Verbindung des Bolzens mit der Außenlasche, insbesondere bei Deformation der Bohrungen durch unzulässige Belastung. Die Preßverbindungen Buchse/Innenlasche und Bolzen/Außenlasche dienen der festen Verbindung der einzelnen Kettenteile. Sie gewährleisten eine ausreichende Querfestigkeit und beeinflussen die Zeitfestigkeit positiv [37]. Die Paarung Buchse/Bolzen stellt das Kettengelenk dar. Das Lagerspiel muß groß genug sein, um die Beweglichkeit der Kette auch bei rauhem Betrieb und bei Verschmutzung zu erhalten und um Schmiermittel aufzunehmen. Das gleiche gilt für das Querspiel der Kette zwischen Innen- und Außenlasche.

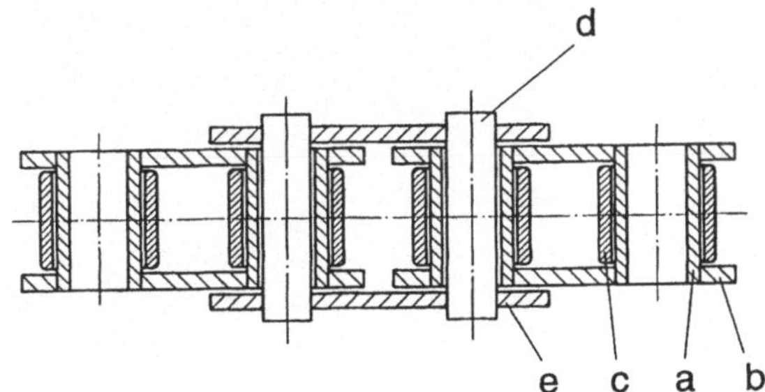

Bild 3.3. Aufbau einer Rollenkette

Die auf den Buchsen (a) angeordneten Rollen (c) mindern den Verschleiß der Kette und des Kettenrades. Der gesamte Umfang der Rolle kommt bei den einzelnen Umläufen der Kette mit der Zahnflanke des Kettenrades in Berührung. Das Spiel zwischen Buchse und Rolle muß so groß gehalten werden, daß die Beweglichkeit der Rolle gegeben ist und ausreichend Schmiermittel aufgenommen werden kann. Die Schmiermittelpolster zwischen Rolle und Buchse sowie zwischen Buchse und Bolzen wirken geräuschdämpfend. Die genannten Passungen sind nicht genormt. Sie stellen für den Hersteller ein Qualitätszeichen dar [45].

Der Anwendungsbereich von Rollenketten wird durch den Einsatz von Mehrfachrollenketten (Bild 3.4) erweitert. Diese ermöglichen die Übertragung hoher Drehmomente bei großen Drehzahlen und raumsparender Konstruktion. Häufig werden anstelle von Einfachrollenketten mit größerer Teilung Mehrfachrollenketten mit kleiner Teilung eingesetzt [3], wodurch die Zähnezahlen der Kettenräder so gewählt werden können, daß die Kettengeschwindigkeit so gering wie möglich ist. Rollenketten werden nach folgenden Normen hergestellt

DIN 8187 (ISO 606)	Rollenketten, europäische Bauart
	Rollenketten, mehrfach, europäische Bauart
DIN 8188 (ISO 606)	Rollenketten, amerikanische Bauart
	Rollenketten, mehrfach, amerikanische Bauart

Werksnormen.

Die Normblätter der Stahlgelenkketten beinhalten die Abmessungen, die Bruch-, Prüf- und Meßkräfte, sowie die Größe der Gelenkflächen und die Gewichte pro Meter. Außerdem legen diese Normen die zulässige Fertigungstoleranz der Kettenlänge, die Methode der Längenmessung und die Ermittlung der Bruchkraft fest. Für die Rollenketten nach DIN 8187 und DIN 8188 ist die zulässige Längenabweichung der trockenen, ungeölten Kette unter Meßkraft bei der vorgeschriebenen Meßlänge + 0,15%.

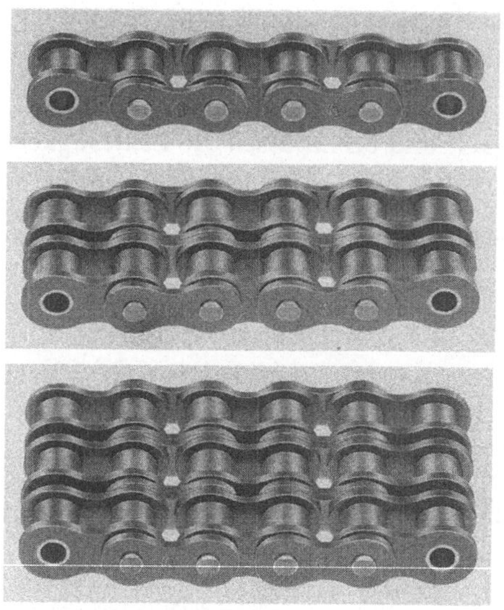

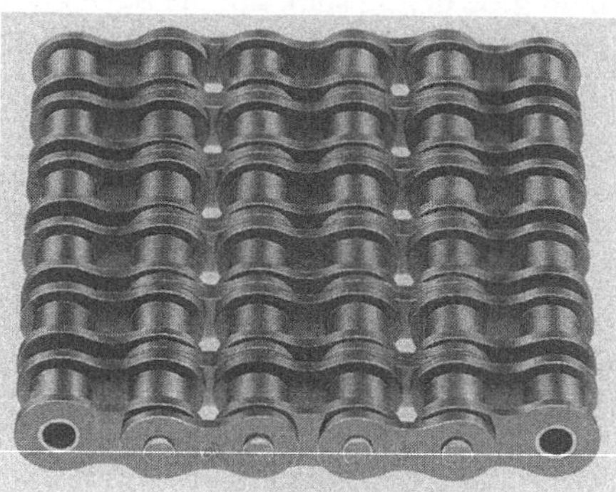

Bild 3.4. Rollenketten nach DIN 8187, einfach, zweifach, dreifach und sechsfach [3]

Die Meßkraft für diese Ketten beträgt 1% der Mindestbruchkraft. Alle Ketten sind bei der Herstellung mit einer Prüfkraft von 1/3 der Bruchkraft zu prüfen. Rollenketten können als Meterware (einbaufertig abgelängt nach Metern oder Gliedern) oder als endlose Kette bezogen werden. Die zulässige Belastung der Rollenketten ist abhängig von deren Qualität, der Geschwindigkeit, der Bruchkraft der Kette, der Größe und Frequenz der Betriebsstöße, der Zähnezahl und der geforderten Lebensdauer [3]. Die Gelenkflächenpressung für Dauerbelastung bei guter Schmierung beträgt 30 N/mm^2. In Sonderfällen können höhere Gelenkflächenpressungen bei entsprechender Einschränkung des Betriebsverhaltens (60 N/mm^2) zugelassen werden. Bei unzureichender Schmierung sollten für alle Anwendungen, bei denen mit Sicherheit noch nachgeschmiert wird, 15 N/mm^2 nicht überschritten werden. Ist eine regelmäßige Nachschmierung nicht gesichert oder ist mit geringer Verschmutzung zu rechnen, so sind 7 N/mm^2 für die Gelenkflächenpressung einzusetzen. Bei Trockenlauf und Verschmutzung sinkt dieser Wert auf 4 N/mm^2 ab. Die zulässigen Kettengeschwindigkeiten hängen von Belastung, Zähnezahl, Teilung, Schmierung, Betriebstemperatur und vorgegebener Lebensdauer ab und betragen normal bis 12 m/s. Bis 25 m/s sind möglich, für sichere Betriebsfälle sollten 7 m/s nicht überschritten werden.

Zur Erleichterung von Montage und Demontage und zur Wartung der Rollenkette und des Getriebes werden lösbare Verbindungsglieder (Bild 3.5) vorgesehen. Ihre Abmessungen und Ausführungsarten sind in den Normen für die entsprechenden Stahlgelenkketten enthalten. Das gekröpfte Doppelglied (Bild 3.5, Nr. 30(C)) wird als Verbindungsglied in Rollenketten mit ungerader Gliederzahl und als Reparaturglied eingesetzt. Dabei sinkt die Mindestbruchlast auf 80 - 90% ab. Das gekröpfte Glied (Bild 3.5, Nr. 59a(L)) findet überwiegend als Reparaturglied und

zum Verkürzen von durch Verschleiß gelängten Ketten um jeweils ein Kettenglied
Anwendung. Da auch hierbei die Mindestbruchlast auf 80 - 90% sinkt, sind gekröpfte Glieder möglichst zu vermeiden.

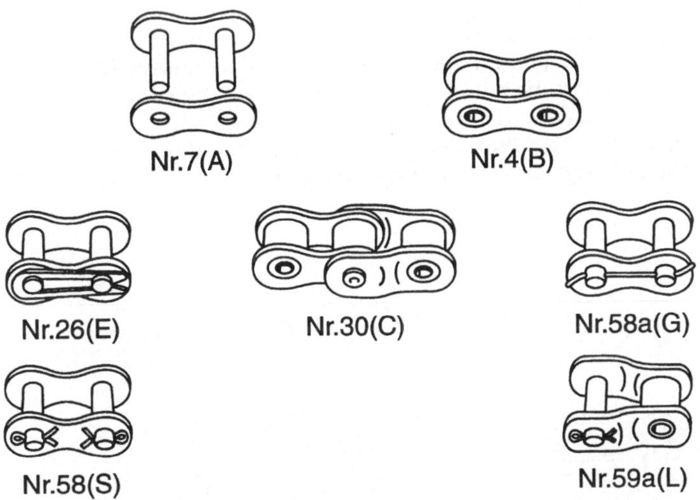

Bild 3.5. Einzelteile und Verbindungsglieder von Rollenketten (DIN 8187)

Zur Erreichung einer hohen Lebensdauer müssen Kettengetriebe regelmäßig
gewartet und geschmiert werden. Ist eine regelmäßige Nachschmierung nicht möglich oder unerwünscht, weil Verschmutzungen anderer Güter durch das Schmiermittel vermieden werden müssen (Nahrungsmittelindustrie), können Rollenketten
mit Kunststoffgleitlagern (Bild 3.6) verwendet werden.

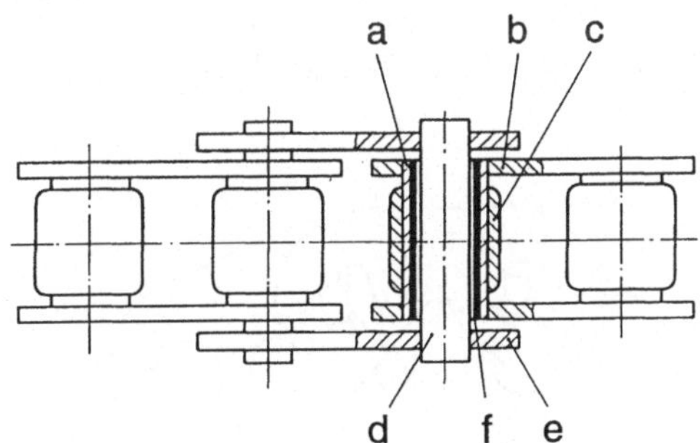

Bild 3.6. Rollenkette mit
Kunststoffgleitlagern

Sie entsprechen in ihren Abmessungen den DIN- oder Werksnormketten. Zwischen
Kettenbolzen d und Buchse a befindet sich eine schwimmende Buchse f aus Polyamid, die mit Spiel in der Stahlhülse sitzt. Polyamid verfügt über ausgezeichnete
Gleiteigenschaften, einen guten Verschleißwiderstand und ist gegen viele chemi-
sche Substanzen beständig. Von konzentrierten Mineralsäuren, Ameisensäure, Kre-

sol und Glykol wird es aber angegriffen. In Feuchträumen und Wasserbädern verhindern die Gleithülsen bei längeren Stillstandszeiten eine Versteifung der Kettengelenke durch Festrosten.

Die Belastbarkeit der Ketten mit Kunststoffgleitlagern wird durch die zulässige Flächenpressung der Gleithülsen begrenzt. Bei Dauerbeanspruchung und einer Betriebstemperatur bis +40°C darf die Gelenkflächenpressung maximal 7 N/mm² betragen, bis + 80°C Betriebstemperatur sind maximal 5 N/mm² zulässig [3]. Bei Belastungsspitzen durch Stöße ist die zulässige Flächenpressung etwa doppelt so hoch. Der Einsatz dieser Ketten bei Betriebstemperaturen von über +80°C sollte vermieden werden. Wegen schlechter Wärmeleitungseigenschaften der Kunststoffhülse sollte die Kettengeschwindigkeit 7 m/s nicht übersteigen [3].

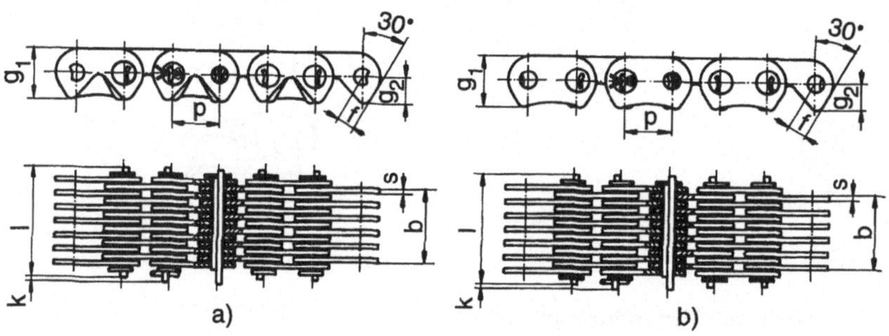

Bild 3.7. Aufbau einer Zahnkette a) mit Innenführung b) mit Außenführung

Nach der Rollenkette ist die Zahnkette (Bild 3.7) die wichtigste Antriebskette. Ihre Kettenglieder setzen sich je nach Kettenbreite aus mehreren nebeneinanderliegenden Laschen zusammen, die von Glied zu Glied versetzt angeordnet sind, so daß jede zweite Lasche zum nächstfolgenden Kettenglied gehört. Auf diese Weise lassen sich sehr breite Ketten großer Tragfähigkeit aufbauen. Die Kettenglieder werden bei den modernen Hochleistungsketten durch Wiegegelenke verbunden (Bild 3.8).

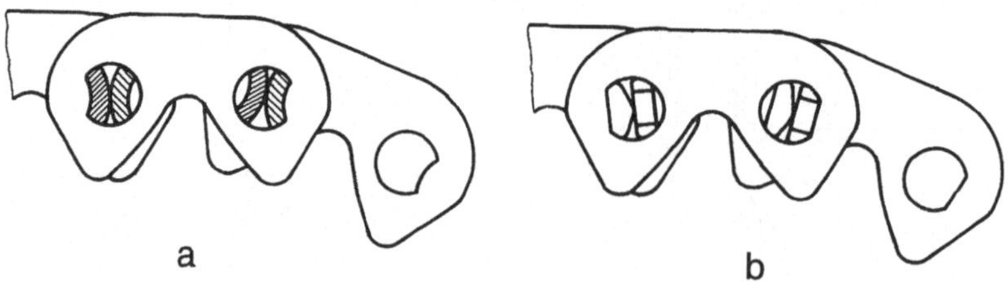

Bild 3.8. Aufbau des Wiegegelenks bei Zahnketten a) mit querschnittsgleichen Wiege- und Lagerzapfen b) mit querschnittsungleichen Wiege- und Lagerzapfen

Das Wiegegelenk besteht aus einem Lager- und einem Wiegezapfen. Der Lagerzapfen hat entweder eine ebene Auflagefläche, auf der der Wiegezapfen mit seiner

gekrümmten Fläche anliegt, oder aber Wiege- und Lagerzapfen sind querschnitts-
gleich. Beide Zapfen sind in den Laschen fixiert. Beim Ein- bzw. Auslauf der Zahnkette im Rad führen Wiege- und Lagerzapfen aufeinander eine Wiegebewegung
aus, was zu einer sehr niedrigen Gelenkreibung und damit zu geringem Gelenkverschleiß und niedriger Verlustleistung führt.

Bild 3.9. Zahnkette mit Innenführung

Werkbild: Mannesmann Rexroth Pneumatik

Die Drehmoment- und Bewegungsübertragung erfolgt bei Zahnkettengetrieben
durch die Zahnlasche, deren äußere Zahnflanken miteinander einen Winkel von 60°
bilden. Diese Flanken kommen an den Flanken der Kettenradzähne zur Anlage.

Das seitliche Ablaufen der Zahnkette vom Kettenrad wird durch Führungslaschen verhindert, die je nach Kettenbreite entweder als Außenlaschen bei Außenführung (bis 20 mm Kettenbreite) oder als Innenlasche bei Innenführung ausgeführt
werden (Bild 3.9). Innenführung wird bevorzugt bei breiten Ketten und hohen Geschwindigkeiten gewählt, da eine geringe Schiefstellung der Kette die außenliegen-
den Führungslaschen stärker beanspruchen würde. Bei Innenführung müssen die
Kettenräder eine Ringnut erhalten, die das Kettenrad zusätzlich schwächt.

Zahnketten mit Wiegegelenk können im allgemeinen nicht weiter als bis zur
Geraden aufgebogen werden (sog. "Rückensteifigkeit" der Kette), was der Entstehung von Kettenschwingungen entgegenwirkt. Umgekehrt lassen die Wiegegelenke
aber auch nur ein Abknicken der Kettenglieder von ca. 30° zu, was dazu führt, daß
die Kettenräder eine gewisse Mindestgröße (12 Zähne) nicht unterschreiten dürfen.

Bild 3.10. Endverbindungen von Zahnketten

Zahnketten werden üblicherweise offen geliefert. Um die Enden miteinander zu verbinden, müssen die Endglieder so ineinander gefügt werden, daß sich die Zapfenlöcher decken. Dies ist bei Zahnketten mit einer geraden Gliederzahl ohne weiteres möglich. Für die Verbindung der Endglieder bei Ketten mit ungerader Gliederzahl müssen Spezialglieder (Bild 3.10) verwandt werden, die jedoch die Mindestbruchkraft auf 80% reduzieren und daher vermieden werden sollten. Zum Verschließen der Zahnkette gibt es spezielle Zapfen als Niet- oder Splintverschluß.

Zahnketten zeichnen sich durch besonders geräuscharmen Lauf aus (Amerikanisches Schrifttum [33]: "silent chain"), gelten aber als schwerer, empfindlicher und wartungsintensiver als Rollenketten. Die Hochleistungszahnketten deutscher Herstellung weichen herstellerbezogen von der Norm DIN 8190 ab. Ursache für die Schwierigkeiten einer Normung ist die Verschiedenheit der unterschiedlichen Konstruktion.

Die Laschen der Zahnketten werden infolge ihrer konstruktiven Gestaltung außer durch die beabsichtigte Zugbeanspruchung noch zusätzlich auf Biegung beansprucht. Hierdurch kann der Vorteil der gegenüber den Rollenketten gedrängteren Bauweise wieder verloren gehen. Die modernen Hochleistungszahnketten werden für maximale Kettengeschwindigkeiten bis 30 m/s ausgelegt. Bei Fettschmierung, die nur von Zeit zu Zeit durchzuführen ist, sind Umfangsgeschwindigkeiten bis zu 8 m/s zulässig.

Als Werkstoffe für die Herstellung von Stahlgelenkketten werden den jeweiligen Herstellungsverfahren angepaßte Einsatz- und Vergütungsstähle verwendet. Im Rahmen der Qualitätskontrolle wird jede gefertigte Kette einer eingehenden Prüfung unterzogen, die auch eine regelmäßige Messung der Bruchkräfte beinhaltet.

3.1.3 Kettenräder

Die einwandfreie Funktion und das gute Betriebsverhalten von Kettengetrieben hängen außer von der Stahlgelenkkette als Zugorgan auch von der richtigen Auswahl und Gestaltung der Kettenräder ab. Die Kettenräder sind für alle Stahlgelenkketten in ihrem Aufbau grundsätzlich gleich. Unterschiede bestehen lediglich in der Verzahnung für die verschiedenen Kettenarten.

Durch die konstruktive Gestaltung der Kettenräder werden die folgenden Eigenschaften des Kettengetriebes beeinflußt: die Genauigkeit der Übertragung und die Gleichmäßigkeit der Übersetzung; die Laufruhe und die Empfindlichkeit gegen Schwingungen; die Geräuschentstehung; die Lebensdauer; die Empfindlichkeit gegen äußere Einflüsse wie Schmutz und Fremdkörper; der Wirkungsgrad.

Die Radkörper der Kettenräder sind ähnlich denjenigen von Zahnrädern gestaltet. Die Zahnkranzbelastung ist bei den Kettenrädern aufgrund des großen Umschlingungswinkels der Kette von ca. 100°...250° und der damit verbundenen Lastverteilung auf mehrere Zähne deutlich geringer als bei Zahnrädern. Dadurch

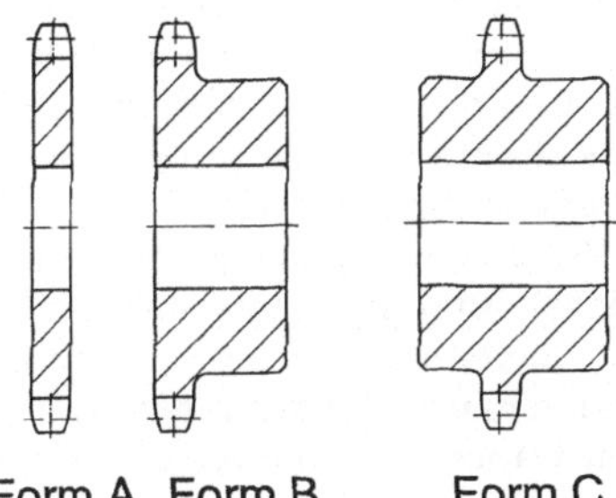

Form A   Form B   Form C

Bild 3.11. Bauformen von Kettenrädern

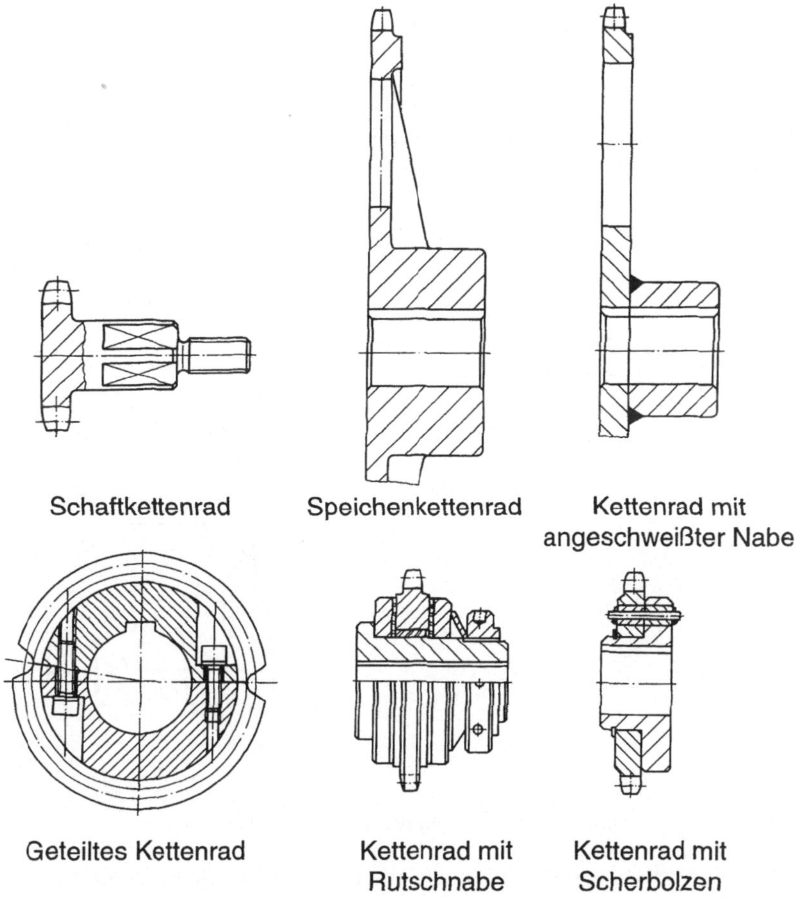

Schaftkettenrad   Speichenkettenrad   Kettenrad mit
angeschweißter Nabe

Geteiltes Kettenrad   Kettenrad mit
Rutschnabe   Kettenrad mit
Scherbolzen

Bild 3.12. Sonderausführungen von Kettenrädern für Rollenkettengetriebe

können die Kettenräder bei gleichen übertragbaren Drehmomenten kleiner gestaltet werden. Die konstruktive Ausführung der Kettenräder wird durch die Kettenart, die Zähnezahl und das zu übertragende Drehmoment bestimmt. Nach DIN 8192 sind zwei Ausführungen von Kettenradkörpern für Rollenketten genormt (Bild 3.11): Form A - Kettenradscheibe und Form B - Kettenrad mit einseitiger Nabe. Nicht genormt dagegen ist die Form C - Kettenrad mit beidseitiger Nabe.

Alle Bauformen können für Einfach- und für Mehrfachrollenketten verwendet werden. Scheibenräder der Form A sind die einfachste und preiswerteste Ausführung. Bei der Montage durch Schrauben oder Schweißen muß jedoch darauf geachtet werden, daß in radialer und axialer Richtung keine Lauffehler auftreten. Kettenräder mit einseitiger Nabe der Form B sind Standardräder und können ebenso wie Kettenräder mit zweiseitiger Nabe der Form C sowohl nur mit einer Vorbohrung versehen als auch einbaufertig gebohrt und genutet vom Hersteller bezogen werden. Außer diesen Grundbauformen von Kettenrädern werden verschiedene Sonderausführungen hergestellt (Bild 3.12). Hierbei handelt es sich um Schaftkettenräder (für extrem kleine Zähnezahlen), Speichen-Kettenräder, Kettenräder mit angeschweißter Nabe und Erleichterungslöchern (für große Durchmesser), geteilte Kettenräder (häufig aus Montagegründen erforderlich) und Kettenräder mit Rutschnabe oder Scherbolzen (zur Begrenzung des Drehmoments). Die Verzahnung des Kettenrades muß den sicheren Formschluß zwischen Rad und Kette gewährleisten und die maximal zulässige Kettenverschleißlängung aufnehmen können. Weiterhin soll die Verzahnung ein zwangloses Ablaufen der Kette sicherstellen.

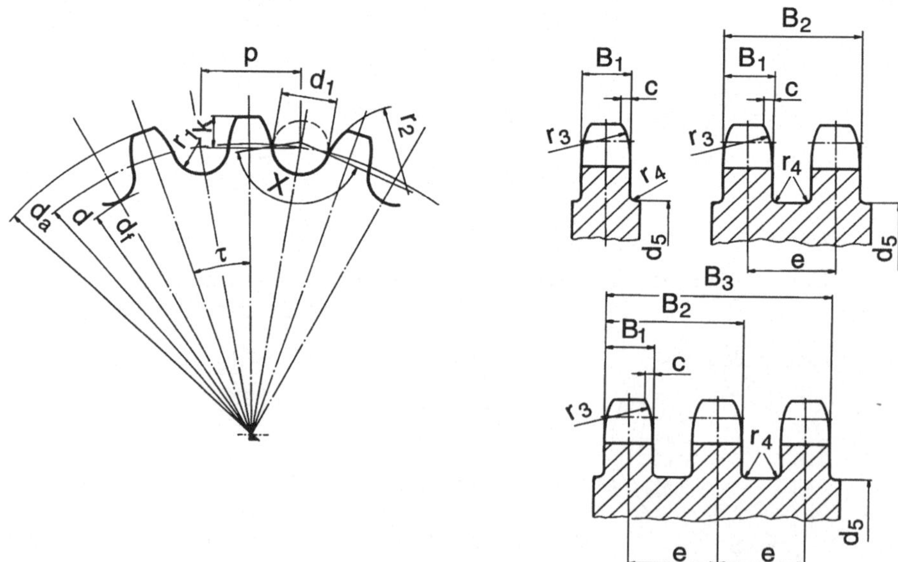

Bild 3.13. Gestaltung der Kettenradverzahnung für Rollenkettengetriebe

Das Betriebsverhalten von Kettengetrieben wird wesentlich durch den Fußkreisdurchmesser d_f, den Rollenbettradius r_1, das Zahnlückenspiel und den Zahnfasenradius r_3 (Bild 3.13) beeinflußt. Der Fußkreisdurchmesser wird mit negativen, die Kettenlänge wird mit positiven Toleranzen gefertigt. Dadurch wird ein Klemmen der Kette in der Verzahnung verhindert.

Die Kettenräder werden üblicherweise durch Wälzfräsen hergestellt. Die Zahnform der Kettenräder muß vor allem gewährleisten, daß die Kettenglieder ungehindert einschwenken können. Der *Rollenbettradius* r_1 ist nur wenig größer als der *Rollenradius* $d_1/2$. Nach DIN 8196 ist er mit mindestens $0{,}505 \cdot d_1$ festgelegt. Dadurch entsteht ein Zahnlückenspiel, das die durch Fertigungstoleranzen und ungleichmäßige Verschleißlängung der Kette hervorgerufenen Teilungsdifferenzen kompensiert. Die Zahnflanke muß so ausgebildet werden, daß ein störungsfreier Lauf der Kette, eine optimale Kraftübertragung mit kleinen Reaktionskräften und eine günstige Stoßrichtung der Rollen gewährleistet werden. Der Zahnfasenradius bewirkt ein störungsfreies Auf- und Ablaufen der Kette.

Zahnkettenräder haben eine Evolventenverzahnung mit 30° Eingriffswinkel und Zollteilung (Bild 3.14). Hierdurch wird ein problemloses Einlaufen der Zahnlaschen in die Verzahnung erreicht, und es lassen sich hohe Kettengeschwindigkeiten verwirklichen. Bei den Zahnkettenrädern spielen die Durchmesser von Teil-, Kopf- und Fußkreis keine Rolle, denn die Führung der Zahnkette erfolgt an den Zahnflanken. Kettenräder werden bis zu ca. 30 Zähnen aus unlegiertem Stahl mit 500 N/mm^2 Mindestzugfestigkeit (St50, C35, C45) gefertigt (Kettengeschwindigkeit max. 7 m/s). Bei höheren Geschwindigkeiten wird für die Kettenräder eine Wärmebehandlung empfohlen, z.B. bei Vergütungsstählen (C35, C45, 42CrMo4) eine Vergütung oder Flamm- bzw. Induktionshärtung der Zähne auf 485 HV 10 bis 585 HV 10 und bei Einsatzstählen (C15, 15Cr3, 16 MnCr5) eine entsprechende Einsatzhärtung. Für Kettenräder mit mehr als 30 Zähnen wird bei normaler Beanspruchung Grauguß verwendet (Mindestzugfestigkeit: 200 N/mm^2). Höhere Kettengeschwindigkeiten erfordern Kettenräder aus Stahlguß oder Schweißkonstruktionen aus Stahl (Mindestzugfestigkeit 500 N/mm^2).

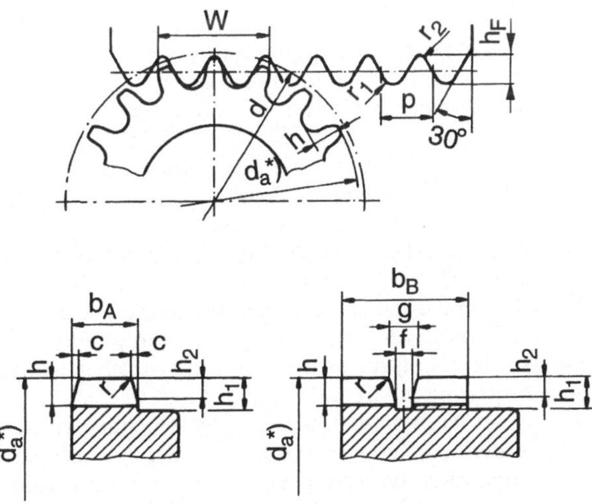

Bild 3.14. Gestaltung der Kettenradverzahnung für Zahnkettenräder

3.1.4   Spann- und Führungseinrichtungen

Durch Verschleiß wird die Kette in Abhängigkeit von der Laufzeit länger, was u.a.
auch zu einem größeren Durchhang der Kette im Leertrum führt. Ist der Wellenabstand einstellbar, so kann die Kettenlängung durch Vergrößern des Wellenabstands
ausgeglichen werden. Ist dies nicht der Fall, so sind im Kettengetriebe Zusatzeinrichtungen vorzusehen, die nicht der Drehmomentübertragung dienen.

Bild 3.15. Kettenspannrad
mit Elastomerfeder [3]

Spannvorrichtungen haben die Aufgabe, die verschleißbedingte Verlängerung
der Kette sowie die eventuell infolge von Wärmedehnung zusätzlich auftretende
Kettenlängung auszugleichen und Trumschwingungen zu verhindern. Sie werden
im Leertrum angeordnet und durch Federkraft, hydraulische Vorrichtungen (Bild
3.15) oder Gewichtsbelastung angepreßt und sollen die Kette mit mindestens drei
Zähnen führen. Spannräder werden weiterhin eingesetzt, wenn ein bestimmter
Mindestumschlingungswinkel eingehalten werden muß. Sie eignen sich in erster
Linie für Rollenketten, die nach beiden Seiten hin umlenkbar sind. Um die Um-
lenkwinkel nicht zu groß werden zu lassen (Gelenkverschleiß), sollte man beim
Spannrad eine minimale Zähnezahl von 13 nicht unterschreiten.

Eine ähnliche Wirkung wie mit Spannrädern erzielt man bei kurzen Ketten mit
Spannbändern und Spannschuhen (Bild 3.16). Kettenführungen (Bild 3.17) haben
die Aufgabe, vor allem bei langen Kettentrumen, das Kettengewicht aufzunehmen
und Kettenschwingungen zu verhindern. Bei hohen Kettengeschwindigkeiten treten verhältnismäßig große Reibleistungen auf, die sich durch Kunststoffbeläge auf
den Führungen und durch gute Schmierung in Grenzen halten lassen.

Leitschienen haben einen ähnlichen Aufbau wie die Führungsschienen, werden
aber 0,5...1 mm entfernt von der laufenden Kette angeordnet, so daß bei ruhigem
Lauf die Kettenrollen die Leitschienen nicht berühren. Erst beim Auftreten trans-
versaler Schwingungen am Kettentrum berührt die Kette die Leitschiene, so daß
das Auftreten größerer Amplituden verhindert wird. Der Einsatz von Leitschienen
ist auch bei Zahnkettengetrieben möglich.

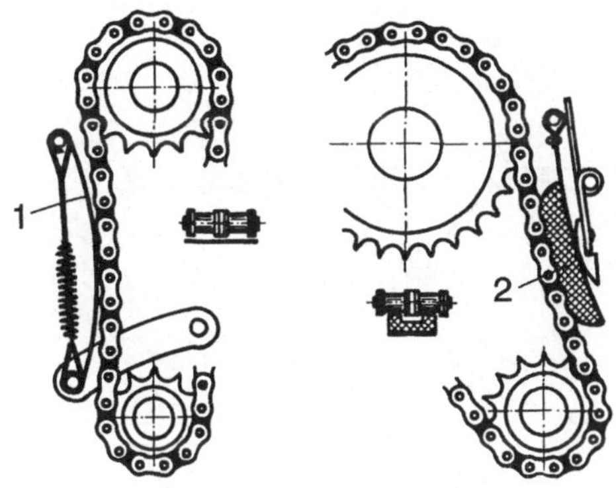

Bild 3.16. Spannband (1)
und Spannschuh (2) als
federnde Kettenspanner

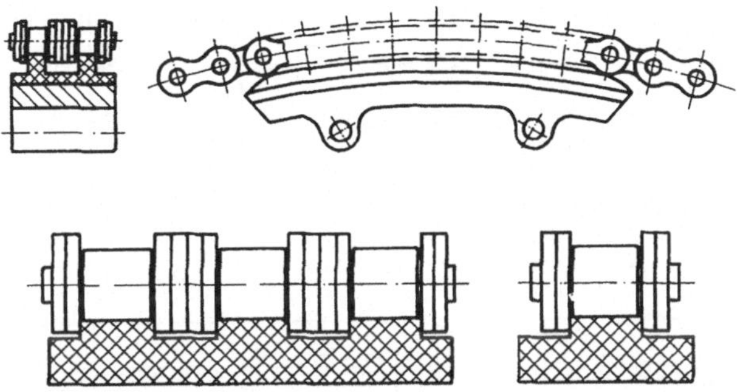

Bild 3.17. Leitschiene als Kettenführung

3.1.5   Betriebsverhalten

Das Betriebsverhalten von Kettengetrieben wird im wesentlichen durch die Bewegungsverhältnisse des Kettentrums bestimmt. Dies gilt sowohl für dynamische Vorgänge, als auch für Schwingungen und Verschleißverhalten. Da sich die Ketten in Form eines Polygons um die Kettenräder legen, entsteht bei konstanter Winkelgeschwindigkeit des Antriebs eine ungleichmäßige Abtriebsbewegung.

3.1.5.1 Polygoneffekt

Infolge der vieleckförmigen Auflage der Kette auf dem Rad schwankt der wirksame Durchmesser am Rad zwischen d und $d \cdot \cos(\tau/2)$ (Bild 3.18). Kennzeichnet der

Winkel φ die Stellung des Kettenrades während seiner Drehbewegung, dann umfaßt der Eingriffsvorgang eines Gelenkpunktes den Bereich von $\varphi = -\tau/2$ bis $+\tau/2$, wenn τ den Teilungswinkel des Kettenrades darstellt.

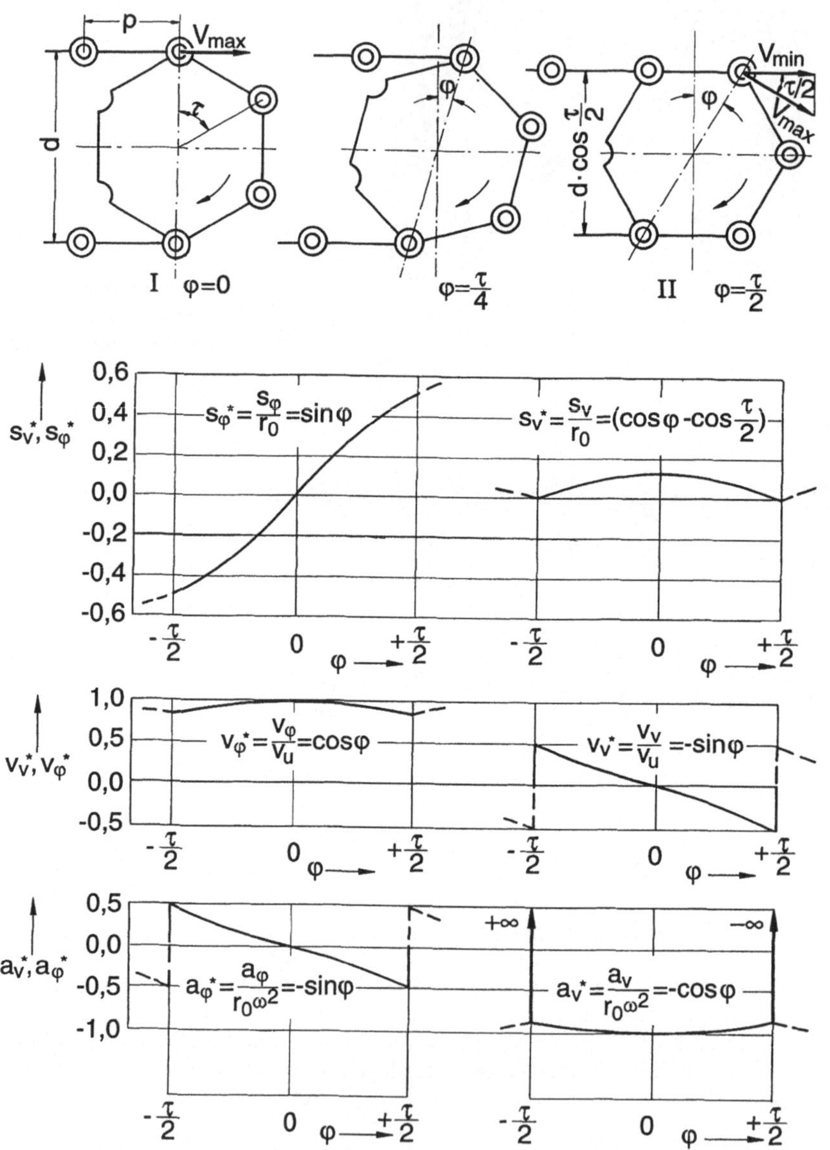

Bild 3.18. Auswirkung des Polygoneffekts auf die Kettenbewegung bei konstanter Drehzahl

Bei gleichmäßigem Antrieb (ω = const.) erfährt die Kette in Trumrichtung und auch senkrecht dazu eine ungleichmäßige Bewegung [37]. Die Koordinaten s_φ und s_v beschreiben die Bewegung des Eingriffspunktes in Trumrichtung und senkrecht dazu (Bild 3.19).

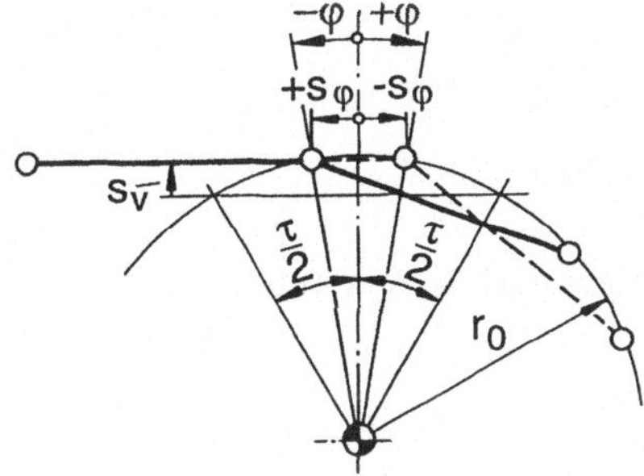

Bild 3.19. Wegkoordinaten des Trumführungspunktes

$$s_\varphi = r_0 \cdot \sin\varphi \tag{3.1}$$

$$s_v = r_0 \cdot (\cos\varphi - \cos(\tfrac{\tau}{2})) \tag{3.2}$$

Durch Differenzieren der Gleichungen (3.1) und (3.2) erhält man die Geschwindigkeit der Kette in Trumrichtung und senkrecht dazu.

$$v_\varphi = \frac{ds_\varphi}{dt} = r_0 \cdot \cos\varphi \cdot \frac{d\varphi}{dt} \tag{3.3}$$

$$v_v = \frac{ds_v}{dt} = - r_0 \cdot \sin\varphi \cdot \frac{d\varphi}{dt} \tag{3.4}$$

Die Umfangsgeschwindigkeit des Gelenkpunktes auf dem Kettenrad ist $v_u = r_0 \cdot \omega$, so daß mit $\omega = d\varphi/dt$ wird

$$v_\varphi = v_u \cdot \cos\varphi \tag{3.5}$$

$$v_v = - v_u \cdot \cos\varphi \; . \tag{3.6}$$

Mit der Einführung der geometrischen Beziehungen $\sin(\tau/2) = p/2{\cdot}r_0$ und $\tau = 2{\cdot}\pi/z$ (in Grad: 360/z) erhält man für die momentane Geschwindigkeit der Kette in Trumrichtung

$$v_\varphi = v_u \cdot \cos\varphi = r_0 \cdot \omega \cdot \cos\varphi = \frac{p \cdot \omega \cdot \cos\varphi}{2 \cdot \sin(\tfrac{\tau}{2})} = \frac{p \cdot \omega}{2 \cdot \sin(\tfrac{180°}{z})} \cdot \cos\varphi \; . \tag{3.7}$$

Als Extremwerte ergeben sich

$$v_{\varphi\,min} = r_0 \cdot \omega \cdot \cos\left(\pm\frac{\pi}{2}\right) \qquad \text{für } \varphi = \pm\frac{\pi}{2}$$

$$v_{\varphi\,max} = r_0 \cdot \omega = v_u \qquad \text{für } \varphi = 0 \tag{3.8}$$

und als Differenz der Extremwerte

$$\Delta v = v_{\varphi\,max} - v_{\varphi\,min} = v_u \cdot (1 - \cos(\tfrac{\tau}{2})) \ . \tag{3.9}$$

Die Beschleunigung der Kette kann durch Differenzieren der Gleichungen (3.5) und (3.6) ermittelt werden.

$$d\varphi = \frac{dv_\varphi}{dt} = \frac{d\varphi}{dt} \cdot v_u \cdot \cos\varphi = r_0 \cdot \omega \cdot \frac{d\varphi}{dt} \cdot \cos\varphi = -r_0 \cdot \omega \cdot \sin\varphi \frac{d\varphi}{dt} = -r_0 \cdot \omega^2 \cdot \sin\varphi \tag{3.10}$$

Mit $\varphi = \pm\tau/2$ und $r_0 \cdot \sin(\tau/2) = p/2$ sowie $\omega = 2 \cdot \pi \cdot n$ ergeben sich die Extremwerte der Kettenbeschleunigung in Trumrichtung zu

$$(a_\varphi)_{max/min} = \frac{p}{2} \cdot \omega^2 = 2 \cdot p \cdot (\pi \cdot n)^2 \ . \tag{3.11}$$

Sie sind also abhängig vom Quadrat der Drehzahl n und proportional der Teilung p. Je größer die Teilung ist, desto größer ist der Beschleunigungssprung zu Beginn und am Ende des Eingriffs. Die Beschleunigungsverhältnisse des Trumführungspunktes senkrecht zur Trumrichtung lassen sich in analoger Weise herleiten (Bild 3.18).Der Polygoneffekt bedingt auch, daß sich das Übersetzungsverhältnis periodisch ändert. Das mittlere Übersetzungsverhältnis bleibt jedoch konstant.

$$i = i_m = \frac{n_1}{n_2} \approx \frac{z_2}{z_1} \tag{3.12}$$

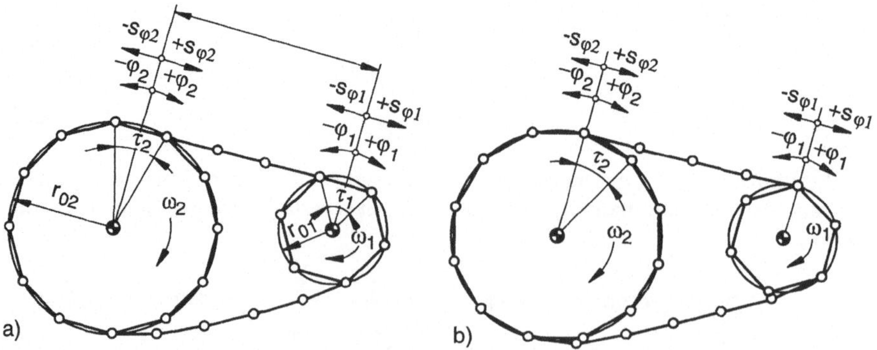

Bild 3.20. Herleitung des effektiven Übersetzungsverhältnisses für ein Rollenkettengetriebe, dessen Lasttrumlänge einem ganzzahligen Vielfachen der Teilung entspricht

Für ein Kettengetriebe (Bild 3.20), dessen Lasttrumlänge einem ganzzahligen Vielfachen der Teilung entspricht, ergibt sich die Kettengeschwindigkeit zu

$$\frac{ds_{\varphi 1}}{dt} = \frac{ds_{\varphi 2}}{dt} = r_{01} \cdot \omega_1 \cdot \cos\varphi_1 = r_{02} \cdot \omega_2 \cdot \cos\varphi_2 \tag{3.13}$$

und damit die effektive Übersetzung ($r_0 = p/2 \cdot \sin(\tau/2)$)

$$i_{eff} = \frac{\omega_1}{\omega_2} = \frac{\cos\varphi_2 \,/\, \sin(\frac{\tau_2}{2})}{\cos\varphi_1 \,/\, \sin(\frac{\tau_1}{2})} \, . \tag{3.14}$$

Sie ist abhängig von der Zuordnung der Winkel φ_1 und φ_2 und damit auch von der Länge des belasteten Trums.

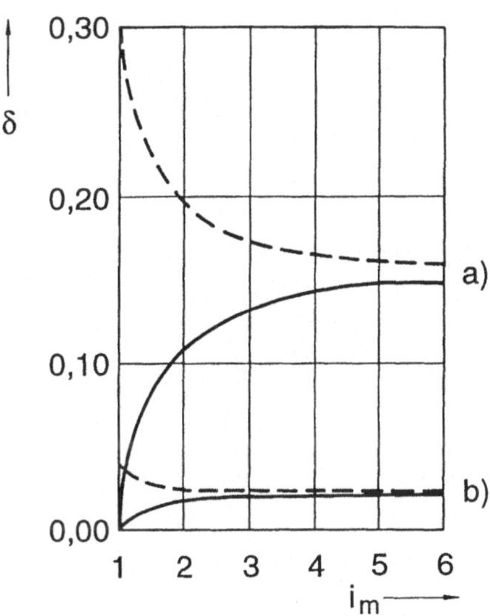

Bild 3.21. Ungleichmäßigkeitsgrad in Abhängigkeit von der mittleren Übersetzung für Zähnezahlen am kleinen Kettenrad

Die Ungleichmäßigkeit der Drehbewegung zwischen An- und Abtriebswelle läßt sich im Ungleichmäßigkeitsgrad δ erfassen.

$$\delta = \frac{\omega_{2,max} - \omega_{2,min}}{\omega_{2,m}} = \frac{(i_{eff})_{max} - (i_{eff})_{min}}{i_m} \tag{3.15}$$

Eine grafische Darstellung des Ungleichmäßigkeitsgrades in Abhängigkeit von der mittleren Übersetzung findet sich in Bild 3.21. Hier läßt sich erkennen, daß sich der kleinste Ungleichmäßigkeitsgrad bei Kettengetrieben ergibt, bei denen das Lasttrum aus einem ganzzahligen Vielfachen der Teilung besteht (durchgezogene Linie). Allerdings wird mit wachsender mittlerer Übersetzung der Unterschied des Ungleichmäßigkeitsgrades zwischen Kettengetrieben mit einer dem ganzzahligen

Vielfachen der Teilung entsprechenden Länge des Lasttrums und solchen, deren Lasttrumlänge aus einer ganzen Gliederzahl und einem halben Glied zusätzlich besteht, immer geringer.

Für $z_1 = z_2$, also $i_m = 1$, wird der Ungleichmäßigkeitsgrad für Kettengetriebe gem. Bild 3.20 gleich null, d.h. die Bewegung der Antriebswelle wird synchron auf die Abtriebswelle übertragen. Der nachteilige Einfluß des Polygoneffekts auf die Gleichmäßigkeit der Bewegungsübertragung verringert sich auch mit wachsender Zähnezahl des kleinen Kettenrades (Bild 3.21).

3.1.5.2   Kräfte

Die Trumkraft im Lasttrum (Umfangszugkraft in der Kette) dient der Drehmomentübertragung und berechnet sich unter Berücksichtigung des Polygoneffekts zu

$$F_{u(\varphi)} = \frac{T}{r_0 \cdot \cos \varphi} \, , \tag{3.16}$$

wobei r_0 der Teilkreisradius des Kettenrades und $-\tau/2 \le \varphi \le +\tau/2$ die laufende Koordinate des Trumführungspunktes der Kette sind. Eine Darstellung des genauen Verlaufs der Umfangszugkraft zeigt Bild 3.22.

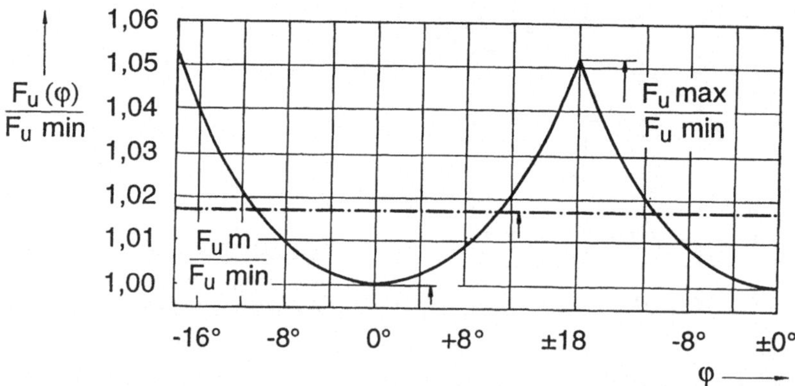

Bild 3.22. Verlauf der Umfangszugkraft über dem Drehwinkel für ein Kettenrad mit $z = 10$

Diese *Umfangszugkraft* der Kette wird oft auch als Nutzkraft bezeichnet. Im Gegensatz dazu bezeichnet man alle anderen Kräfte, die die Kette belasten und nicht vom Drehmoment abhängen (außer den Reibungskräften) als Blindkräfte. Der Maximalwert der Umfangszugkraft in der Kette ergibt sich für $\varphi = \pm \tau/2$ zu

$$F_{u,max} = \frac{T}{r_0 \cdot \cos(\frac{\tau}{2})} \, , \tag{3.17}$$

der Minimalwert für $\varphi = 0°$ zu

$$F_{u,min} = \frac{T}{r_0} \; . \tag{3.18}$$

Die mittlere Umfangszugkraft gewinnt man durch Integration der Umfangszugkraft über dem Teilungswinkel τ

$$F_{u,m} = \frac{1}{\tau} \cdot 2 \cdot \int_0^{\tau/2} \frac{T}{r_0 \cdot \cos(\tau/2)} \cdot d\varphi = \frac{2 \cdot T}{\tau \cdot r_0} \cdot \ln \tan\left(\frac{\tau + \pi}{4}\right) \; . \tag{3.19}$$

In der Praxis wird anstelle der aufwendigen Berechnung der mittleren Umfangszugkraft die minimale Umfangszugkraft $F_{u,\,min} = F_u$ (Gleichung (3.18)) für die Auslegung zugrundegelegt (Bild 3.22). Der dabei entstehende Fehler ist nur von der Zähnezahl des Kettenrades abhängig

$$f_{F_u} = \frac{F_{u,m} - F_{u,min}}{F_{u,m}} \cdot 100 \; [\%] \; . \tag{3.20}$$

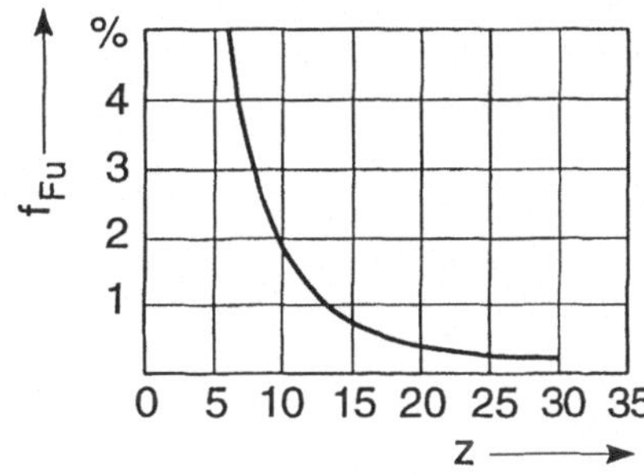

Bild 3.23. Berechnungsfehler beim Ersatz der mittleren Umfangszugkraft durch die minimale Umfangszugkraft

Wie Bild 3.23 zeigt, liegt dieser Fehler bei Zähnezahlen $z \geq 13$ unter 1%, was für die praktische Auslegung ausreichend ist.

Eine weitere Zugbelastung der umlaufenden Kette entsteht durch die sogenannte *Stützzugkraft*, die aus der Eigenmasse der Kette resultiert und als Längskraft in ihr wirkt. Da sie die Flächenpressung in den Kettengelenken erhöht, stellt sie für das Kettengetriebe eine unerwünschte Blindkraft dar. Bei einem Zweiradgetriebe mit horizontaler Lage des Trums hängt die Stützzugkraft von dem Durchhang des Leertrums ab und wirkt auf jedes Glied der Kette in etwa gleicher Größe. Bei gestreckter Trumlage (Durchhang gleich null) erreicht die Stützzugkraft einen theoretisch unendlich großen Wert. Für die einwandfreie Funktion des Kettengetriebes ist eine bestimmte Größe der Stützzugkraft erforderlich, weil eine zu geringe Stützzugkraft das Überspringen der Kette bei größerem Kettendurchhang fördert.

Die Stützzugkraft eines Kettengetriebes läßt sich bei horizontaler Lage des Leertrums nach verschiedenen Näherungsverfahren mit unterschiedlicher Genauigkeit berechnen [45]. Eine nahezu exakte Lösung ergibt sich, wenn man eine gleichmäßig mit Masse belegte Kette ohne Biegesteifigkeit voraussetzt. Die in der Literatur [3, 45] genannten komplizierten Berechnungsverfahren führen zu dem in Bild 3.24

dargestellten Zusammenhang zwischen spezifischer Stützzugkraft ξ und relativem Durchhang der Kette h_r.

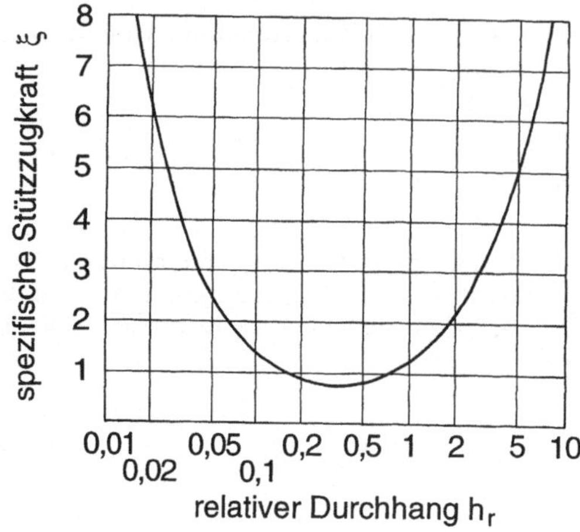

Bild 3.24. Spezifische Stützzugkraft [45]

Die dimensionslose Größe ξ erhält man, indem man die Stützzugkraft F_{st} durch das Gewicht des Leertrums $q \cdot l_t$ teilt.

$$\xi = \frac{F_{st}}{q \cdot l_t} \qquad (3.21)$$

Der relative Durchhang errechnet sich zu

$$h_r = \frac{h_d}{l_t} \cdot 100 \ [\%] \ . \qquad (3.22)$$

Man erkennt die recht hohen Werte der spezifischen Stützzugkraft bei kleinen relativen Durchhängen. Die Stützzugkräfte am oberen und unteren Kettenrad F_{sto} und F_{stu} sind nicht gleich groß, wenn der Trumneigungswinkel δ nicht gleich null ist. Die vorhandenen Stützzugkräfte im Leertrum können nach Bild 3.25 aus dem relativen Durchhang bestimmt werden.

$$F_{sto} = g \cdot q \cdot l_t \cdot (\xi + \sin \delta) \cdot 10^{-3} \qquad (3.23)$$

$$F_{stu} = g \cdot q \cdot l_t \cdot \xi \cdot 10^{-3} \qquad (3.24)$$

Beim Lauf der Kette über ein Kettenrad tritt drehzahlabhängig eine Fliehkraft auf. Sie wirkt im Gelenkpunkt der Kette und ist radial nach außen gerichtet (Bild 3.26). Der Umfangskomponente F_f hält eine in Kettenlängsrichtung wirkende Zugkraft das Gleichgewicht. Sie wird als *Fliehzugkraft* bezeichnet und stellt eine Blindkraft dar.

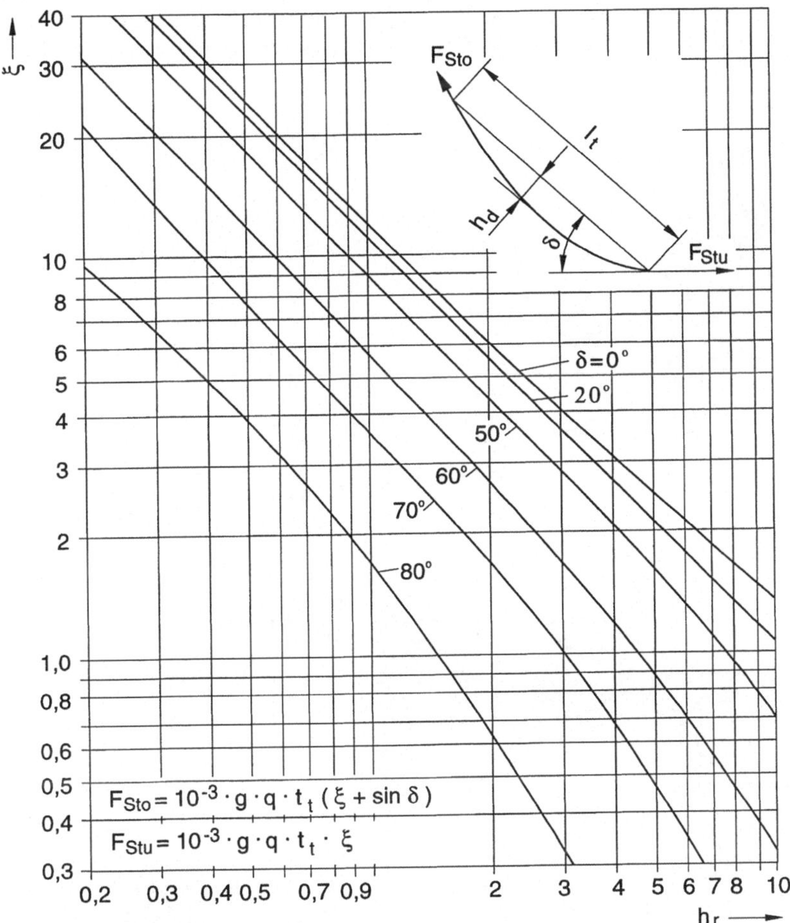

$$F_{Sto} = 10^{-3} \cdot g \cdot q \cdot t_t \, (\xi + \sin \delta)$$

$$F_{Stu} = 10^{-3} \cdot g \cdot q \cdot t_t \cdot \xi$$

Bild 3.25: Spezifische Stützzugkraft ξ in Abhängigkeit vom relativen Durchhang h_r

Mit der Masse eines Kettengliedes $m_G = q \cdot p$ und $r_0 = p/2 \cdot \sin(\tau/2)$ wird

$$F_R = 2 \cdot q \cdot v^2 \cdot \sin(\frac{\tau}{2}) \tag{3.25}$$

und damit

$$F_f = \frac{F_R}{2 \cdot \sin(\frac{\tau}{2})} = q \cdot v^2 \; . \tag{3.26}$$

F_f ist unabhängig von τ und der Zähnezahl des Kettenrades. Mit zunehmender Umfangsgeschwindigkeit nimmt F_f sehr große Werte an. Die Fliehzugkraft belastet die Kette als konstante, nur von der Kettengeschwindigkeit abhängige Zugkraft und muß deshalb bei der Berechnung der Gesamtzugkraft der Kette berücksichtigt werden.

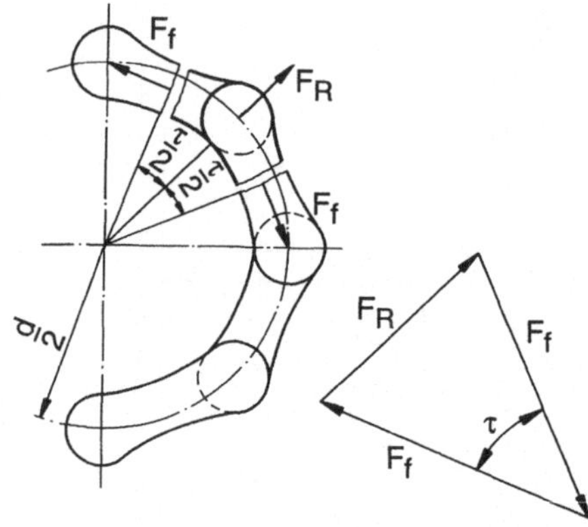

Bild 3.26. Zerlegung der Fliehkraft F_R in ihre Umfangskomponenten

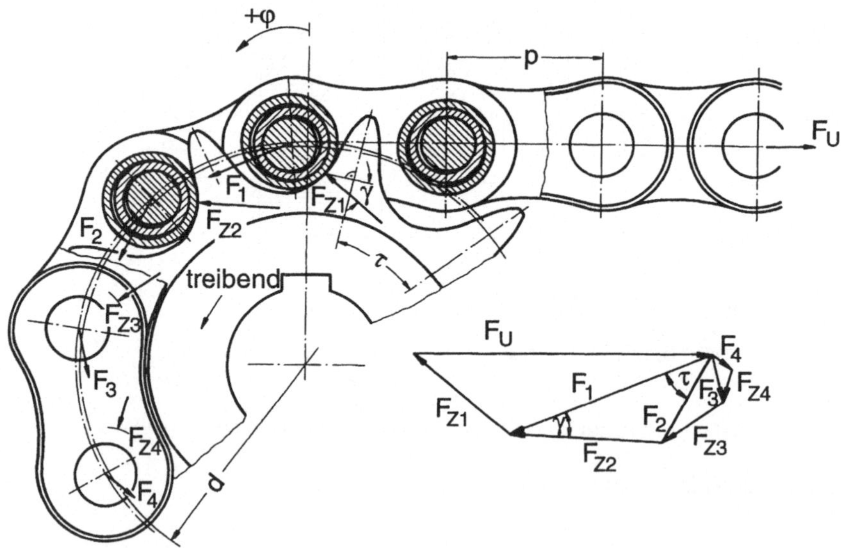

Bild 3.27. Kraftübertragung zwischen Rollenkette und Kettenrad mit Cremonaplan

Die *Kraftübertragung* zwischen Kette und Kettenrad kann für Rollenketten aus Bild 3.27 hergeleitet werden. Die Umfangskraft F_u wird von der Kette auf das Rad abschnittsweise übertragen, wobei die Kettenlängskraft F_n von Zahn zu Zahn abnimmt. Auf die einlaufende Rolle wirken die Zugkraft F_u der Rollenkette, die Kraft F_{z1} des Kettenradzahnes und die Kraft des einlaufenden Kettengliedes F_1. Als Zugkraft findet hier nur die Umfangszugkraft Berücksichtigung, da die Fliehkraft für alle Kettenglieder gleich ist und nicht über den Umschlingungsbereich des Kettenrades abgebaut wird.

Unter Berücksichtigung der eingetragenen Winkel können mit dem Sinussatz berechnet werden:
- die Kraft im einlaufenden Kettenglied

$$F_1 = F_u \cdot \frac{\sin(\frac{\tau}{2} + \gamma - \varphi)}{\sin(\tau + \gamma)} \quad , \tag{3.27}$$

- die Kraft des Kettenradzahnes auf die einlaufende Kettenrolle

$$F_{z1} = F_u \cdot \frac{\sin(\frac{\tau}{2} + \varphi)}{\sin(\tau + \gamma)} \tag{3.28}$$

- und die Kraft in der n-ten Lasche zum Zeitpunkt des Eingriffsbeginns

$$F_n = F_{n-1} \cdot \frac{\sin\gamma}{\sin(\tau + \gamma)} \quad . \tag{3.29}$$

Der prozentuale Kraftabbau erfolgt nach einer geometrischen Reihe und hat von Zahn zu Zahn die gleiche Größe. Der Quotient der geometrischen Reihe wird als Abbaufaktor a bezeichnet und hat den Wert

$$a = \frac{\sin\gamma}{\sin(\tau + \gamma)} \quad . \tag{3.30}$$

Im letzten auf dem Kettenrad aufliegenden Kettenglied bleibt am Ende der Eingriffsperiode eine Restkraft wirksam.

$$F_{Rest} = F_u \cdot a^n = F_u \cdot a^{\frac{\beta \cdot z}{360°}} \tag{3.31}$$

β ist der Umschlingungswinkel, z die im Eingriff befindliche Zähnezahl.

Der Kräfteplan zeigt, daß die verbleibende Restkraft im Leertrum (z.B. F_0 in Bild 3.27) umso größer wird, je kleiner der Umschlingungswinkel am Kettenrad und je größer der Flankenwinkel γ ist.

Die Kettenrestkraft ist für die Auslegung der Kettenradverzahnung von Bedeutung. Wenn die Stützzugkraft kleiner ist, als zur Kompensation der Restkraft erforderlich, so kann mit einem "Aufsteigen" und schließlich auch mit dem "Überspringen" der Kette gerechnet werden. Daher sollte $F_{st} > F_{Rest}$ sein. Um unnötig große Zugkräfte im Leertrum zu vermeiden, muß die Restkraft möglichst klein gehalten werden, was bedeutet, daß ein möglichst großer Umschlingungswinkel gewährleistet werden sollte. Dies ist insbesondere bei Mehrradgetrieben zu beachten. Einfluß auf die Größe der Restkraft hat auch der Flankenwinkel γ, mit dessen Zunahme die Restkraft ebenfalls zunimmt. In der Literatur [37, 45] wird auf den Unterschied zwischen dem Flankenwinkel γ und dem wirksamen Flankenwinkel γ_w hingewiesen.

Dieser unterscheidet sich vom Flankenwinkel γ der Verzahnung um einen Betrag δ, der die außermittige Lage der Kettenrolle in Bezug auf die Zahnlücke kennzeichnet.

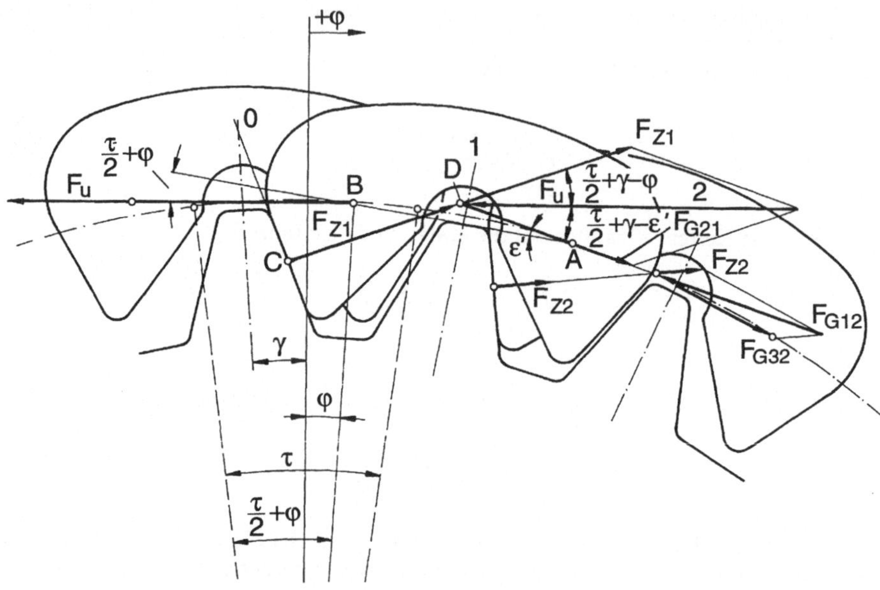

Bild 3.28. Kraftübertragung zwischen Zahnkette und Kettenrad

Bei den Zahnketten erfolgt die Kraftübertragung zwischen Kette und Kettenrad anders als bei den Rollenketten. In Bild 3.28 sind die beiden ersten mit dem Kettenrad kämmenden Zahnlaschen dargestellt. Die Lasche 0 ist noch ein Glied des Lasttrums. Die Kettenglieder 1 und 2 greifen in das Kettenrad ein. A und B sind die Gelenkpunkte zum Zeitpunkt des Eingriffsbeginns der Zahnlasche 1, τ der Teilungswinkel und γ der Flankenwinkel.

Auf das in Eingriff kommende Kettenglied wirken bei Vernachlässigung der Reibung drei äußere Kräfte: die Zugkraft F_u des Lasttrums, die Zahnkraft F_{Z1} des eingreifenden Zahnes und die Gelenkkraft F_{G21} der Lasche 2 auf die Lasche 1. Die Zahnkraft wirkt bei angenommener Reibungsfreiheit normal zur Zahnflanke. Weiterhin wird angenommen, daß sie im Mittelpunkt zwischen Radzahn und Zahnlasche angreift. Aus den Gleichgewichtsbedingungen an der Zahnlasche 1 ergibt sich der Punkt D als Schnittpunkt der Wirkungslinien der Kräfte. Außerdem ist das Gelenk A ein weiterer geometrischer Ort für die Wirkungslinie der Gelenkkraft. Mit Hilfe der geometrischen Beziehungen aus Bild 3.28 können
- die Zahnkraft an der Lasche 1

$$F_{Z1} = F_u \cdot \frac{\sin(\frac{\tau}{2}+\varphi+\varepsilon)}{\sin(\tau+\gamma+\varepsilon)} , \quad (\gamma = 30° - \tau) \tag{3.32}$$

- und die Gelenkkraft der Lasche 2 auf die Lasche 1

$$F_{G21} = F_u \cdot \frac{\sin(\frac{\tau}{2} - \varphi + \gamma)}{\sin(\tau + \gamma + \varepsilon)} \qquad (3.33)$$

berechnet werden.

Die Berechnung des Winkels ε findet sich bei Rachner [45]. Für die Zahnlasche 2 können analog zu den Verhältnissen an Lasche 1 die folgenden Kräfte zueinander ins Gleichgewicht gesetzt werden: die Gelenkkraft F_{G12} (= $-F_{G21}$) der Lasche 1 auf die Lasche 2, die Zahnkraft F_{z2} und die Gelenkkraft F_{G32} der Lasche 3 auf die Lasche 2. Die in Bild 3.28 dargestellten Kräfte wurden grafisch ermittelt, da die Berechnung sehr aufwendig wird. Dies gilt insbesondere auch für die Berechnung der Restkraft, da die prozentuale Kraftänderung zwischen den Kettengliedern hier nicht konstant ist.

Beim Einlauf eines Kettengliedes in ein Kettenrad tritt eine *Aufschlagkraft* F_A auf, weil die Geschwindigkeiten von Kettenrolle und Zahnflanke im Augenblick der Berührung nach Größe und Richtung unterschiedlich sind. Diese Aufschlagkraft ist neben der ruckartigen Übertragung der Kräfte zwischen Kette und Kettenrad (Polygoneffekt) für das typische Laufgeräusch eines Kettengetriebes verantwortlich. Für die Berechnung der Aufschlagkraft bei Rollenkettengetrieben wird in der Literatur [3, 37, 39] eine Gleichung angegeben, die jedoch in der Praxis noch nicht bestätigt worden ist [37].

$$F_A = \frac{2 \cdot \pi \cdot v}{z_1} \sqrt{\frac{q \cdot p \cdot b_z \cdot E}{b}} \cdot \sin(\tau + \gamma) \qquad (3.34)$$

Die Unterschiede zwischen den Verhältnissen beim Einlaufstoß bei Rollenketten- und Zahnkettengetrieben können anhand der Aufschlaggeschwindigkeit normal zur Zahnflanke demonstriert werden. Nach [39] ergibt sich diese Geschwindigkeit für Rollenkettengetriebe zu

$$v_A = \omega \cdot p \cdot \sin(\tau + \gamma) \qquad (3.35)$$

bzw. für Kettengetriebe allgemein

$$v_A = \omega \cdot p \cdot \xi \qquad (3.36)$$

mit $\xi = \sin(\tau + \gamma)$ für Rollenketten, $\xi = \sin(60°/2) = 0{,}5$ für Zahnketten mit 60° Flankenwinkel und $\xi = 0{,}35$ für Kettenräder mit Evolventenverzahnung (30° Eingriffswinkel), wie sie heute bei Hochleistungszahnketten üblich sind.

3.1.5.3 Schwingungen

Ein Kettengetriebe stellt ein schwingungsfähiges System dar. Die Schwingungen der Kettentrume haben Blindkräfte zur Folge und beeinflussen die Funktion des Getriebes. Die in der Literatur angegebenen Methoden zur Schwingungsberechnung basieren alle auf den Arbeiten von Rachner [45]. Sie werden unter Berücksichtigung der folgenden Vereinfachungen durchgeführt, die das reale Getriebe nur näherungsweise beschreiben:

- Kettenräder und Wellen werden als starr angesehen
- Baugruppen von Antriebs- und Abtriebsseite werden als träge Drehmassen zusammengefaßt
- die Masse eines Kettengliedes wird punktförmig im Kettengelenk konzentriert
- die Laschen als Verbindungen der Punktmassen werden als masselose Federn idealisiert
- die Reibung wird vernachlässigt
- die Berechnungen beschränken sich auf Zweiradkettengetriebe.

In einem Kettengetriebe treten Quer-, Längs- und Drehschwingungen gemeinsam auf. Zur übersichtlichen Berechnung werden die einzelnen Schwingungsarten als willkürlich entkoppelte Schwingungen des Gesamtsystems betrachtet, was jedoch nicht der Realität entspricht.

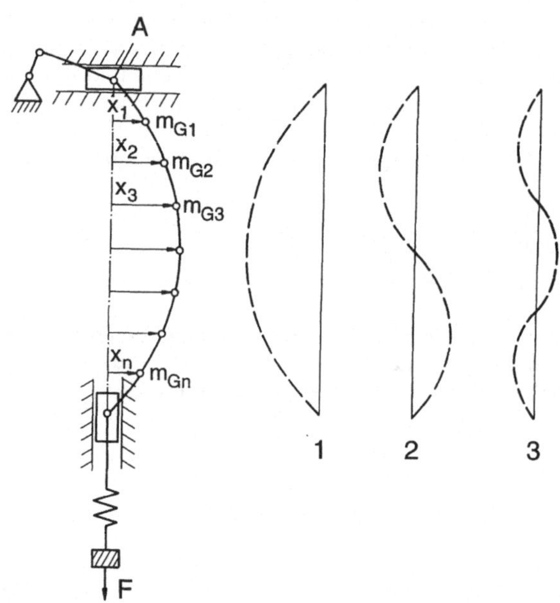

Bild 3.29. Ersatzsystem für die Berechnung von transversalen Trumschwingungen

Polygonwirkung des Kettengetriebes und Rundlauffehler der Verzahnung der Kettenräder führen zu ungleichmäßigen Bewegungen der Trumführungspunkte in der Kettenradebene und verursachen *Querschwingungen* des Kettentrums. Für deren Berechnung wird das in Bild 3.29 dargestellte Modell zugrunde gelegt. In diesem Modell wird die Bewegung des Trumführungspunktes A durch die Bewegung einer Schubkurbel dargestellt. Auf das andere Ende des Trums wirkt eine konstante Kraft F, z.B. ein über eine Feder angehängtes Gewicht. Abweichend von den zu Beginn dieses Kapitels getroffenen Annahmen werden die Kettenlaschen als starre, masselose Verbindungen der Punktmassen angenommen. Dann lassen sich die Eigenfrequenzen eines quer schwingenden Kettentrums nach der folgenden Gleichung berechnen.

$$f_{eq\lambda} = \frac{\lambda}{2 \cdot l} \cdot \sqrt{\frac{F}{q}}$$ (3.37)

Die Größe λ nimmt Werte von 1...n an und kennzeichnet die betreffende Eigenfrequenz des schwingenden Kettentrums. Da mit steigender Ordnungszahl der Eigenfrequenzen die Amplituden der Schwingungen und damit die aus diesen resultierenden Blindkräfte geringer werden, sind für die Praxis höchstens die ersten drei Eigenfrequenzen (λ = 1, 2, 3) von Bedeutung. Um zu vermeiden, daß sich während des Betriebs Resonanzen einstellen, müssen die Erregerfrequenzen für das Kettengetriebe ermittelt werden. Die Erregung durch den Polygoneffekt erfolgt periodisch mit der Zahnfrequenz, dem Produkt von Zähnezahl und Drehzahl,

$$f_{err} = \upsilon \cdot z \cdot n$$ (3.38)

wobei υ wie λ in Gleichung (3.37) die Ordnungszahl der Erregerfrequenz bestimmt. Durch Gleichsetzen der Gleichungen (3.37) und (3.38) erhält man den Resonanzdrehzahlbereich eines Zweiradkettengetriebes. Aus praktischen Schwingungsmessungen hat sich gezeigt [45], daß kritische Resonanzdrehzahlen nur bei $\lambda = \upsilon = 1$ auftreten. Damit wird die kritische Drehzahl n_t bei Querschwingungen eines Kettentrums

$$n_t = \frac{1}{2 \cdot l \cdot z} \cdot \sqrt{\frac{F}{q}} \; .$$ (3.39)

Auf die Bestimmung der Erregerfrequenz infolge der Rundlauffehler der Verzahnungen kann verzichtet werden, weil diese Art von Erregung nur zu sehr kleinen Blindkräften führt [45].

Um beim Betrieb eines Kettengetriebes Resonanzen zu vermeiden, muß vom Konstrukteur beachtet werden, daß bei konstruktiv vorgegebenem Wellenabstand lediglich die Zähnezahlen der Kettenräder und die Masse der Kette als Einflußgrößen infrage kommen, da bei vorgegebener Teilung der Kette die Trumlänge festliegt. Eine Vergrößerung der Zähnezahl führt zwar zu einer Verringerung des Polygoneffekts, verursacht aber höhere Kettengeschwindigkeiten und damit große Fliehkräfte.

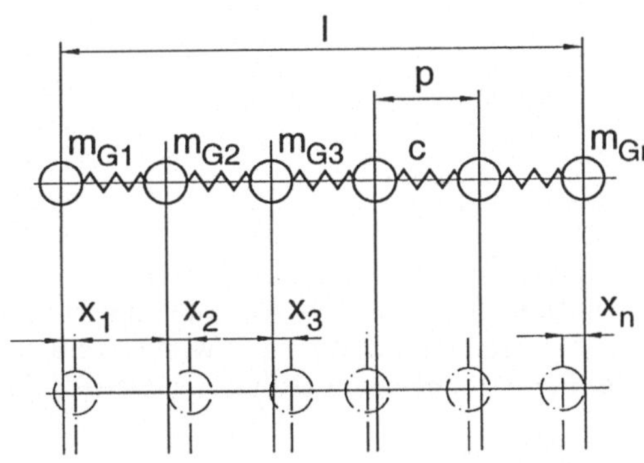

Bild 3.30. Ersatzsystem für die Berechnung von longitudinalen Trumschwingungen

Auch die *Längsschwingungen* eines Kettentrums werden durch ungleichmäßige Bewegungen der Trumführungspunkte infolge des Polygoneffekts hervorgerufen. Das Berechnungsmodell ist in Bild 3.30 dargestellt. Die obere Abbildung zeigt die Kette in Ruhelage, im unteren Bild sind beliebige Auslenkungen der Punktmassen in Längsrichtung dargestellt. Aus den Bewegungsgleichungen für die n Punktmassen lassen sich die Eigenfrequenzen eines in Längsrichtung schwingenden Kettentrums bestimmen

$$f_{el\lambda} = \frac{\lambda}{2 \cdot l} \cdot \sqrt{\frac{c_t \cdot p}{q}} \; . \tag{3.40}$$

λ kennzeichnet wieder die Eigenfrequenzen des schwingenden Trums und c_t ist die Federsteife eines Kettengliedes

$$c_t = \frac{c \cdot l}{p} \; , \tag{3.41}$$

wobei die Federsteife c eines Kettentrums von der Länge l durch praktische Messungen ermittelt werden muß. Die Bestimmung der kritischen Drehzahl eines in Längsrichtung schwingenden Kettentrums erfolgt wieder über die Erregerfrequenz infolge der Polygonwirkung (Gleichung (3.38)) unter der Annahme, daß kritische Resonanzdrehzahlen nur bei $\lambda = \upsilon = 1$ auftreten.

$$n_1 = \frac{1}{2 \cdot z} \cdot \sqrt{\frac{c}{l \cdot q}} \tag{3.42}$$

Für den Konstrukteur gilt auch hier, daß üblicherweise nur die Zähnezahlen der Kettenräder und die Masse der Kette als Einflußgrößen für eine Veränderung der Resonanzdrehzahlen zur Verfügung stehen.

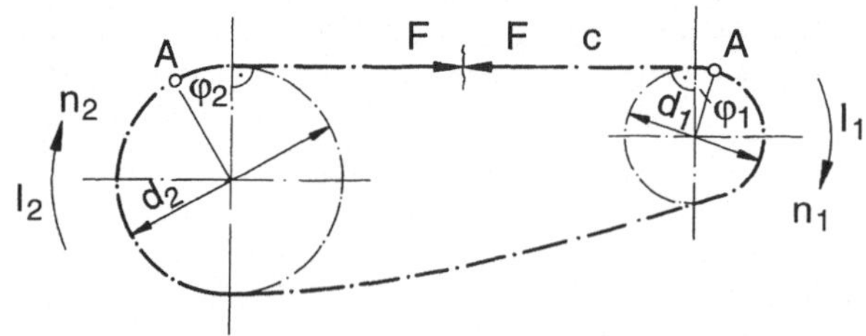

Bild 3.31. Ersatzsystem für die Berechnung von Drehschwingungen

Drehschwingungen werden durch Polygonwirkung, Rundlauffehler der Verzahnung, Teilungsfehler der Kette und ungleichmäßigen Lauf der An- und Abtriebsaggregate verursacht. Aus den Drehschwingungen resultiert eine schwellende Belastung der Kette. Für die Berechnung der Eigenfrequenzen des Systems werden die folgenden Vereinfachungen getroffen:
- die Kette ist eine masselose Feder (Federsteife c)

- die Kette ist mit der Kraft F vorgespannt
- J_1 und J_2 sind die Massenträgheitsmomente von An- bzw. Abtriebsseite
- Bild 3.31 zeigt das Kettengetriebe in einer Lage, bei der die Trumführungspunkte A jeweils um den Winkel φ_1 und φ_2 aus der Ruhelage ausgelenkt sind.

Über die Bewegungsgleichungen der beiden Drehmassen lassen sich die beiden Eigenfrequenzen des Systems bestimmen. Die erste Eigenfrequenz bei gleichsinniger Bewegung der Drehmassen wird null, die zweite Eigenfrequenz bei gegensinniger Bewegung der Drehmassen wird

$$f_{ed} = \frac{1}{4 \cdot \pi} \cdot \sqrt{c \cdot (\frac{d_1^2}{J_1} + \frac{d_2^2}{J_2})} \ . \tag{3.43}$$

Durch Gleichsetzen dieser Gleichung mit denjenigen für die Erregerfrequenzen der verschiedenen Einflußgrößen ergeben sich die Resonanzdrehzahlen für Drehschwingungen. Resonanzdrehzahl für Drehschwingungen infolge der Polygonwirkung ($f_{err} = v \cdot z \cdot n$)

$$n_p = \frac{1}{4 \cdot \pi \cdot z} \cdot \sqrt{c \cdot (\frac{d_1^2}{J_1} + \frac{d_2^2}{J_2})} \ , \tag{3.44}$$

Resonanzdrehzahl für Drehschwingungen infolge der Rundlauffehler der Kettenradverzahnung ($f_{err} = n$)

$$n_r = \frac{1}{4 \cdot \pi} \cdot \sqrt{c \cdot (\frac{d_1^2}{J_1} + \frac{d_2^2}{J_2})} \ , \tag{3.45}$$

Resonanzdrehzahl für Drehschwingungen infolge der Teilungsfehler der Ketten ($f_{err} = v \cdot z \cdot n / X$); X = Anzahl der Kettenglieder

$$n_t = \frac{X}{4 \cdot \pi \cdot z \cdot v} \sqrt{c \cdot (\frac{d_1^2}{J_1} + \frac{d_2^2}{J_2})} \ ; \quad v = 1, 2, 3 \ . \tag{3.46}$$

Konstruktive Einflußgrößen für die Resonanzdrehzahl bei Drehschwingungen sind die Teilkreisdurchmesser bzw. Zähnezahlen der Kettenräder und in geringerem Maße die Trumsteifigkeit c der Kette.

3.1.5.4 Geräusche

Die charakteristischen Laufgeräusche von Kettengetrieben entstehen einerseits durch das stoßartige Aufschlagen der einlaufenden Kettenglieder auf die Kettenradzähne, andererseits durch die Schwingungsvorgänge im Kettengetriebe. Hieraus ergeben sich die wesentlichen Einflußgrößen für die Kettengeräusche.

Die Aufschlagkraft F_A (Kapitel 3.1.5.2) ist entsprechend Gleichung (3.34) von der Aufschlaggeschwindigkeit v_A, Gleichung (3.35), und damit von der Drehzahl des Kettenrades n_1 und der Kettenteilung p, sowie der Zähnezahl z abhängig. Mit größer werdender Zähnezahl verringert sich die Aufschlagkraft, mit zunehmender Geschwindigkeit der Kette nimmt sie zu (Tabelle 3.1).

Tabelle 3.1. Beispiel für die Aufschlagkraft F_A [39]

	v in m/s		5	10	20	30
Rollenkette p = 12,7 mm	$z_1 = 10$		5 094	10 189	20 378	30 567
q = 0,7 kg/m, b = 7 mm	20	F_A in N	1 785	3 570	7 141	10 711
$\gamma = 15°$, $\tau = 360°/z$	30		992	1 984	3 968	5 952

Geht man von dem Faktor ξ [39] aus, so zeigt sich, daß Zahnketten eine geringere Aufschlaggeschwindigkeit aufweisen und somit geräuscharmer laufen als Rollenketten ($\xi = 0{,}9...0{,}5$ für Rollenketten, $\xi = 0{,}5...0{,}35$ für Zahnketten). Von der Linde [30] gibt eine Gleichung an, mit der der Schalldruckpegel bei Rollenkettengetrieben abgeschätzt werden kann.

$$L_p = 20 \cdot \log[1{,}135 \cdot 10^{-6} \cdot p^3 \cdot n^{1,5} \cdot z^{1,5} \cdot \sin(\frac{360°}{z} + \gamma)] \quad [dB(A)] \qquad (3.47)$$

Werden die Kettengetriebe durch Schwingungen erregt (Kapitel 3.1.5.3), so treten insbesondere bei Resonanz starke Geräusche auf. Deshalb muß man darauf achten, daß beim Betrieb eines Kettengetriebes die Erreger- und die Eigenfrequenzen der Kettentrume nicht zusammenfallen.

3.1.5.5   Einsatzgrenzen

Die Einsatzgrenzen von Kettengetrieben werden durch die Versagenskriterien bestimmt: Festigkeit, Verschleiß, Fehler bei Fertigung und Montage. Während Festigkeit und Verschleiß systembedingt sind, wirken sich die Herstellungsfehler auf die systembedingten Eigenschaften aus und führen entweder durch verminderte Festigkeit oder durch erhöhten Verschleiß zum vorzeitigen Versagen des Kettengetriebes. Andere Effekte, die den Einsatz von Kettengetrieben begrenzen, wie z.B.

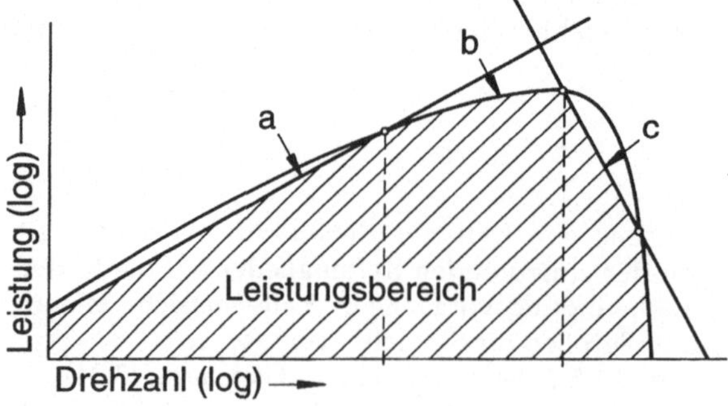

Bild 3.32. Einsatzgrenzen und Leistungsbereich von Rollenkettengetrieben [3]

das Überspringverhalten der Kette, sind sekundärer Natur und resultieren aus den systembedingten Eigenschaften, im Falle des Überspringens der Kette z.B. aus dem Verschleiß. Unter Berücksichtigung der Einsatzgrenzen ist für die Auslegung eines Kettengetriebes dessen Lebensdauer zu bestimmen. Bild 3.32 zeigt die Einsatzgrenzen für den nutzbaren Leistungsbereich von Kettengetrieben. Im Bereich a wird die Lebensdauer durch die Betriebsfestigkeit der Laschen und Bolzen, im Bereich b durch den Verschleißwiderstand und im Bereich c durch die Betriebsfestigkeit der Rollen bestimmt. Die Erfahrung zeigt, daß Kettengetriebe hauptsächlich durch Verschleiß unbrauchbar werden.

Die Kette als Zugmittel wird während des Betriebs einer schwellenden Beanspruchung unterzogen. Dieser überlagern sich Stöße beim Einlaufen in das Kettenrad, Ungleichmäßigkeiten infolge des Polygoneffekts und Lastschwankungen der Antriebs- oder Abtriebsaggregate. Hieraus resultieren Betriebslasten unterschiedlicher Höhe und Frequenz, die zu Schädigungen der Kettenteile in Form von Dauerbrüchen führen. Daher erfolgt die Dimensionierung der Ketten nach der Betriebsfestigkeit im Zeitfestigkeitsbereich. Hierfür ist die Kenntnis des Belastungs-Zeit-Verlaufs notwendig, die als Ergebnis von Dauerfestigkeits- und Kettenlaufversuchen gewonnen werden kann. Solche Versuche wurden von Kettenherstellern [3] durchgeführt. Die Ergebnisse fanden ihren Niederschlag im Berechnungsverfahren für die Lebensdauer von Ketten bei Betriebsbelastung. Für die Lebensdauer von Laschen und Bolzen im Zeitfestigkeitsbereich gilt, daß im Bereich niedriger Kettengeschwindigkeiten (v < 1 m/s) der Verschleißwiderstand eines ausreichend geschmierten Kettengetriebes größer ist als die Zeitfestigkeit von Laschen und Bolzen [3]. Um Dauerbrüche an Laschen und Bolzen während des Betriebs zu vermeiden, kann die Lebensdauer der Kette berechnet werden.

$$t_{hL} = \frac{X}{n} \cdot f_z \cdot (f_y \cdot \frac{F_B \cdot y}{F})^{10} \ [h] \tag{3.48}$$

Tabelle 3.2. Stoßbeiwerte Y und Stoßbeiwertfaktoren y

Beanspruchungsart	Y	y
Stoßfreier Betrieb	1	1
Gleichförmiger Lauf mit vereinzelten leichten Stößen, leichte schwellende Belastung	1,5	0,8
Leichte Stöße, mittlere schwellende Belastung	2	0,73
Mittlerer Stöße, schwere schwellende Belastung mit periodischer Entlastung	3	0,63
Schwere Stöße, kleine wechselnde Belastung (leichte Überholstöße)	4	0,58
Schwere Stöße mit wechselnder Belastung (mittlere Überholstöße)	5	0,54

Die Anzahl der Lastwechsel ergibt sich zu

$$n_{kL} = 60 \cdot z \cdot f_z \cdot (f_y \cdot \frac{F_B \cdot y}{F})^{10} \ . \tag{3.49}$$

Diese Formeln gelten nur für Rollenkettengetriebe mit zwei Rädern. Die wesentliche Größe ist hier das Verhältnis von Mindestbruchkraft F_B zur dynamischen Kettenkraft $F_d = F/y$ (y aus Tabelle 3.2).

Tabelle 3.3. Teilungsfaktor f_y zur Berechnung der Betriebsfestigkeit [3]

Teilung	f_y
5,0	0,2152
6,0	0,2151
6,35	0,2151
8,0	0,2150
9,525	0,2149
12,7	0,2145
15,875	0,2136
19,5	0,2125
25,4	0,2096
31,75	0,2058
38,1	0,2014
44,45	0,1964
50,8	0,1909
63,5	0,1780

Die Einflüsse unterschiedlicher Kettenteilung p und Zähnezahl z des kleinen Kettenrades werden in Form des Teilungsfaktors f_y (Tabelle 3.3) und des Zähnezahlfaktors f_z (Bild 3.33) berücksichtigt.

Beim Einlaufen der Kette in die Verzahnung schlagen die Kettenglieder mit einem Stoß auf die Radzähne auf. Die Aufschlagkraft F_A kann hierbei je nach Zähnezahl des kleinen Kettenrades und der Kettengeschwindigkeit sehr große Werte annehmen. Sie wird von Rolle und Zahnflanke in Form von Flankenpressung aufgenommen. Daher bestimmt die Betriebsfestigkeit der Rollen die Belastbarkeit der Kette bei kleinen Zähnezahlen und Kettengeschwindigkeiten in einem Bereich von mindestens 10 m/s. Die Lebensdauer des Kettengetriebes wird mit

$$P = \frac{F \cdot v}{1000} \quad \text{und} \quad F_d = \frac{F}{y} \tag{3.50}$$

zu

$$t_{hR} = 2{,}9 \cdot 10^4 \cdot \frac{X \cdot z}{n} \cdot f_u \cdot \sqrt[3]{[\frac{y}{P} \cdot \frac{(d_1 - d_2) \cdot b_1}{p}]^2} \;\; [h] \tag{3.51}$$

berechnet. Hieraus ist ersichtlich, daß die Lebensdauer des Kettengetriebes von der dynamischen Kettenkraft F_d, der Kettengeschwindigkeit v und der Zähnezahl z des kleineren Kettenrades bestimmt wird. Diese Gleichung, die nur für Zweiradgetriebe mit Rollenketten gilt, wurde von [3] angegeben und basiert auf empirisch ermittelten Daten. Die Werte des Strangzahlfaktors f_u sind aus Tabelle 3.4 zu entnehmen.

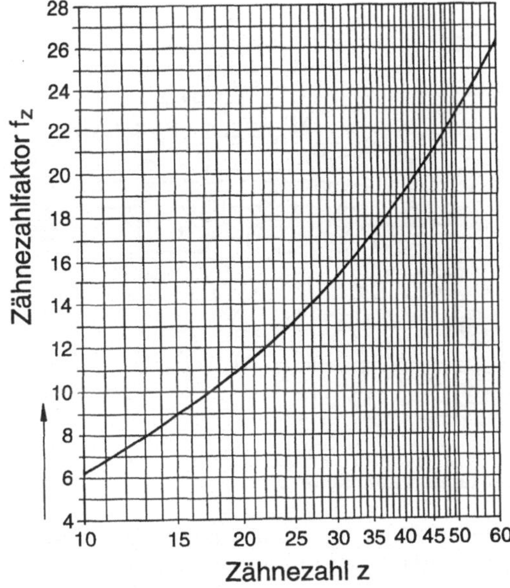

Bild 3.33. Zähnezahlfaktor zur Berechnung der Betriebsfestigkeit

Tabelle 3.4. Strangzahlfaktor f_u zur Berechnung der Betriebsfestigkeit

Strangzahl	Strangzahlfaktor f_u
Einfachkette	1,0
Zweifachkette	1,7
Dreifachkette	2,5
Vierfachkette	3,3

Bei Kettengetrieben entsteht Verschleiß durch Reibungsvorgänge in den Kettengelenken und durch die Abdrückbewegung der Kettenglieder unter Last beim Auf- und Ablauf der Kette an den Rädern. Die Randschichten der Gelenke werden abgetragen, und es entsteht ein vergrößertes Gelenkspiel und damit eine Längenzunahme der Kette (Bild 3.34). Diese beträgt X · Δp, wenn X die Zahl der Kettenglieder und Δp die mittlere Zunahme der wirksamen Teilung ist. Die Kette umschlingt dann das Rad nicht mehr im theoretischen Teilkreisdurchmesser d_0, sondern in einem größeren Durchmesser

$$d_w = \frac{d \cdot (p + \Delta p)}{p} = d \cdot (1 + \frac{\Delta p}{p}) \ . \tag{3.52}$$

Diese Gleichung gilt nicht für Ketten mit ungleichem Aufbau von Glied und Nachbarglied (Rollenkette), denn hier ist die Zunahme Δp der Teilung für Innen- und Außenglied ungleich groß, so daß sich eine ungleichmäßige Auflage der

Kettenglieder und damit ein unruhiger Lauf der Kette und eine ungleichmäßige Beanspruchung der Kettenradzähne ergibt.

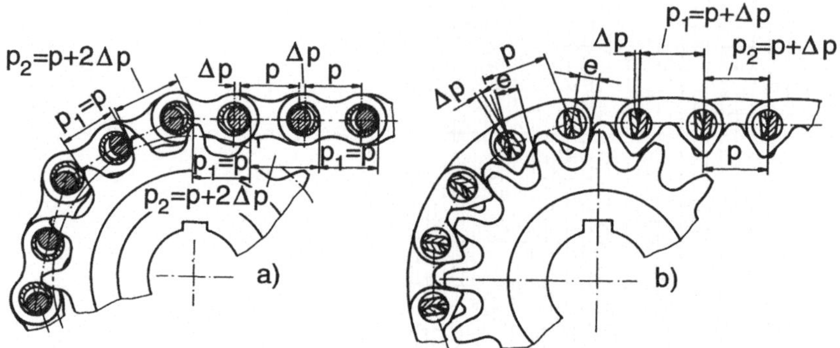

Bild 3.34. Verschleißlängung bei Rollenkette (a) und Zahnkette (b)

Bei Rollenketten bleibt die wirksame Teilung p_1 für das Innenglied nahezu unverändert, während die Teilung für das Außenglied um $2\cdot\Delta p$ zunimmt.

$$p_1 = p; \quad p_2 = p + 2\cdot\Delta p; \quad \frac{(p_1+p_2)}{2\cdot p} = 1 + \frac{\Delta p}{p} \tag{3.53}$$

Bei Zahnketten (gleicher Aufbau von Glied und Nachbarglied) bleiben die Teilungen von Glied und Nachbarglied auch bei Verschleiß gleich groß,

$$p_1 = p_2 = p + \Delta p; \quad \frac{(p_1+p_2)}{2\cdot p} = 1 + \frac{\Delta p}{p} \tag{3.54}$$

was sich in einem ruhigen Lauf der Kette äußert. Die Grenze für Δp wird erreicht, wenn der Auflagepunkt der Kettenglieder auf den Zahnflanken des Kettenrades den Kopfkreisdurchmesser d_a überschreitet (Bild 3.13) [39]. Dieser Fall tritt ein, wenn der wirksame Teilkreisdurchmesser

$$d_w = d\cdot(1+\frac{\Delta p}{p}) \geq d + d_R\cdot\sin\gamma \tag{3.55}$$

wird. Für die sehr große Längung einer Kette um 2,5%, d.h. $\Delta p/p = 0{,}025$, bedeutet dies

$$d_a \geq 1.025\cdot d - d_R\cdot\sin\gamma \ . \tag{3.56}$$

Die maximale Zähnezahl ist durch die zulässige Kettenlänge begrenzt. Wird die Kettenteilung um Δp größer, so verlagert sich die Kette um $\Delta d = \Delta p/\sin(180°/z)$ nach außen. Dieser Wert wächst mit zunehmender Zähnezahl, so daß sich bei zulässiger Kettenverschleißlängung Grenzwerte für die Zähnezahlen ergeben. Bei ei-

ner zulässigen Kettenverschleißlängung von z.B. 1,25% ergeben sich Zähnezahlen
für Rollenketten: $z_{max} = 120$
für Zahnketten: $z_{max} = 140$.

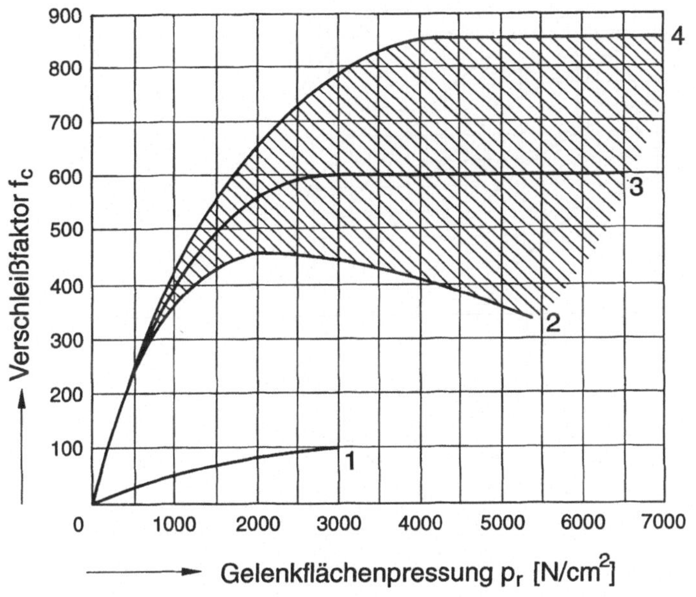

Bild 3.35. Verschleißfaktor f_c zur Lebensdauerberechnung von Rollenketten 1 Trockenlauf
2 unzureichende Schmierung 3 praxisübliche Schmierung 4 vollkommene Schmierung [3]

Die Lebensdauer der Kettengetriebe wird in der Regel vom Kettenverschleiß bestimmt. Für eine maximal zulässige Kettenverschleißlängung von 3% läßt sich nach
[3] die Lebensdauer der Kette nach einer empirisch ermittelten Gleichung berechnen

$$t_h = 2744 \cdot \left(\frac{f_c \cdot f_m \cdot k_k}{P_r}\right)^3 = \frac{X}{v} \cdot \frac{z_1}{\frac{z_1}{z_2}+1} \cdot \frac{P}{\pi \cdot d_2} \; [h] \; . \tag{3.57}$$

Der Verschleißfaktor f_c und der Zähnezahl-Geschwindigkeitsfaktor f_k können aus
den Bildern 3.35 und 3.36, der Teilungsfaktor f_m aus Tabelle 3.5 entnommen werden. Wird die Kette in einem Getriebe über mehr als zwei Kettenräder umgelenkt,
so muß die Lebensdauer eines jeden Trumabschnitts t_{hn} mit den zugehörigen
Zähnezahlen separat berechnet werden. Zu beachten ist, daß in die Berechnungen
jeweils die Gesamtgliederzahl der Kette einzusetzen ist.

Aus den Lebensdauerwerten für die Teilabschnitte der Kette wird die Gesamt-
lebensdauer für das Kettengetriebe berechnet.

$$t_h = \frac{1}{\frac{1}{t_{h1}}+\frac{1}{t_{h2}}+\frac{1}{t_{h3}}+\ldots+\frac{1}{t_{hn}}} \; [h] \tag{3.58}$$

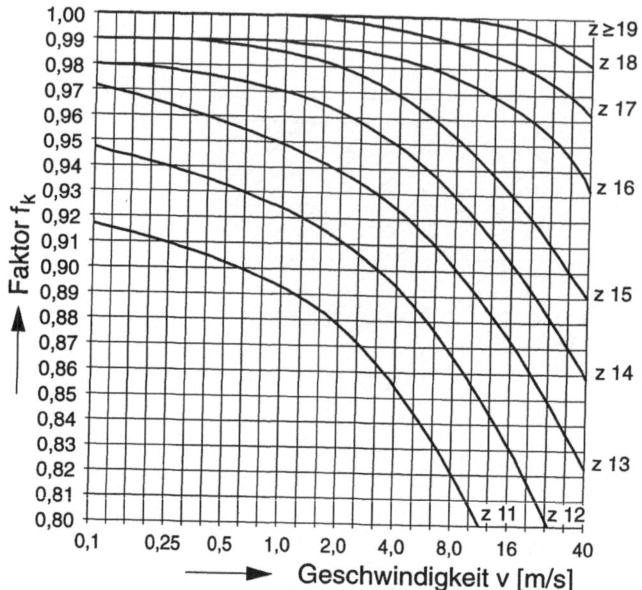

Bild 3.36. Zähnezahl-Geschwindigkeitsfaktor f_k zur Lebensdauerberechnung von Rollenketten [3]

Beträgt die zulässige Kettenverschleißlängung weniger als 3%, so errechnet sich die Lebensdauer

$$t_{hx} = t_h \cdot \frac{\Delta l_x}{\Delta l_{max}} \; . \tag{3.59}$$

Tabelle 3.5. Teilungsfaktor f_m zur Lebensdauerberechnung von Rollenketten [3]

Teilung (mm)	4	5	6	6,35	8
Teilungsfaktor f_m	1,64	1,57	1,54	1,53	1,49

Teilung (mm)	9,525	12,7	15,875	19,05	25,4
Teilungsfaktor f_m	1,48	1,44	1,39	1,34	1,27

Teilung (mm)	31,75	38,1	44,45	50,8	63,5
Teilungsfaktor f_m	1,23	1,19	1,15	1,11	1,03

Der Kettenverschleiß ist, abgesehen von der Einlaufzeit, proportional der Betriebszeit der Kette (ordnungsgemäße Wartung und Schmierung vorausgesetzt). Fehlende Spann- und Führungseinrichtungen haben bei großen Kettendurchhängen unter Einwirkung äußerer Belastungen einen instabilen Lauf der Kette zur Folge, der schließlich zum Überspringen von Kettengliedern führen kann.

Herstellungs- und Montagefehler sowie unzureichende konstruktive Auslegung von Kettengetrieben wirken sich auf die systembedingten Einsatzgrenzen nachteilig aus. Häufige Montagefehler sind nicht fluchtende Kettenräder und nicht parallel liegende Achsen der Kettenräder. Da die Kettenrollen in solchen Fällen schräg in das Kettenrad einlaufen, kommt es zu einer zusätzlichen Abnutzung der Laschen. Durch die hierdurch hervorgerufene Schwächung des Laschenquerschnitts kann vorzeitiger Bruch eintreten. Weiterhin erfahren Laschen und Bolzen eine zusätzliche Belastung auf Biegung, was ebenfalls zu einer reduzierten Lebensdauer führt. Analoge Überlegungen gelten auch für Zahnkettengetriebe.

Ein nicht ordnungsgemäß eingestellter Wellenabstand bewirkt fehlerhaften Kettendurchhang. Bei zu geringem Durchhang stellt sich eine zusätzliche Zugbelastung und als deren Folgeerscheinung erhöhter Verschleiß der Kette ein [37]. Zu großer Kettendurchhang liefert die Voraussetzungen zum Überspringen der Kette. Ursachen hierfür sind ein falsch dimensionierter Wellenabstand oder fehlende bzw. funktionsuntüchtige Spanneinrichtungen.

3.1.6 Schmierung und Wartung

Schmierung und Wartung sind für die Erzielung hoher Lebensdauern von Kettengetrieben unerläßlich. Da Störungen in Kettengetrieben nur selten auf Konstruktions- oder Auslegungsfehler zurückzuführen sind, sind unzureichende Schmierung und Wartung die häufigsten Ausfallursachen. Verschleißlebensdauer, Wirkungsgrad und Geräuschverhalten werden in entscheidendem Maße von der Schmierung beeinflußt. Die Auswirkungen verschiedener Schmierverfahren sind in Bild 3.37 dargestellt.

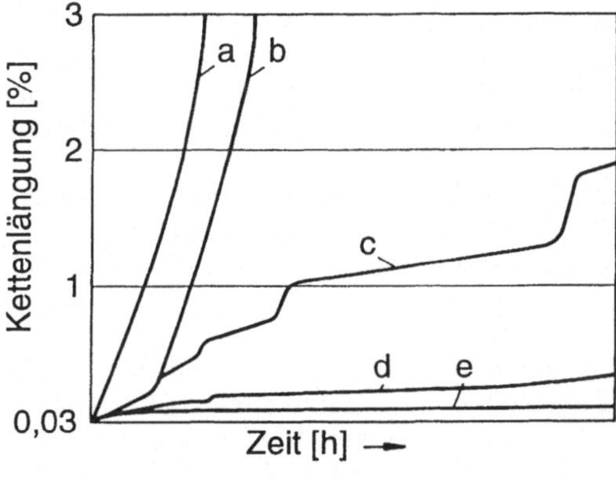

Bild 3.37. Kettenlängung als Folge des Verschleißes in Abhängigkeit von Schmierung und Betriebsdauer

Der Kurvenzug a kennzeichnet den Trockenlauf der Kette. Dieser Betriebszustand führt zu starkem Verschleiß. In den Gelenken von Rollenketten entsteht Reibkorrosion [16], die Gleitflächen werden rauh und es bilden sich Riefen. Dies kann zum Versteifen der Gelenke und sogar zum Bruch der Kette führen. Die Gelenkflächenpressung sollte 4 N/mm^2 nicht überschreiten.

Der Kurvenzug b zeigt den Einfluß der Erstschmierung, die durch den Hersteller aufgebracht wird. Ohne weitere Nachschmierung verbraucht sich der Schmierstoff schnell, und anschließend tritt Verschleiß auf. Auch in diesem Fall sollte die Gelenkflächenpressung nicht höher als 4 N/mm^2 liegen.

Der Kurvenzug c beschreibt das Verschleißverhalten der Kette bei zeitweiligem Trockenlauf. Die verschleißmindernden Einflüsse des Schmiermittels lassen sich gut aus der Kurvenform erkennen.

Der Kurvenzug d entspricht einem unzureichenden Schmierzustand, wie er durch ungeeignetes, minderwertiges, verschmutztes oder durch zu wenig Schmiermittel hervorgerufen wird. In den Gelenken entsteht ungleichmäßiger Verschleiß, ein Teil der Gleitflächen bekommt Riefen. Oft sind auf den Gleitflächen der Bolzen durch örtlich hohe Temperaturen Anlaßfarben zu erkennen. Die Gelenkflächenpressung sollte unterhalb von 15 N/mm^2 liegen.

Der Kurvenzug e schließlich beschreibt die Verhältnisse bei optimaler Schmierung. Der Gelenkflächenverschleiß ist gering und das Schmiermittel weist kaum Verunreinigungen durch Abrieb auf. Die Verschleißlängung der Kette ist gering.

Für Zahnkettengetriebe gilt im Prinzip das gleiche. Nur gute Schmierung gewährleistet die erwartete Lebensdauer. Die Art der Schmierung richtet sich nach der Geschwindigkeit der Zahnkette:

- bis 8 m/s	Fettschmierung
	Tropfschmierung
	Schmierung mit Sprays
- über 8...12 m/s	Tauchschmierung
- über 12 m/s	Sprühschmierung.

Die Anwendungsbereiche der verschiedenen Schmierverfahren für Rollenkettengetriebe ergeben sich aus Bild 3.38. Die darin angegebenen Schmierempfehlungen sind Mindestbedingungen, so daß vorgeschlagen wird, nach Möglichkeit das nächst bessere Schmierverfahren zu wählen.

Bei Handschmierung wird das Schmiermittel (Öl oder Fett) mittels Ölkanne zwischen die Laschen des Innen- und Außengliedes bei Rollenketten bzw. auf die Zahnseite bei Zahnketten oder mit einem Pinsel auf die Innenseite der Lostrume aufgetragen. Die Kette ist in Intervallen, die von den Betriebsverhältnissen abhängen, nachzuschmieren. Dabei ist sie von Verschmutzungen und Schmierstoffresten gründlich zu reinigen.

Tropfschmierung wird in der Regel mit Tropfölern oder anderen Einzelschmiereinrichtungen durchgeführt. Die Öltropfen sollen bei Rollenketten zwischen Innen- und Außenlaschen, bei Zahnketten auf die Verzahnungsseite der Kette fallen. Zweckmäßig ist die Anordnung der Tropfstellen nahe dem Einlauf in ein Kettenrad.

Tauchschmierung erfordert geschlossene, öldichte Getriebegehäuse. Der Ölstand sollte so bemessen werden, daß die Rollen- bzw. Zahnkette bei Stillstand am tiefsten Punkt nur bis zur Mitte der Gelenke eintaucht. Höherer Ölstand verursacht unnötige Erwärmung und Leistungsverluste. Ein Ölstandanzeiger am Gehäuse erleichtert die Überwachung. Metallische Verschleißteile können durch einen an der Ölablaßschraube angebrachten Magneten aus dem Öl entfernt werden. Ein Ölwechsel sollte ein- bis zweimal jährlich erfolgen.

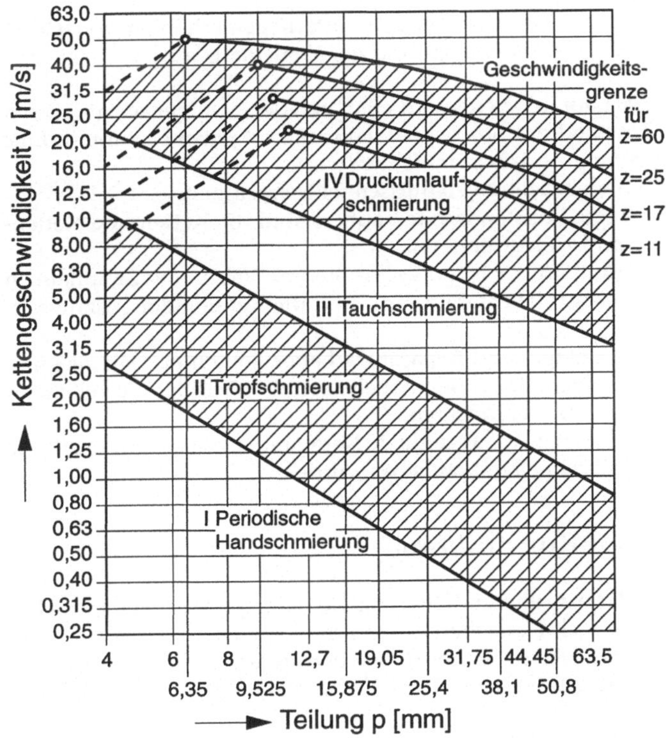

Bild 3.38. Schmierempfehlung für Rollenkettengetriebe [3]

Bei hohen Kettengeschwindigkeiten und großen Leistungen ist grundsätzlich Sprühschmierung (Druckumlaufschmierung) vorzusehen. Der Ölstrom wird über die Zentralschmierung der gesamten Anlage oder über eine gesonderte Ölpumpe zugeführt. Das Öl wird durch eine Düse auf das nicht belastete Kettentrum in Laufrichtung der Kette auf deren gesamte Breite aufgesprüht. Neben der Erzeugung der Schmierwirkung soll das Öl bei diesen Betriebszuständen des Kettengetriebes auch die Funktion des Kühlens übernehmen. Gegebenenfalls ist eine Ölrückkühlung vorzusehen, falls die Ölrücklauftemperatur +50°C übersteigt.

Ein Kettengetriebe benötigt verhältnismäßig wenig Wartung, wenn die Kette richtig ausgelegt worden ist, fehlerfrei eingebaut wurde und die empfohlene Schmierung erhält. Die Kette sollte jedoch vor Schmutz und Umgebungseinflüssen geschützt werden. Die Wartung sollte in regelmäßigen Abständen durchgeführt werden. Nach Aussagen der Hersteller [3] sind bei der Wartung eines Kettengetriebes die folgenden Punkte zu beachten:

- Kontrolle des Verschleißzustands der Kettengelenke. Bei spätestens 3% Verschleißlängung ist die Kette verbraucht und muß erneuert werden, da sonst Betriebsstörungen auftreten.
- Kettengetriebe sollten mit Spanneinrichtungen versehen sein. Hierbei ist zu

beachten, daß eine Kette keine Vorspannung benötigt. Die Kettenspannung ist so einzustellen, daß der Durchhang des Lostrums etwa 1...2% des Wellenabstands beträgt.

- Die Verbindungs- und Mitnehmerglieder unterliegen erhöhtem Verschleiß und müssen regelmäßig untersucht und gegebenenfalls ausgetauscht werden.
- Ein einwandfreier Lauf der Kette wird auch von der richtigen Montage und dem Verschleißzustand der Stütz- bzw. Führungsschienen beeinflußt. Eine laufende Überprüfung ist daher empfehlenswert.
- Vorhandene Schmiereinrichtungen müssen fehlerfrei arbeiten.
- Treten saisonbedingte Stillstandszeiten auf, so sind die Ketten und Kettenräder zu reinigen und zu konservieren.
- Der Zustand der Kettenräder ist zu kontrollieren. Weisen die Zahnflanken Verschleißmerkmale auf (Hakenbildung), sind die Kettenräder auszuwechseln.
- Die Montage-, Demontage- und Reparaturarbeiten sollten nur mit geeigneten Werkzeugen erfolgen. Bei diesen Arbeiten sind unbedingt die geltenden Sicherheitsbestimmungen zu beachten.
- Eine neue Kette sollte nicht auf abgenutzte Kettenräder gelegt werden, da sie in einem solchen Fall schnell unbrauchbar würde.

3.1.7 Berechnung und Konstruktion

Die Dimensionierung und Auswahl von Ketten für Kettengetriebe erfolgt nach DIN 8195 für Rollenketten und nach Herstellerangaben für Zahnketten. Hierdurch soll sichergestellt werden, daß die Kette bei Leistungsübertragung nicht zu Bruch geht bzw. die erforderliche Lebensdauer erreicht, daß aber eine Überdimensionierung vermieden wird.

Die Bilder 3.39 und 3.40 geben für Rollenketten nach DIN 8187 bzw. DIN 8188 die übertragbaren Leistungen in Abhängigkeit von der Drehzahl des kleineren Kettenrades wieder. Die Linien stellen die oberen Grenzen für Kettengetriebe mit zwei fluchtenden Kettenrädern auf parallelen, horizontalen Wellen dar. Als Kriterien für die Einsatzgrenzen der Ketten dienen der Gelenkflächenverschleiß und die daraus resultierende Kettenverschleißlängung. Mit Hilfe dieser Diagramme ist es möglich, den größten Teil der Kettengetriebe richtig und mit guter Betriebssicherheit auszuwählen. Die Leistungsschaubilder gelten für ein Norm-Kettengetriebe mit

- einem Kleinrad mit 19 Zähnen $\quad\quad\quad\quad z_1 = 19$
- einer Kettenlänge von 100 Gliedern $\quad\quad X = 100$
- einer Übersetzung von 3:1 $\quad\quad\quad\quad\quad i \;\; = 3{:}1$
- ausreichender Schmierung
- gleichmäßigem Betrieb ohne Überlagerung äußerer dynamischer Kräfte
- einer Lebensdauer von 15000 Betriebsstunden bei maximal 3% Kettenverschleißlängung.

Abweichende Betriebsbedingungen machen sich durch eine Erhöhung bzw. Reduzierung der übertragbaren Leistung bemerkbar. Übersetzungen größer als 3:1 und größere Kettenlängen als 100 Glieder lassen eine höhere Lebensdauer erwarten. Übersetzungsverhältnisse kleiner als 3:1, kleinere Kettenlängen als 100 Glieder und Getriebe mit mehr als zwei Kettenrädern bewirken eine niedrigere Lebensdauer.

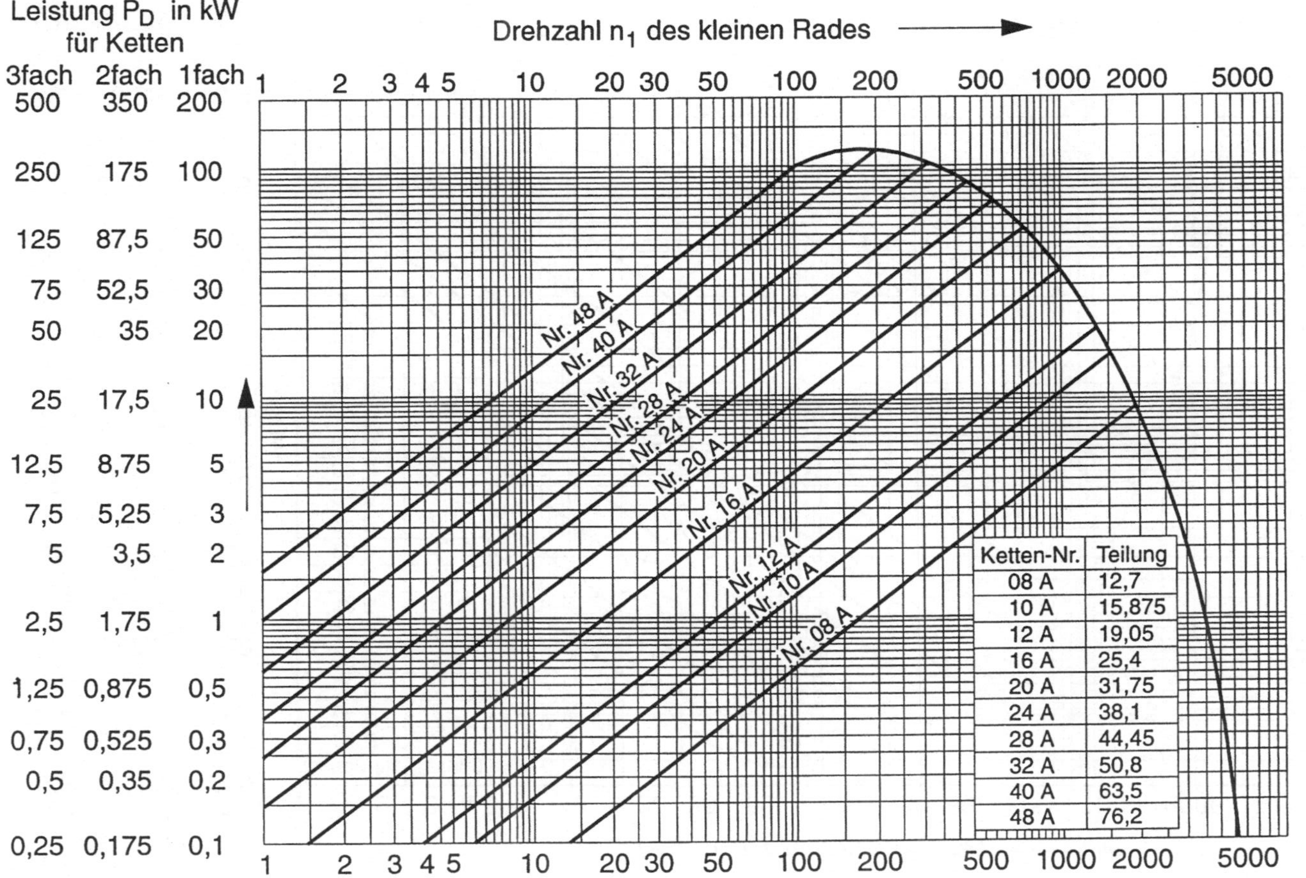

Ketten-Nr.	Teilung
08 A	12,7
10 A	15,875
12 A	19,05
16 A	25,4
20 A	31,75
24 A	38,1
28 A	44,45
32 A	50,8
40 A	63,5
48 A	76,2

Bild 3.39. Leistungsdiagramm für Rollenketten

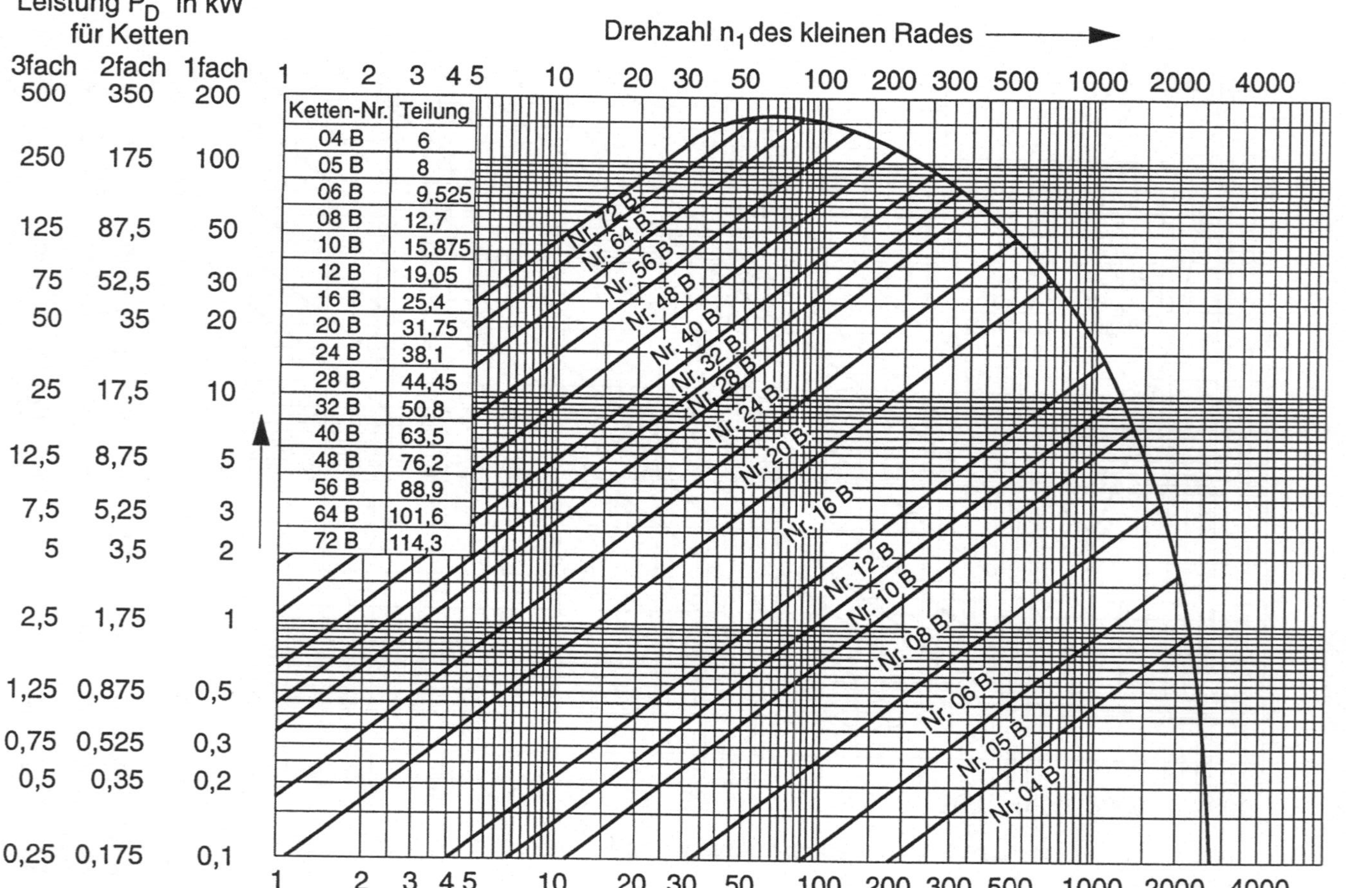

Ketten-Nr.	Teilung
04 B	6
05 B	8
06 B	9,525
08 B	12,7
10 B	15,875
12 B	19,05
16 B	25,4
20 B	31,75
24 B	38,1
28 B	44,45
32 B	50,8
40 B	63,5
48 B	76,2
56 B	88,9
64 B	101,6
72 B	114,3

Bild 3.40. Leistungsdiagramm für Rollenketten

Für die gewählte Ritzelzähnezahl wird zunächst die Diagrammleistung

$$P_D = P \cdot f_B \cdot f_z \tag{3.60}$$

ermittelt. P ist die Nennleistung, f_B ist der Betriebsfaktor (Tabelle 3.6) und f_z der Zähnezahlfaktor (Tabelle 3.7). Beim Antrieb durch Verbrennungskraftmaschinen mit weniger als 4 Zylindern erhöht sich der Betriebsfaktor um jeweils 0,5. Die Wahl der Ritzelzähnezahl sollte nach den Richtwerten gemäß Tabelle 3.8 erfolgen. Je kleiner die Zähnezahl ist, desto ungleichmäßiger wird die Bewegungsübertragung (Polygoneffekt) und desto lauter das Laufgeräusch der Kette. Ebenso nehmen Gelenk- und Zahnflankenverschleiß zu.

Tabelle 3.6. Betriebsfaktor f_B für verschiedene Arbeitsmaschinen bei gleichmäßigem Antrieb

Gleichförmig $f_B = 1,0$	Ungleichförmig $f_B = 1,5$	Stoßweise $f_B = 2,0$
Abfüllmaschinen mit gleichmäßiger Beschickung	Betonmischer	Bagger und Baumaschinen
Druckereimaschinen	Förderer mit ungleichmäßiger Beschickung	Gummiverarbeitungsmaschinen
Förderer mit gleichmäßiger Beschickung	Holländer	Holzschleifer
Holzbearbeitungsmaschinen	Kugelmühlen	Hammermühlen
Kreiselpumpen	Kolbenpumpen mit 3 Zylindern	Kolbenpumpen mit 1 bis 2 Zylindern
Kreiselverdichter	Kolbenverdichter mit 3 Zylindern	Kolbenverdichter mit 1 bis 2 Zylindern
Papierkalander	Pressen und Scheren	Ölbohranlagen
Rolltreppen	Rollgänge, Krane und Aufzüge	Schweißgeneratoren
Rührwerke für Flüssigkeiten	Rührwerke für feste Stoffe	Walzenbrecher
Trockentrommeln	Winden, Rüttelsiebe, Verseilmaschinen	Ziegeleimaschinen
Werkzeugmaschinen-Hauptantriebe	Ziehbänke für Draht	

Mit Hilfe der Diagrammleistung P_D erfolgt aus Bild 3.39 oder 3.40 die Auswahl der geeigneten Kette. Damit liegen die geometrischen Abmessungen der Kettenglieder vorläufig fest. Nunmehr kann die Berechnung der notwendigen geometrischen und kinematischen Werte erfolgen. Der Teilkreisdurchmesser des Kettenrades (Bild 3.13) ergibt sich zu

$$d_1 = \frac{p}{\sin(\frac{\tau}{2})} = \frac{p}{\sin(\frac{180°}{z_1})} \approx \frac{p \cdot z_1}{\pi} . \tag{3.61}$$

Das Übersetzungsverhältnis i (Gleichung (3.12)) ist üblicherweise 1...5. In Sonderfällen kann i bis zu 7 betragen, für Grenzwerte von Umschlingungswinkel und Zähnezahl kann noch ein i = 7...10 realisiert werden. Der Teilkreisdurchmesser des großen Kettenrades ist $d_2 = i \cdot d_1$.

Tabelle 3.7. Zähnezahlfaktor f_z zur Bestimmung der Diagrammleistung nach DIN 8185

Zähnezahl	11	13	15	17	19	21	23	25	27	31	38
f_z	1,81	1,51	1,29	1,13	1	0,9	0,81	0,74	0,68	0,59	0,47

Tabelle 3.8. Richtwerte für die Gelenkflächenpressung bei Rollenketten p_{r0} in N/mm^2 für Normbedingungen

Kettengeschwindigkeit v in m/s	Zähnezahl des Kleinrades														
	11	12	13	14	15	16	17	18	19	20	21	22	23	24	≧25
0,1	30,8	31,2	31,7	32,2	32,7	33,0	33,2	33,5	34,0	34,3	34,5	34,8	35,0	35,3	35,5
0,2	28,1	28,5	28,8	29,3	29,8	30,0	30,3	30,6	31,0	31,2	31,4	31,7	31,9	32,2	32,4
0,4	27,0	27,4	27,8	28,3	28,7	28,9	29,1	29,5	29,8	30,0	30,2	30,7	30,7	31,0	31,2
0,6	25,8	26,2	26,5	27,0	27,4	27,6	27,8	28,2	28,5	28,7	28,9	29,1	29,3	29,6	29,8
0,8	24,9	25,3	25,6	26,1	26,5	26,7	26,8	27,2	27,5	27,7	27,9	28,1	28,3	28,6	28,8
1,0	23,8	24,2	24,5	24,9	25,2	25,4	25,6	25,9	26,2	26,4	26,6	26,8	27,0	27,2	27,4
1,5	22,9	23,3	23,6	24,0	24,3	24,5	24,7	25,0	25,3	25,5	25,7	25,9	26,1	26,3	26,5
2,0	22,1	22,4	22,7	23,1	23,5	23,7	23,8	24,1	24,4	24,6	24,7	24,9	25,1	25,3	25,5
2,5	21,3	21,6	21,9	22,3	22,6	22,8	22,9	23,2	23,5	23,7	23,8	24,0	24,4	24,7	25,0
3	20,5	20,8	21,1	21,4	21,7	21,9	22,1	22,4	22,6	22,9	23,2	23,5	23,8	24,2	24,6
4	<u>17,4</u>	18,3	19,2	20,0	20,7	21,0	21,3	21,6	21,8	22,2	22,6	23,0	23,4	23,8	24,2
5	14,0	<u>15,5</u>	<u>16,9</u>	17,7	18,4	19,1	19,7	20,1	20,5	21,0	21,5	21,8	22,1	22,4	22,8
6	10,5	12,3	14,1	15,4	16,4	17,3	18,1	18,8	19,5	19,9	20,4	20,7	21,1	21,4	21,8
7	8,8	10,0	11,5	<u>12,8</u>	<u>14,0</u>	<u>15,1</u>	<u>16,2</u>	17,4	18,5	18,7	19,0	19,4	19,8	20,2	20,6
8	-	8,0	10,2	11,1	12,0	13,1	14,2	<u>15,6</u>	<u>17,0</u>	<u>17,4</u>	17,8	18,2	18,7	19,1	19,6
10	-	-	8,1	9,0	10,2	11,1	12,0	13,2	14,3	14,6	<u>15,0</u>	<u>15,7</u>	<u>16,4</u>	17,0	17,7
12	-	-	-	-	8,2	9,1	10,7	11,7	12,6	13,0	13,5	14,1	14,8	<u>15,4</u>	<u>16,0</u>
15	-	-	-	-	-	-	8,9	9,7	10,5	11,0	11,5	12,1	12,7	13,3	14,0
18	-	-	-	-	-	-	-	-	8,8	9,6	10,5	11,1	11,8	12,4	13,0

Richtwerte unter den Linien möglichst vermeiden.

Der Wellenabstand ist üblicherweise durch die Konstruktion vorgegeben. Sollte man in seiner Wahl frei sein, so empfehlen sich für Zweirad-Kettengetriebe bei normalen Betriebsbedingungen die folgenden Wellenabstände:

für Rollenketten $p\,(30...50) \leq e \leq p\,(80...100)$

für Zahnketten $e < 70\,p$

Größere Wellenabstände erfordern sehr lange Ketten, die sich bereits nach kurzer Betriebszeit stark längen, was zu starkem Durchhang und allen damit verbundenen Begleiterscheinungen führt. Als Norm-Wellenabstand gilt $e = 40\,p$.

Für die Auslegung von Kettengetrieben mit vorgegebener oder errechneter Gliederzahl X und nachträglich nicht mehr veränderbarem Wellenabstand muß dieser genau berechnet werden. Nach DIN 8195 gilt für Kettenräder mit gleichen

Zähnezahlen $z_1 = z_2 = z$

$$e = \frac{X - z}{2} \cdot p \; , \qquad (3.62)$$

für Kettenräder mit ungleichen Zähnezahlen (Faktor f_4 aus Tabelle 3.9)

$$e = \left[2 \cdot X - (z_1 + z_2)\right] \cdot f_4 \cdot p \; . \qquad (3.63)$$

Tabelle 3.9. Faktor f_4 für Kettenräder mit ungleichen Zähnezahlen

$\dfrac{X - z_1}{z_2 - z_1}$	f_4	$\dfrac{X - z_1}{z_2 - z_1}$	f_4	$\dfrac{X - z_1}{z_2 - z_1}$	f_4
13	0,24 991	2,00	0,24 421	1,33	0,22 968
12	0,24 990	1,95	0,24 380	1,32	0,22 912
11	0,24 988	1,90	0,24 333	1,31	0,22 854
10	0,24 986	1,85	0,24 281	1,30	0,22 793
9	0,24 983	1,80	0,24 222	1,29	0,22 729
8	0,24 978	1,75	0,24 156	1,28	0,22 662
7	0,24 970	1,70	0,24 081	1,27	0,22 593
6	0,24 958	1,68	0,24 048	1,26	0,22 520
5	0,24 937	1,66	0,24 013	1,25	0,22 443
4,8	0,24 931	1,64	0,23 977	1,24	0,22 361
4,6	0,24 925	1,62	0,23 938	1,23	0,22 275
4,4	0,24 917	1,60	0,23 897	1,22	0,22 185
4,2	0,24 907	1,58	0,23 854	1,21	0,22 090
4,0	0,24 896	1,56	0,23 807	1,20	0,21 990
3,8	0,24 883	1,54	0,23 758	1,19	0,21 884
3,6	0,24 868	1,52	0,23 705	1,18	0,21 771
3,4	0,24 849	1,50	0,23 648	1,17	0,21 652
3,2	0,24 825	1,48	0,23 588	1,16	0,21 526
3,0	0,24 795	1,46	0,23 524	1,15	0,21 390
2,9	0,24 778	1,44	0,23 455	1,14	0,21 245
2,8	0,24 758	1,42	0,23 381	1,13	0,21 090
2,7	0,24 735	1,40	0,23 301	1,12	0,20 923
2,6	0,24 708	1,39	0,23 259	1,11	0,20 744
2,5	0,24 678	1,38	0,23 215	1,10	0,20 549
2,4	0,24 643	1,37	0,23 170	1,09	0,20 336
2,3	0,24 602	1,36	0,23 123	1,08	0,20 104
2,2	0,24 552	1,35	0,23 073	1,07	0,19 848
2,1	0,24 493	1,34	0,23 022	1,06	0,19 564
2,0	0,24 421	1,33	0,22 968		

Der nach Gleichung (3.63) berechnete Wellenabstand stellt das Größtmaß dar. Danach liegt die Kette theoretisch straff auf den Kettenrädern [3]. Die Kettenlänge wird mit Plustoleranz, die Fußkreisdurchmesser der Kettenräder werden mit Minustoleranz gefertigt. Dadurch erreicht das Kettengetriebe nach kurzer Einlaufzeit den erforderlichen Lostrumdurchhang $n_d \geq 0,01 \cdot e$. Die Gliederzahl X berechnet sich für Rollenketten zu

$$X = \frac{2 \cdot e}{p} + \frac{z_1 + z_2}{2} + \frac{p}{e} \cdot [\frac{z_2 - z_2}{2 \cdot \pi}]^2 \ , \tag{3.64}$$

für Zahnketten zu

$$X > 1,5 \cdot (z_1 + z_2) \ . \tag{3.65}$$

Die Anzahl der Kettenglieder sollte möglichst geradzahlig sein. Getriebeketten sollten möglichst endlos vernietet werden. Man vermeidet dadurch Schwachstellen
und Ungleichmäßigkeiten. Bei Zahnketten vermeidet man eine kleinere Gliederzahl
als aus Gleichung (3.65) errechnet, um die Häufigkeit des Abwinkelns zu verringern.

Der Umschlingungswinkel β sollte am Ritzel möglichst größer als 120° sein, am
Rad nicht viel größer als 180° und nicht mehr als 40 Zähne umspannen [39]. Eine
Änderung von β ist durch den Einsatz von Spannrädern bzw. die Veränderung des
Wellenabstands möglich.

Die Kettenlänge errechnet sich aus Teilung und Gliederzahl

$$l_K = X \cdot p \ . \tag{3.66}$$

Die Umfangsgeschwindigkeit v der Kette wird wie folgt berechnet

$$v = r_0 \cdot \omega = \frac{\pi \cdot n \cdot d_0}{60} = \frac{p \cdot z \cdot n}{60} \ . \tag{3.67}$$

Die zulässige Kettengeschwindigkeit hängt von Belastung, Zähnezahl, Teilung,
Schmierung, Betriebstemperatur und vorgegebener Lebensdauer ab. Im Normalfall
sollte bei Rollenketten v = 12 m/s, bei Zahnketten v = 16 m/s nicht überschritten
werden. Bei hoher Fertigungsgenauigkeit und sorgfältiger Schmierung läßt man bei
Rollenketten maximal 30 m/s, bei Hochleistungs-Zahnketten 40 m/s zu [39]. Dabei
sollte die Teilung kleiner als 12,7 und die Ritzelzähnezahl größer als 35 sein.

Tabelle 3.10. Wellenabstandsfaktor f_W

Wellenabstand e	20p	30p	40p	60p	80p
f_W	0,85	0,94	1	1,08	1,15

Unter Berücksichtigung der errechneten Konstruktionsdaten sollte die übertragbare Leistung des Kettengetriebes nochmals überprüft werden [39].

$$P_D = \frac{P \cdot f_B \cdot f_z}{(f_W \cdot f_F \cdot f_f \cdot f_w \cdot f_L \cdot f_S)} \tag{3.68}$$

Hierin bedeuten:
f_B Betriebsfaktor (Tabelle 3.6)
f_z Zähnezahlfaktor (Tabelle 3.7)

f_W Wellenabstandsfaktor (Tabelle 3.10)

f_F Kettenformfaktor; f_F berücksichtigt den Abfall der Tragfähigkeit durch gekröpfte Kettenglieder; $f_F = 1$ bei Kette ohne gekröpfte Glieder, $f_F = 0,8$ bei Kette mit gekröpften Gliedern

f_w Wellenfaktor; bei Lauf der Kette über mehr als zwei Kettenräder entsteht größerer Verschleiß, der durch den Wellenfaktor berücksichtigt wird, $f_w = 0,9^{W-2}$ (W = Anzahl der Wellen)

f_L Lebensdauerfaktor; für eine von L_v = 15.000 Stunden abweichende Lebensdauer ändert sich die übertragbare Leistung [39]

$$f_L = \sqrt[3]{\frac{15.000}{L_v}}$$

f_S Schmierungsfaktor; entspricht die Schmierung nicht Bild 3.38, so sinkt die übertragbare Leistung mit f_S (Tabelle 3.11)

Tabelle 3.11. Schmierungsfaktor f_S

Schmier- und Betriebsbedingungen	Schmierungsfaktor f_S (bei v in m/s)
staubfrei und beste Schmierung für Bereiche nach Bild 3.38	1
staubfrei und ausreichende Schmierung	0,9
nicht staubfrei und ausreichende Schmierung	0,7
nicht staubfrei und Mangelschmierung	0,5 $(v \leq 4)$, 0,3 $(v=4...7)$
schmutzig und Mangelschmierung	0,3 $(v \leq 4)$, 0,15 $(v=4...7)$
schmutzig und Trockenlauf	0,15 $(v \leq 4)$

Mit der Diagrammleistung nach Gleichung (3.68) prüft man anhand der Bilder 3.39 und 3.40, ob die zunächst gewählte Kette beibehalten werden kann. Ist dies nicht der Fall, so ist eine andere Kettengröße zu wählen und die Nachrechnung zu wiederholen. Eine Nachrechnung der Beanspruchungsgrenzen der Kette ist üblicherweise nicht notwendig. Da die Kette das Kettenrad umschlingt, verteilt sich die Umfangskraft auf eine größere Zähnezahl, so daß es auch nicht erforderlich ist, die Kettenradzähne auf Bruchfestigkeit nachzurechnen.

Im Unterschied zu den Rollenketten ist die Berechnung von Zahnketten nicht genormt. Man legt sie nach den Richtlinien der Zahnkettenhersteller [32] aus. Die Praxis hat gezeigt, daß eine richtig ausgelegte Zahnkette eine Lebensdauer von 10.000 Betriebsstunden erreicht. Dabei wird eine Gliederzahl nach Gleichung (3.65) vorausgesetzt. Die Ermittlung der Diagrammleistung erfolgt nach der folgenden Gleichung

$$P_D = P \cdot f_B \tag{3.69}$$

mit f_B als Betriebsfaktor nach Tabelle 3.6. Die geeignete Teilung p wählt man anhand dieses Wertes und der Drehzahl n_1 der schneller laufenden Welle aus Bild 3.41. Die nächst kleinere Teilung ergibt kleinere Raddurchmesser, aber breitere Zahnketten, die nächst größere größere Raddurchmesser und schmalere Zahnketten. Die Zähnezahl des kleinen Rades kann nach Bedarf gewählt werden, sollte aber nach Möglichkeit in einem Bereich $17 \leq z_1 \leq 25$ liegen. Bei niedrigen Drehzahlen ist der kleinere, bei hohen Drehzahlen der größere Wert zu bevorzugen. Die erforderliche Arbeitsbreite der Zahnkette errechnet sich nach Herstellerangaben [32, 39] zu

$$b_a = 7,69 \cdot \frac{P_D \cdot f_v}{p \cdot v} \ . \tag{3.70}$$

f_v = Geschwindigkeitsfaktor
$f_v = 5v + \ 7$ für $v \le 1$ m/s
$f_v = 2v + 10$ für $v > 1$ m/s

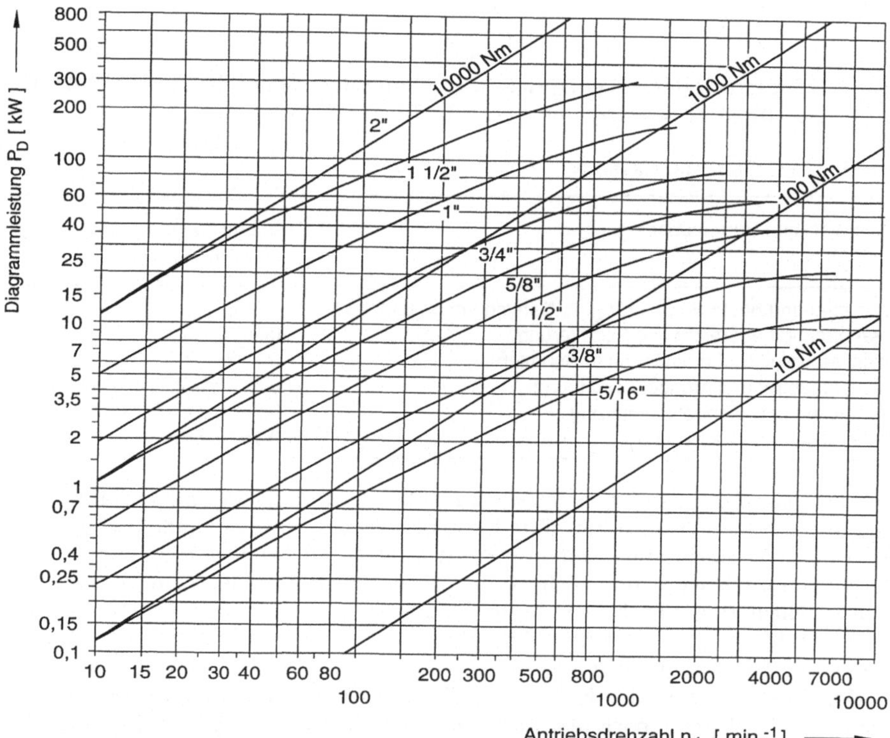

Bild 3.41. Leistungsdiagramm für Zahnketten [32]

Einer schnelleren Auswahl der Kettenbreite dient Bild 3.42 nach [32]. Mit Hilfe der Diagrammleistung P_D, der Teilung p aus Bild 3.41, der Zähnezahl z_1 des kleinen Kettenrades und der Drehzahl n_1 kann die Arbeitsbreite b_a auf Skala 4 abgelesen werden. Mit Hilfe der Arbeitsbreite b_a läßt sich aus den Herstellertabellen die Breite (Nennbreite) der Zahnkette auswählen (Tabelle 3.12).

Kettengetriebe haben wie alle Zugmittelgetriebe den großen Vorteil, sich an beliebige Wellenabstände gut anpassen zu können. Daher werden die Gehäuse für Kettengetriebe von Fall zu Fall entsprechend den gestellten Anforderungen entworfen. Bei sehr langen Wellenabständen werden lediglich Schutzkästen vorgesehen. Diese sollen Kette und Kettenräder so abdecken, daß für Personen keine Verletzungsgefahr besteht, keine Fremdkörper eindringen und das Schmiermittel nicht in die Umgebung abgespritzt werden können. Meist handelt es sich bei den Schutzkästen um einfache Blechkonstruktionen. Getriebegehäuse hingegen sollen die folgenden Aufgaben übernehmen:

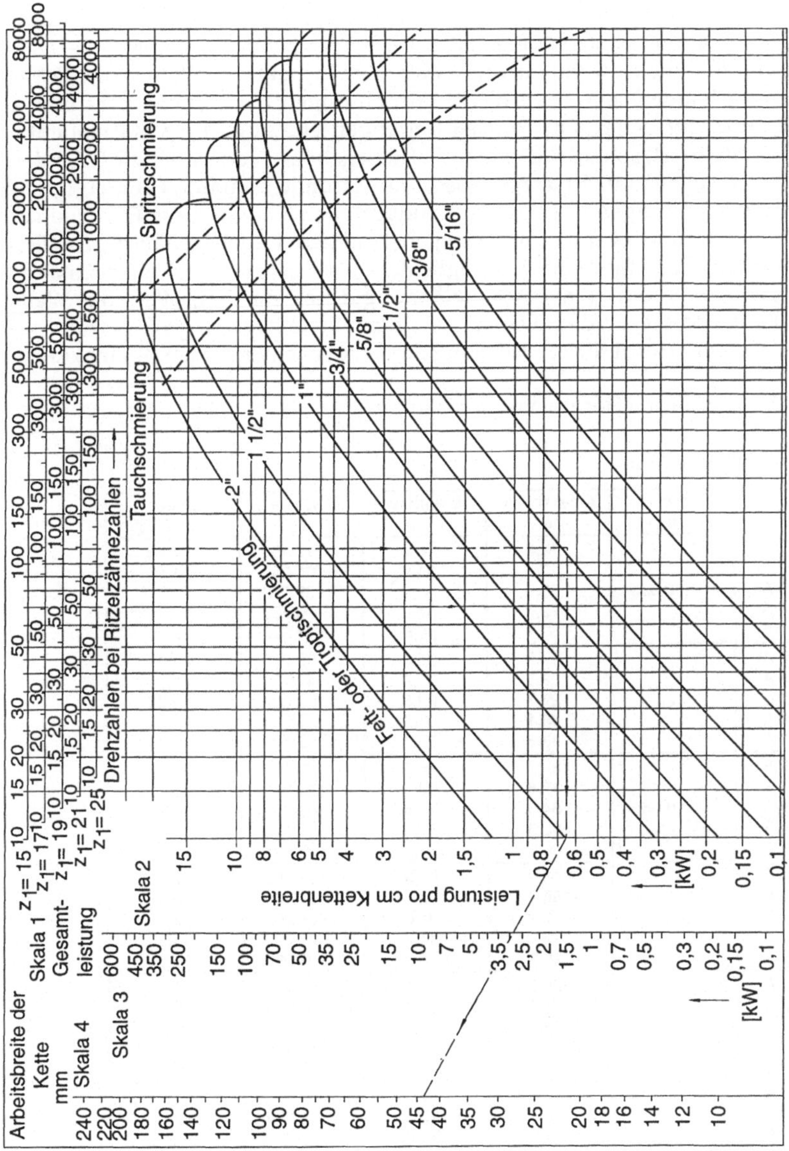

Bild 3.42. Auswahldiagramm für Zahnketten [32]

- Sicherstellung einer hohen Steifigkeit zum einwandfreien Fixieren der Lager und damit der Wellen
- Gewährleistung der Schmiermittelversorgung für Kettengetriebe und Lager
- Abkapselung des Kettengetriebes gegen Umwelteinflüsse
- Geräuschminderung des Getriebes.

Die Gehäuse sollen so klein und kompakt wie möglich sein. Der Abstand der Gehäuseinnenwand zum Kettenstrang sollte p + 30 mm betragen, um ein Anschlagen der Kette an die Gehäusewand zu vermeiden. Zur Inspektion sollten verschließbare Öffnungen vorhanden sein, ebenso wie Vorrichtungen zur Ölstandskontrolle, zur Entlüftung und ggf. Filter. Oft werden Kettengetriebe in größere Maschinenkonstruktionen integriert, so daß auf eigene Getriebegehäuse verzichtet wird. An deren Stelle kommen sogenannte Ersatzgehäuse, wie Maschinenständer, Fahrzeuggestelle oder massive Wandungen in Betracht. Grundsätzlich sind an diese Ersatzgehäuse die gleichen Anforderungen wie an ein eigenständiges Getriebegehäuse zu stellen.

Ist bei einem Kettengetriebe die Möglichkeit vorgesehen, den Wellenabstand zu verstellen, so kann die Kettenverschleißlängung durch ein Vergrößern des Wellenabstands kompensiert werden. Dabei sollte der Verstellweg so groß gewählt werden, daß bei einer erforderlichen Kürzung der Kette nach Erreichen des maximalen

Tabelle 3.12. Auswahl von Hochleistungszahnketten

a) mit Außenführung (A),

Ketten Nr.	Teilung p	Arbeitsbreite b	Gesamtbreite l	Bruchkraft F_B	Masse (Gewicht) kg/m
06-015 A		12,5	19,8	17 400	0,82
06-020 A		17,2	24,5	21 200	1,05
06-025 A	9,525	23,5	30,8	29 000	1,3
06-030 A		29,7	37	36 700	1,6
06-040 A		39,1	46,5	48 300	2
08-020 A		17,2	25,9	33 000	1,4
08-025 A		23,5	32,2	44 700	1,9
08-030 A	12,7	29,7	38,5	56 000	2,33
08-040 A		39,1	47,9	74 500	2,92
08-050 A		48,5	57,2	92 400	3,64
12-035 A		35,4	46,5	90 000	4,2
12-050 A		47,8	59	121 000	5,5
12-065 A	19,05	64,5	75,6	164 000	6,9
12-090 A		85,3	96,4	217 000	9,6
12-110 A		106,1	117,2	270 000	11,8
16-050 A		43,3	57,5	153 000	7
16-060 A		58,8	73	194 000	8,6
16-080 A	25,4	77,4	91,6	255 000	11
16-100 A		99	113,2	337 000	13,5
16-125 A		120,72	135	398 000	16,6
24-060 A		55,9	74,1	279 000	12,5
24-080 A		74,5	92,7	368 000	16
24-100 A	38,1	93,2	111,4	456 000	19,5
24-125 A		118	136,2	574 000	24,3
24-150 A		142,8	161	692 000	30
32-080 A		74,3	95,6	507 000	24,5
32-100 A		90,9	112,1	614 000	29
32-125 A	50,8	115,6	136,9	774 000	36
32-160 A		148,7	169,9	987 000	45
32-200 A		190	211,2	1 254 000	57

b) mit Innenführung (B)

Ketten Nr.	Teilung p	Arbeitsbreite b	Gesamtbreite l	Bruchkraft F_B	Masse (Gewicht) kg/m
06-025 B		25,8	30,8	33 000	1,4
06-030 B		31,8	37,1	40 600	1,7
06-040 B	9,525	37,9	43,4	48 300	2
06-050 B		50	55,8	63 800	2,6
06-065 B		62,1	68,4	79 300	3,2
08-030 B		31,8	38,5	62 600	2,2
08-040 B		37,9	44,7	74 500	2,6
08-050 B	12,7	50	57,2	98 400	3,4
08-065 B		62,1	69,8	122 000	4,2
08-075 B		74,2	82,3	146 000	5
12-035 B		34,3	42,4	90 000	3,75
12-040 B		42,4	50,7	111 000	4,6
12-050 B	19,05	50,5	59	132 000	5,4
12-065 B		66,7	75,6	174 000	7,1
12-100 B		99	108,9	259 000	10,4
16-050 B		51,4	60,6	173 000	7,4
16-065 B		63,5	73	214 000	9,1
16-075 B	25,4	75,6	85,4	255 000	10,7
16-100 B		99,8	110	337 000	14,1
16-150 B		148,2	160	500 000	21
24-065 B		63,7	77,2	309 000	9,4
24-075 B		75,9	89,6	368 000	11
24-100 B	38,1	100,2	114,5	485 000	14,5
24-125 B		124,4	139,3	603 000	18
24-150 B		148,7	164	721 000	23
32-090 B		84,7	99,7	560 000	13
32-100 B		100,9	116,3	667 000	15,5
32-115 B	50,8	117	132,8	774 000	18
32-150 B		149,3	165,8	987 000	22,6
32-180 B		181,6	198,9	1 200 000	27,5

Wellenabstands zwei Glieder entfernt werden können, um wieder eine ganze Zahl von Gliedern zu erreichen. Um die gekürzte Kette leicht wieder auflegen zu können, ist ein Verstellweg von ca. 1,2-facher Teilung erforderlich [39]. Bei sehr kleinen Wellenabständen kann man die Kette oft nur um ein Glied kürzen und muß dann die mit dem Einbau eines gekröpften Gliedes verbundenen Nachteile in Kauf nehmen. In solchen Fällen reicht ein Verstellweg von 0,6-facher Teilung aus [39].

Die Kettenverschleißlängung darf bei Getrieben mit verstellbarem Wellenabstand 3%, bei Geschwindigkeiten über 16 m/s 1,5...2% nicht überschreiten. Bei größerer Kettenradzähnezahl steigt die gelängte Kette im Kettenrad auf. Deshalb darf die Kettenverschleißlängung bei mehr als 67 Zähnen nur 200/z in Prozent betragen [39]. Bei Erreichen dieser Grenzwerte müssen Kette und Kettenräder ersetzt werden. Bei Kettengetrieben mit festem Wellenabstand muß die Kettenverschleißlängung so klein wie möglich gehalten werden. Deshalb dürfen hierfür nur Ketten höchster Verschleißfestigkeit in Verbindung mit einer effizienten Schmierung (Tauch- oder Sprühschmierung) eingesetzt werden. Die Kettenverschleißlängung sollte 0,8% der Kettenlänge (bei Kettengeschwindigkeiten unter 4 m/s ca. 1,5%) nicht überschreiten [39].

Nach erfolgter Berechnung und Auswahl der Ketten und Kettenräder erfolgt deren Bestellung für Rollenkettengetriebe gezielt nach den entsprechenden Angaben in den Normen, für Zahnkettengetriebe nach Normen oder Herstellerkatalogen. Bestellangabe für eine Rollenkette nach DIN 8187 mit 100 Gliedern einschließlich

Verbindungsglied mit Feder (E) (Tabelle 3.13):

Rollenkette DIN 8187 - 10B - 1 x 100 E.

Bestellangabe für die zugehörige Kettenradverzahnung mit 21 Zähnen nach DIN 8196:

Kettenradverzahnung 21z - 10B - DIN 8196.

Bestellangabe für Zahnketten nach DIN 8190 (Tabelle 3.12):

Zahnkette DIN 8190 - 16 - 050A (mit Außenführung).

Zahnkette DIN 8190 - 16 - 050B (mit Innenführung).

Bestellangabe für die zugehörige Kettenradverzahnung mit 21 Zähnen nach DIN 8191:

Verzahnung DIN 8191 - 21z - 16 - 050A oder B.

Tabelle 3.13. Auswahl von Rollenketten

a) Europäische Bauart

Ketten Nr.	Teilung p	Breite b_1 min.	Breite d_1 max.	Breite d_2 h9	Bruchkraft F_B	Gelenkfläche cm^2	Masse (Gewicht) kg/m
03	5	2,5	3,2	1,49	2 200	0,06	0,08
04	6	2,8	4	1,85	3 000	0,08	0,12
05 B-1	8	3	5	2,31	5 000	0,11	0,18
06 B-1	9,525	5,72	6,35	3,28	9 000	0,28	0,41
081	12,7	3,3	7,75	3,66	8 200	0,21	0,28
082	12,7	2,38	7,75	3,66	10 000	0,17	0,26
083	12,7	4,88	7,75	4,09	12 000	0,32	0,42
084	12,7	4,88	7,75	4,09	16 000	0,36	0,59
085	12,7	6,38	7,77	3,58	6 800	0,32	0,38
08 B-1	12,7	7,75	8,51	4,45	18 000	0,5	0,70
10 B-1	15,875	9,65	10,16	5,08	22 400	0,67	0,95
12 B-1	19,05	11,68	12,07	5,72	29 000	0,89	1,25
16 B-1	25,4	17,02	15,88	8,28	60 000	2,1	2,7
20 B-1	31,75	19,56	19,05	10,19	95 000	2,96	3,6
24 B-1	38,1	25,4	25,4	14,63	160 000	5,54	6,7
28 B-1	44,45	30,99	27,94	15,9	200 000	7,39	8,3
32 B-1	50,8	30,99	29,21	17,81	250 000	8,1	10,5
40 B-1	63,5	38,1	39,37	22,89	355 000	12,75	16
48 B-1	76,2	45,72	48,26	29,24	560 000	20,61	25
56 B-1	88,9	53,34	53,98	34,32	850 000	27,9	35
64 B-1	101,6	60,96	63,5	39,4	1 120 000	36,25	60
72 B-1	114,3	68,58	72,39	44,5	1 400 000	46,19	80

b) Amerikanische Bauart

Ketten Nr.	Teilung p	Breite b_1 min.	Breite d_1 max.	Breite d_2 h9	Bruchkraft F_B	Gelenkfläche cm^2	Masse (Gewicht) kg/m
08 A-1	12,7	7,85	7,95	3,96	14 100	0,44	0,6
10 A-1	15,875	9,4	10,16	5,08	22 200	0,70	1
12 A-1	19,05	12,57	11,91	5,94	31 800	1,05	1,5
16 A-1	25,4	15,75	15,88	7,92	56 700	1,78	2,6
20 A-1	31,75	18,9	19,05	9,53	88 500	2,61	3,7
24 A-1	38,1	25,22	22,23	11,1	127 000	3,92	5,5
28 A-1	44,45	25,22	25,4	12,7	172 400	4,7	7,5
32 A-1	50,8	31,55	28,58	14,27	226 800	6,42	9,7
40 A-1	63,5	37,85	39,68	19,84	353 800	10,85	15,8
48 A-1	76,2	47,35	47,63	23,8	510 300	16,07	22,6

Werkbild Ford

Bild 3.43. Einsatz unterschiedlicher Zugmittelgetriebe bei einem modernen Pkw-Motor

Die Bilder 3.43 und 3.44 zeigen Anwendungsbeispiele von Zahnkettengetrieben, aus denen die unterschiedlichen konstruktiven Ausführungen ersichtlich werden. In Bild 3.43 ist der Einsatz eines Zahnkettengetriebes für den Nockenwellenantrieb eines Pkw-Motors zu sehen. Die Hilfsaggregate werden durch kraftschlüssige Zugmittelgetriebe angetrieben. Das Beispiel in Bild 3.44 zeigt eine einstufige Getriebeanordnung, die aufgrund des Übersetzungsverhältnisses auch durch ein Stirnradgetriebe zu realisieren wäre. Durch die großen Umschlingungswinkel beim Zahnkettengetriebe wird hier jedoch eine wesentlich größere Leistung auf kleinerem Raum übertragen.

Werkbild Mannesmann Rexroth Pneumatik

Bild 3.44. Zahnkettengetriebe für einen Extruderantrieb   Motorleistung P = 9kW; Drehzahl n = 25,5min^{-1}; Zahnkette KH 875x60 Gld.; Zähnezahl 21:47; Übersetzung i = 2,238; Kettenge-schwindigkeit v = 0,34ms^{-1}

3.2 Zahnriemengetriebe

3.2.1 Aufbau und Funktion

Zahnriemengetriebe stellen als Zugmittelgetriebe die einzige Bauform formschlüssiger Riemengetriebe dar (Bild 3.45).

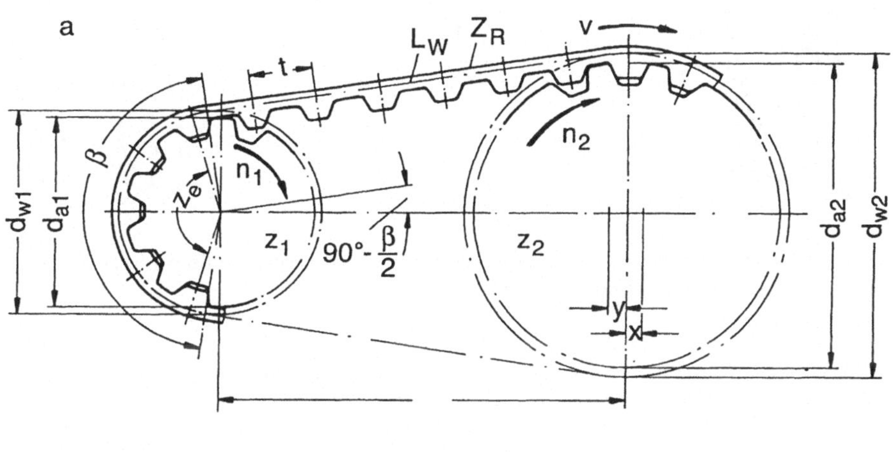

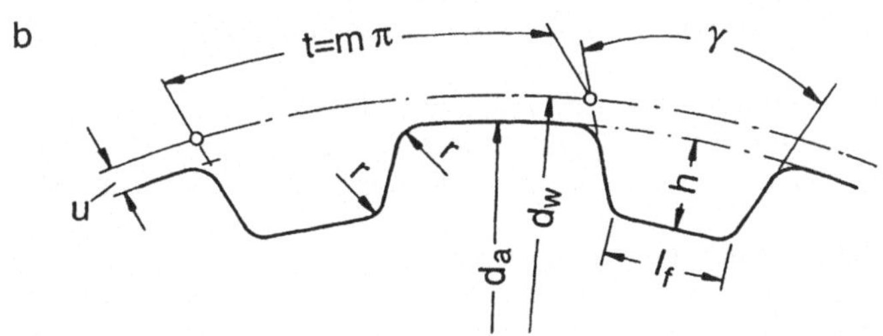

Bild 3.45. Zahnriemengetriebe a) Hauptabmessungen b) Verzahnung der Zahnscheiben

Als Zugmittel dient der Zahnriemen, der eine schlupffreie und winkelgenaue Drehmomentübertragung zwischen den verzahnten Riemenscheiben auch bei großen Wellenabständen gewährleistet. Im Unterschied zu den Kettengetrieben können Zahnriemengetriebe auch Umfangskräfte zwischen nicht parallelen, geschränkten Wellen übertragen (Bild 3.46). Mehrfachantriebe mit und ohne Drehrichtungsumkehr sind bei Verwendung von Riemen mit Rückenverzahnung möglich (Bild 3.47).

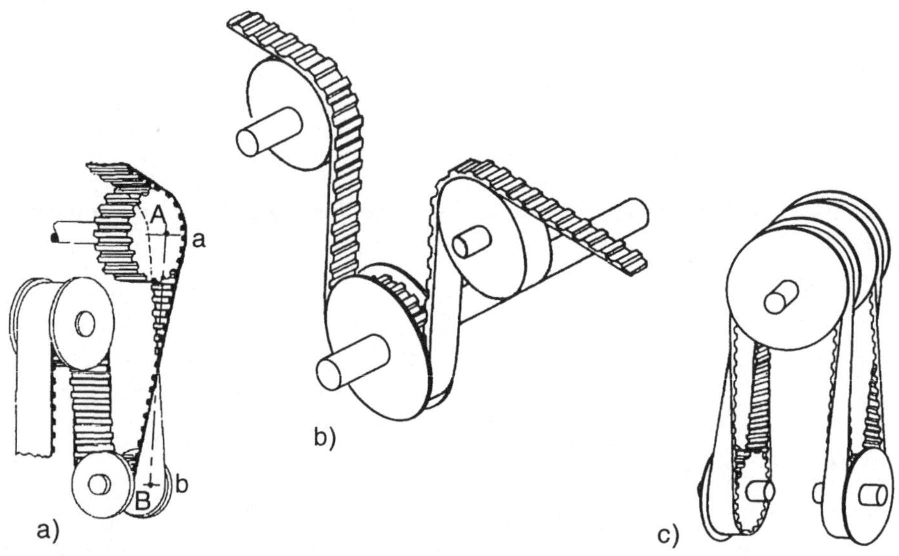

Bild 3.46. Sonderbauformen von Zahnriemengetrieben   a) räumliche Anordnung   b) mit Umlenkrollen   c) mit gekreuzten Wellen

Durch die Entwicklung der Zahnriemengetriebe wollte man die positiven Eigenschaften von Riemen- und Kettengetrieben miteinander kombinieren. Als wesentliche Vorzüge ergeben sich die folgenden Eigenschaften [18]:
- Gewährleistung einer winkelgenauen, schlupflosen Drehmomentübertragung;
- Einhalten einer konstanten Riemengeschwindigkeit;
- Bereitstellung von Getrieben mit niedriger Riemenvorspannung und geringer Wellen- und Lagerbelastung;
- Betrieb mit hohen Riemengeschwindigkeiten bis ca. 80 m/s;
- geringes Bauvolumen der Getriebe, da noch bei kleinsten Scheibendurchmessern und kleinen Umschlingungsbögen eine sichere Übertragung möglich ist;
- der Antrieb ist schmierungs- und wartungsfrei;
- der Zahnriemen ist weitgehend längenstabil, deshalb ist keine Verstellmöglichkeit für den Wellenabstand erforderlich;
- geringe Geräuschentwicklung;
- niedrige Kosten.

Diese Vorteile gegenüber anderen Zugmitteln wie Ketten-, Flach- oder Keilriemen führen überall dort zu einer Verdrängung der klassischen Zugmittel, wo eine oder mehrere dieser für Zahnriemen spezifischen Eigenschaften gefordert werden.

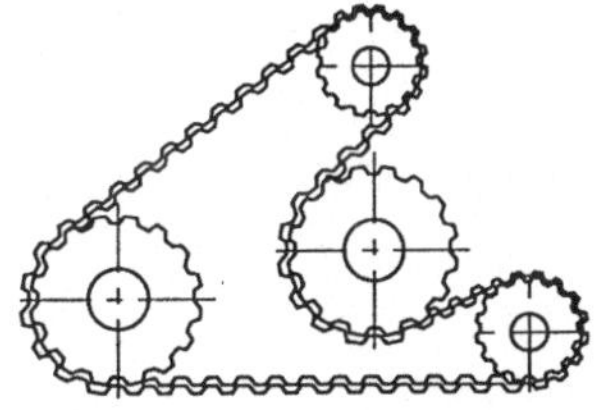

Bild 3.47. Mehrfachantrieb durch Zahnriemen mit Rückenverzahnung

Seit es Zahnriemen auch für die Übertragung großer Leistungen gibt, sind deren Anwendung in der Antriebstechnik kaum Grenzen gesetzt. Insbesondere wurden Kettenantriebe, deren Hauptnachteile die Geräuschentwicklung, die Notwendigkeit der Schmierung und Verschleißerscheinungen sind, in beträchtlichem Maße durch Zahnriemenantriebe verdrängt. So ist beispielsweise der Antrieb obenliegender Nockenwellen bei Kraftfahrzeugmotoren heute eines der Hauptanwendungsgebiete von Zahnriemengetrieben, das auch für die Riemenhersteller wegen der großen benötigten Stückzahlen von besonderem Interesse ist. Weitere Einsatzgebiete der Zahnriemengetriebe sind: Büromaschinen und EDV-Anlagen, Holzverarbeitungs- maschinen, Textil- und Werkzeugmaschinen sowie Industrieroboter und Verpac- kungsmaschinen.

3.2.2 Zahnriemen

Der Zahnriemen überträgt als Zugorgan die Umfangskräfte auf die Riemenscheibe. Als relativ junges Maschinenelement unterliegt er auch heute noch einer ständigen Weiterentwicklung, die zum Ziel hat, bei höherer übertragbarer Leistung die Be- triebseigenschaften von Zahnriemengetrieben zu verbessern.

Zahnriemen mit trapezförmigen Zähnen (Standardzahnriemen, Bild 3.48) sind z.Z. noch am weitesten verbreitet. Diese Zahnform stellt das empirische Ergebnis aus den Anfängen der Zahnriemenentwicklung dar und ist in DIN 7721/1 und DIN/ISO 5296 genormt. Bei den Zahnriemen dieser Bauart handelt es sich entwe- der um Zahnriemen aus Polychloropren (Gummi), die eine Zugstrangeinlage aus Glasfasercord enthalten und mit einer laufseitigen Zahnabdeckung aus Polyamid- gewebe versehen sind, oder aber um gegossene Zahnriemen aus abriebfestem Po- lyurethan mit eingegossenen Zugsträngen aus Stahlcord. Neben der unterschiedli- chen Art des Aufbaus und der verwendeten Materialien unterscheiden sich beide Bauarten in der Art der Teilungsangabe. Die Teilungen der Chloprenzahnriemen werden grundsätzlich in Zollmaßen, die der Polyurethanzahnriemen hingegen in metrischen Abmessungen (mm) angegeben. Die Bezeichnungen für die beiden Bau- arten und ihre nach Größe der Teilungen unterschiedlichen Untergruppen lauten nach DIN für Chloropren-(Gummi-)Riemen: MXL, XL, L, H, XH, XXH, für Poly- urethan-Riemen: T2.5, T5, T10, T20. Zur Leistungsübertragung in Zugmittelgetrie- ben werden die Zahnriemen endlos in entsprechenden Abmessungen gefertigt. Wirklängen, Zähnezahlen und Riemenbreiten finden sich in den Normen und Her- stellerkatalogen wieder. Für diese Riemen wird die Zugstrangeinlage wendelförmig aufgespult (Bild 3.49). Eine Lieferung als Meterware mit kantenparallelen Zugstrangeinlagen ist ebenfalls möglich. Diese Zahnriemen werden entweder für Positionierantriebe oder aber in der Fördertechnik (endlos verschweißt) für beliebig große Wellenabstände eingesetzt.

Polychloropren-(Gummi-)-Zahnriemen

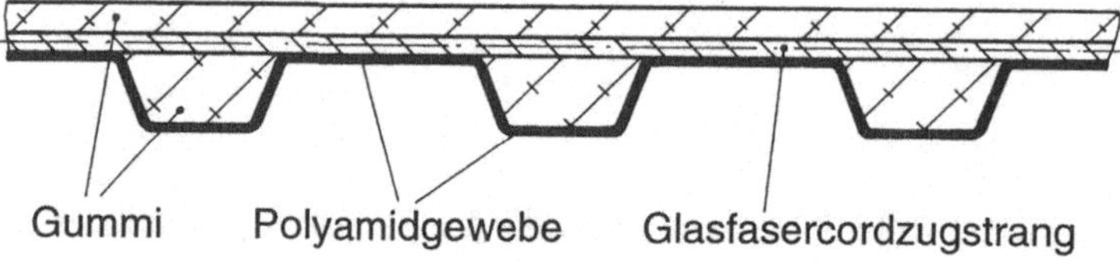

Polyurethan-Zahnriemen

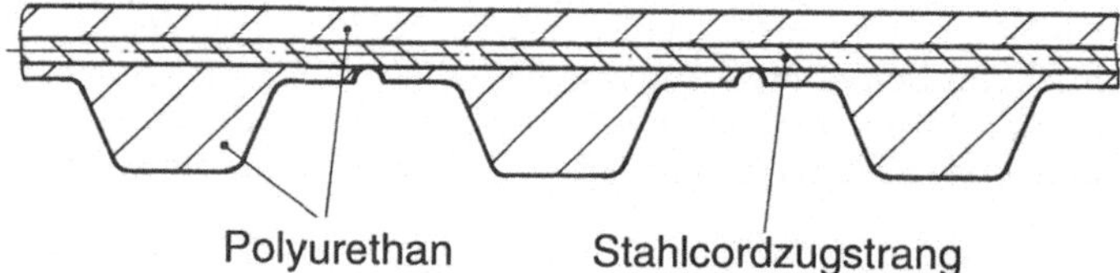

Bild 3.48. Aufbau und Unterscheidungsmerkmale von Zahnriemen

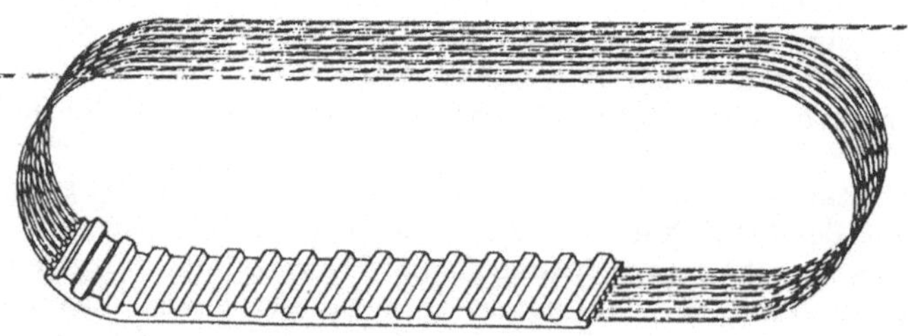

Bild 3.49. Endlos gespulter Zahnriemen

Neben den ursprünglich nur für Antriebe niedriger Leistungen eingesetzten Standardzahnriemen wurden Hochleistungszahnriemen mit dem Ziel entwickelt, Mängel zu beheben, die dem Standardzahnriemen anhaften. Hierzu gehören neben der geringen Tragfähigkeit der Zähne vor allen Dingen die bei großen Leistungen und hohen Drehzahlen auftretenden Geräusche.

Die älteste Entwicklung von Hochleistungszahnriemen stellen die Zahnriemen mit kreisbogenförmigen Zahnprofilen dar [53]. Sie werden durch weitere Neuentwicklungen ergänzt (Bild 3.50), die folgende Elemente enthalten:

- verstärkte Zugstrangeinlagen (Stahlcord, Glasfasercord, Aramidfasern)
- größere Zähne mit breiterem Zahnfuß
- Profilierung im Zahnkopf zur Verbesserung des Eingriffsvermögens und zur Geräuschminderung
- hohe Teilungsgenauigkeit und Teilungskonstanz.

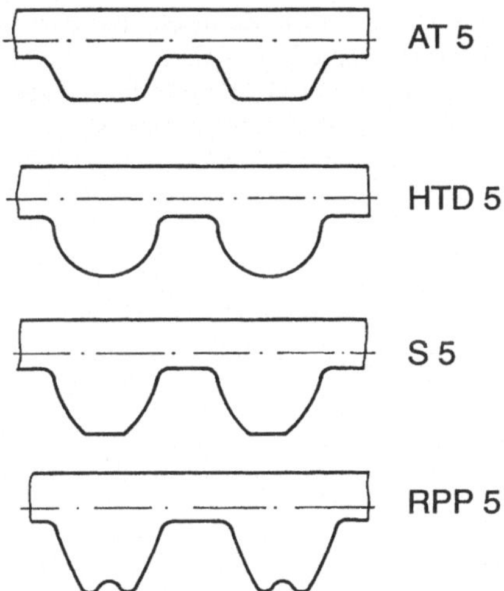

Bild 3.50. Profile moderner Hochleistungszahnriemen

Je nach Hersteller wird für den Riemen und die Zähne Polychloropren oder Polyurethan eingesetzt. Ebenso findet man sowohl durch Gewebe beschichtete Oberflächen für Riemenrücken und Zähne als auch unbeschichtete Oberflächen. Die Riemenrücken unbeschichteter Polyurethanriemen können auch geschliffen ausgeführt werden. Die Leistungsbereiche von Standardzahnriemen mit trapezförmigem Profil liegen zwischen 0,5...100 kW bei Riemengeschwindigkeiten von 8...40 m/s. Die Leistungen von Hochleistungszahnriemengetrieben betragen bis zu 700 kW bei Riemengeschwindigkeiten von 30 m/s (Tabelle 2.9).

Je nach Riemenwerkstoff verfügen die Zahnriemen über eine Vielzahl positiver Materialeigenschaften, die sie auch für den Einsatz unter extremen Umweltbedingungen geeignet erscheinen lassen. Für den Einsatz im Automobilbau gibt es eine eigenständige Norm für Standardzahnriemen (DIN/ISO 9010), in der zwei Bauformen festgeschrieben werden:
- ZA Kraftfahrzeugriemen leichter Bauart
- ZB Kraftfahrzeugriemen schwerer Bauart.

Beide Bauarten sind durch die Abmessungen der Zähne gekennzeichnet; die Riementeilung beträgt einheitlich p = 9,525 mm. Ebenfalls für den Einsatz im Automobilbau sind Sonderbauformen vorgesehen, wie z.B. der kombinierte Keilrippen-Zahnriemen, der auf der einen Seite ein Zahnprofil zur Nockenwellensteuerung und auf der anderen Seite ein Keilrippenprofil besitzt, das z.B. die Ölpumpe antreibt und gleichzeitig die Riemenführung übernimmt, so daß keine Bordscheiben erforderlich sind. Für Mehrfachantriebe (Bild 3.47) stehen Sonderbauformen von Zahnriemen mit Rückenverzahnung zur Verfügung.

3.2.3 Zahn(riemen)scheiben

Die Funktion eines Zahnriemengetriebes wird in hohem Maße von der Güte der zugehörigen Zahnscheiben beeinflußt. Sie sind Präzisionsteile und werden entsprechend den unterschiedlichen Zahnformen mit Spezialfräsern teilungsgenau gefertigt. Dadurch wird ein präziser Zahneingriff erreicht. Für die Serienfertigung setzt man oft Spritz- und Druckgußverfahren bei Verwendung der dafür geeigneten Werkstoffe ein. Die Werkstoffauswahl hängt von der Scheibengröße und der zu übertragenden Leistung ab. Grundsätzlich eignen sich für die Zahnscheibenherstellung alle für Riemenscheiben verwendeten Werkstoffe, jedoch haben sich die folgenden besonders bewährt [5]: Aluminium-Legierungen (AlCuMgPb F 36 oder F 38), Stahl (St9520K), Grauguß (GG25) und Kunststoff (PA6 und 6.6, POM, PBTP, PC).

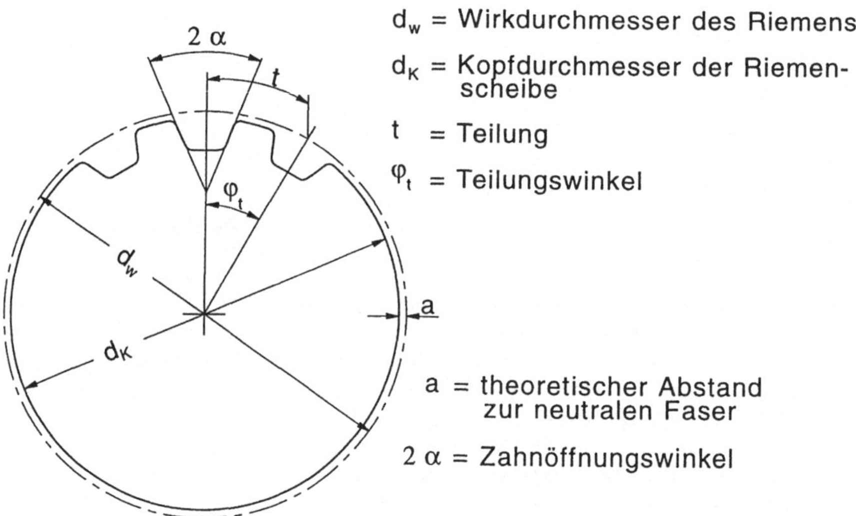

Bild 3.51. Geometrie der Zahnriemenscheibe

Bild 3.51 zeigt die Geometrie einer Zahnscheibe für Standardzahnriemen mit trapezförmigen Riemenzähnen. Diese Zahnschreiben sind genormt (DIN 7721, Teil 2, DIN/ISO 5294 und DIN/ISO 9011 für den Kraftfahrzeugbau). Neben Zahnscheiben mit geraden Zahnflanken können für Standardzahnriemen auch Scheiben mit Evolventenverzahnung verwendet werden. Die jeweils zu bevorzugende Scheibenausführung wird durch das Herstellungsverfahren und anwendungstechnische Vorgaben bestimmt. Während für Zahnscheiben mit geraden Zahnflanken die Zahnlückenmaße in der Norm festgelegt sind, weist das Evolventenprofil in Abhängigkeit vom Scheibendurchmesser unterschiedliche Zahnlückenmaße auf. Aus diesem Grund sind hier die Abmessungen der Abwälzfräser für die Evolventenverzahnung genormt. Zahnscheiben für Hochleistungszahnriemen werden nach den gleichen Grundsätzen wie Standardzahnscheiben gefertigt. Um ein seitliches Ablaufen der Zahnriemen zu vermeiden, muß mindestens eine Zahnscheibe mit seitlichen Bordscheiben (Bild 3.52) versehen werden, die 1…2 mm über den Riemenrücken hinausragen sollen. Grundsätzlich sollte die getriebene Zahnscheibe mit beidseitigen Bordscheiben ausgerüstet werden, da hier das auflaufende Lostrum leichter geführt werden kann. Aus Kostengründen wird hierfür aber meist die kleinere Zahnscheibe vorgesehen. Auch das wechselseitige Anbringen von je einer Bordscheibe pro Zahnscheibe ist möglich. Bei Zahnriemengetrieben mit einem Wellenabstand von $e \geq 8 \cdot d_{w1}$ sind beide Zahnscheiben beidseitig mit Bordscheiben zu versehen.

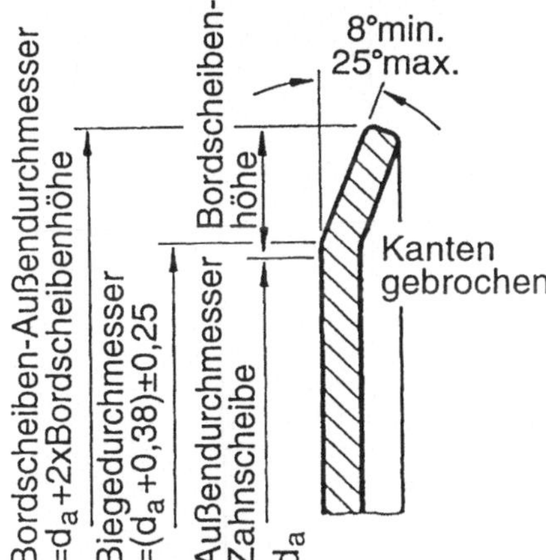

Bild 3.52. Abmessungen von Bordscheiben

Bordscheiben werden nach Wahl der Scheibenhersteller abgewinkelt bzw. angeschrägt oder mit einem Radius versehen. Bei Getrieben mit festem Wellenabstand werden die Bordscheiben aus Montagegründen bei Scheibendurchmessern größer als 250 mm sowie bei Scheibenbreiten größer als 85 mm angeschraubt. Bei allen anderen Zahnscheiben werden die Bordscheiben angebördelt. Der Riemenbreite b wird jeweils eine Zahnscheibenbreite $b_f \approx 1{,}01$ b oder b_f zugeordnet, die ein ausreichendes seitliches Spiel garantiert (Bild 3.51). Bei senkrechter Anordnung des Riemengetriebes ist mit verstärkter Reibung und Abrieb an den unteren Bordscheiben zu rechnen [39]. Zur Erzielung eines ruhigen Laufs empfiehlt es sich, die Zahnscheiben auszuwuchten. Bei Gußscheiben ist das Auswuchten auf jeden Fall erforderlich, bei allseitig bearbeiteten Zahnscheiben kann bei Umfangsgeschwindigkeiten kleiner als 30 m/s darauf verzichtet werden.
- Auswuchten in einer Ebene, Gütestufe Q 16 nach VDI 2060
  bei v = 30 m/s für d_w > 400 mm oder
  bei n = 1500 min^{-1} für d_w ≤ 400 mm
- Auswuchten in zwei Ebenen nach Empfehlung Q 63
  bei v > 30 m/s oder
  bei v > 20 m/s bei einem Verhältnis von Wirkdurchmesser zu Zahnscheibenbreite < 4.

Die Zähnezahlbereiche für Zahnscheiben unterscheiden sich je nach Zahnriementyp und Bauart (Tabelle 3.14). Entsprechend den Fertigungsmöglichkeiten der Scheibenhersteller umfassen deren Standardsortimente oft nur einen Teil des in der Tabelle angegebenen Umfangs.

Tabelle 3.14. Zähnezahlbereiche für Zahnscheiben

Zähnezahlbereich (Außendurchmesser d_a)					
Profil	DIN ISO	z_{min}	d_{min}	z_{max}	d_{max}
MXL	5294	10	5,96	150	96,52
XL	5294	10	15,66	120	193,53
L	5294	10	29,56	150	454,03
H	5294	14	55,23	156	629,27
XH	5294	18	124,55	150	1058,38
XXH	5294	18	178,87	120	1209,71
T2,5	DIN 7721	10	7,45	72	56,80
T5	DIN 7721	10	15,05	84	132,85
T10	DIN 7721	12	36,35	96	303,70
T20	DIN 7721	15	92,65	96	608,30
2M	-	10	5,86	150	94,98
3M	-	10	8,79	150	142,48
5M	-	14	21,14	150	237,59
8M	-	22	54,65	192	487,56
14M	-	28	121,98	216	959,78
20M	-	34	212,13	150	950,61
Standardsortimente und Fertigungsmöglichkeiten der Scheibenlieferanten umfassen nur einen Teil der obigen Tabelle. - Liefermöglichkeiten beachten! -					

3.2.4 Spann- und Führungseinrichtungen

Moderne Zahnriemengetriebe werden sowohl für Standardzahnriemen als auch für Hochleistungszahnriemen mit festem Wellenabstand so ausgelegt, daß die bei der Montage aufgebrachte Riemenvorspannung während der gesamten Betriebsdauer erhalten bleibt. Zusätzliche Spanneinrichtungen sind daher nicht erforderlich, zumal Spannrollen „Gegenbiegung" hervorrufen und dadurch die Lebensdauer des Zahnriemens verringern können.

Trotzdem kann es Getriebeanordnungen geben, die den Einsatz von *Spannrollen* (Bild 3.53) rechtfertigen. Spannrollen sind Zahn- oder Flachscheiben, die innerhalb des Antriebssystems keine Leistung übertragen. Da sie zusätzliche Biegespannungen im Riemen hervorrufen, sollten bei ihrem Einsatz die folgenden Richtlinien [2] Berücksichtigung finden:

- Der Durchmesser der Spannrolle muß größer oder höchstens gleich dem Durchmesser der kleinsten im Getriebe eingesetzten Zahnscheibe sein.
- Die Breite der Spannrollen muß größer oder höchstens gleich der Breite der im Getriebe eingesetzten Zahnscheiben sein.

- Die Spannrollen sollten immer im Leertrum angeordnet sein.
- Für den Einsatz von Innenspannrollen gilt: Für Zähnezahlen ≤ 40 werden immer Zahnscheiben eingesetzt. Für Zähnezahlen > 40 ist die Verwendung von Flachscheiben möglich. Die Verkleinerung des Umschlingungswinkels führt zu geringerer Belastbarkeit des Getriebes.
- Für den Einsatz von Außenspannrollen gilt: Als Außenrollen sind grundsätzlich Flachscheiben zu verwenden, da sie auf dem Riemenrücken laufen. Die Vergrößerung des Umschlingungswinkels gestattet höhere Belastungen. Der Biegerichtungswechsel macht eine Erhöhung der Mindestzähnezahl der kleinen Scheibe um den Faktor 1,5 erforderlich.
- Flachscheiben dürfen keinesfalls ballig ausgeführt sein.
- Die Spannrollen sind so anzubringen, daß an der kleinen Scheibe möglichst viele Zähne im Eingriff sind.
- Der Umschlingungswinkel an der Spannrolle ist möglichst klein zu halten.

Glatte Laufrollen werden auch als *Führungsrollen* beim Einlauf des Leertrums eingesetzt (Bild 3.54) [27]. Die Laufrolle erzwingt den sofortigen Zahneingriff, ohne jedoch den Riemen gegen die Abtriebsscheibe zu drücken. Bei der Montage ist entsprechendes Spiel zwischen Riemenrücken und Rolle vorzusehen. Durch die Anbringung der Laufrolle kann das Getriebe unabhängig von momentanen Belastungen oder der Nachgiebigkeit der Wellen mit sehr geringer oder sogar ohne Vorspannung arbeiten. Ist ein Last- oder Drehrichtungswechsel vorgesehen, so sind mehrere Rollen erforderlich.

Als Sonderbauformen kommen Zahnriemengetriebe mit sich schneidenden oder kreuzenden Achsen zum Einsatz. In solchen Fällen werden oft *Umlenkrollen* verwendet (Bild 3.55), die die Aufgabe haben, den Riemen zu führen und ein durch das Verdrehen der Trume mögliches Ablaufen des Riemens zu verhindern.

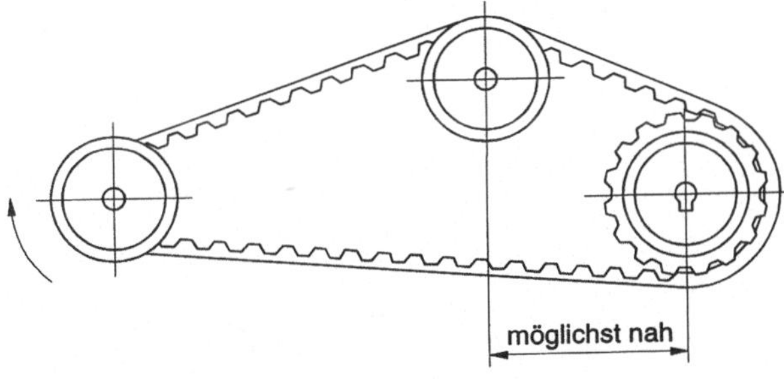

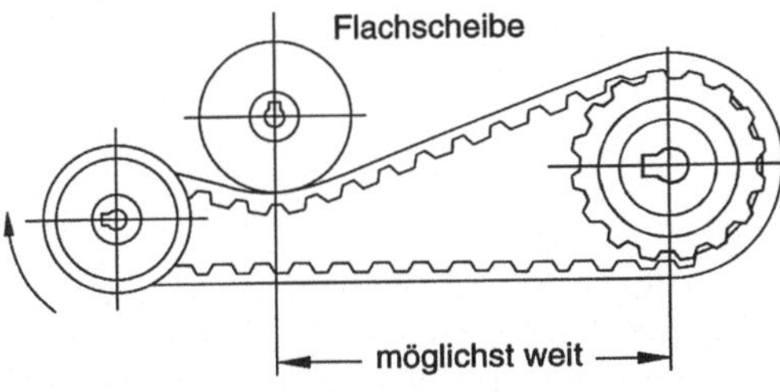

Bild 3.53. Einsatz von Spannrollen

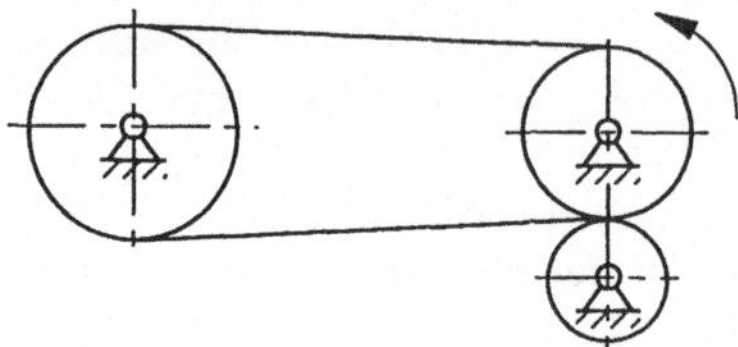

Bild 3.54. Einsatz einer glatten Laufrolle beim Einlauf des Leertrums

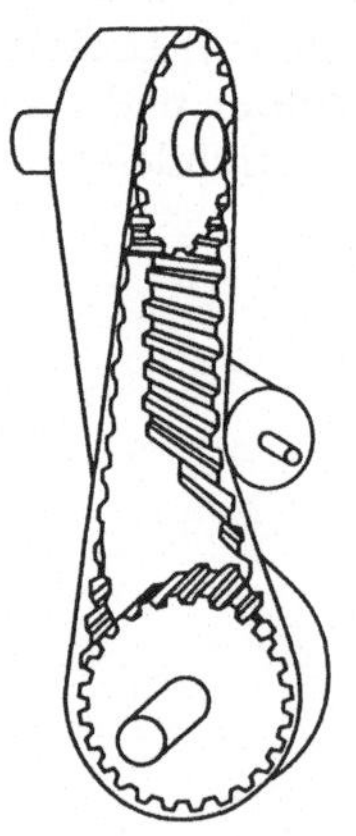

Bild 3.55. Einsatz einer Umlenkrolle bei geschränkten Wellen

3.2.5 Betriebsverhalten

Das Betriebsverhalten von Zahnriemengetrieben wird durch das Zusammenwirken von Zahnriemen und Zahnscheibe bestimmt. Im Unterschied zu Zahnrad- und Kettengetrieben bleibt die Teilung des Zahnriemens in Abhängigkeit von der Belastung nicht konstant, so daß das Eingriffsverhalten nicht lastunabhängig ist.

3.2.5.1   Polygoneffekt

Ähnlich wie bei den Kettengetrieben tritt auch bei Zahnriemengetrieben ein Polygoneffekt (vgl. Kapitel 3.1.5.1) auf. Dieser beruht darauf, daß sich der Zahnriemen, insbesondere bei den genormten Bauarten, mit dem Zahnlückengrund auf den Kopfflächen der Scheiben abstützt und sich von Zahnkopf zu Zahnkopf spannt. Im Bereich der Scheibenzahnlücke erfolgt kein Abstützen. Dies hat zur Folge, daß eine periodische Schwankung des Laufradius zwischen r_L und $r_L \cdot \cos(\varphi/2)$ entsteht, was in Analogie zu den Kettengetrieben zu einer periodischen Ungleichmäßigkeit der Drehbewegung zwischen An- und Abtriebswelle führt. Diese wird durch den Ungleichmäßigkeitsgrad δ (vgl. Gl. 3.15) gekennzeichnet.

$$\delta = \frac{\omega_{2max} - \omega_{2min}}{\omega_{2m}} \tag{3.71}$$

Die Praxis zeigt, daß sich der Polygoneffekt bei Zahnriemengetrieben nicht in gleicher Weise auswirkt wie bei Kettengetrieben. Insbesondere neuere Entwicklungen von Hochleistungszahnriemen zielen darauf ab, den Polygoneffekt und damit die Ungleichmäßigkeit der Drehbewegung zu reduzieren:

- Bei zahlreichen Neuentwicklungen stützen sich die Kopfflächen der Riemenzähne im Zahnlückengrund ab.
- Nach DIN 7721, Teil 2 wird für Zahnscheiben mit höchstens 20 Zähnen eine Zahnlückengeometrie vorgeschrieben, die es ermöglicht, daß sich die Riemenverzahnung in den Scheibenzahnlücken mit den Kopfflächen abstützen kann.

3.2.5.2   Eingriffsverhalten

Wie bei allen formschlüssigen Antrieben ist auch beim Zahnriemengetriebe die Übereinstimmung der Teilungen von Zahnriemen und Riemenscheibe von grundsätzlicher Bedeutung. Es muß gewährleistet sein, daß der einlaufende Riemenzahn genau auf die entsprechende Zahnlücke der Riemenscheibe trifft und bis zum Auslauf darin verbleibt. Da der Zahnriemen im Unterschied zu Antriebsketten und Zahnrädern im Vergleich zur Zahnscheibe ein sehr elastisches und flexibles Element ist, kann sich seine Teilung unter dem Einfluß der Betriebsbedingungen ändern. Außerdem kann die Teilung aus fertigungsbedingten Gründen von Riemen zu Riemen unterschiedlich sein. Die Riementeilung von Zahnriemen ist keine konstante Größe.

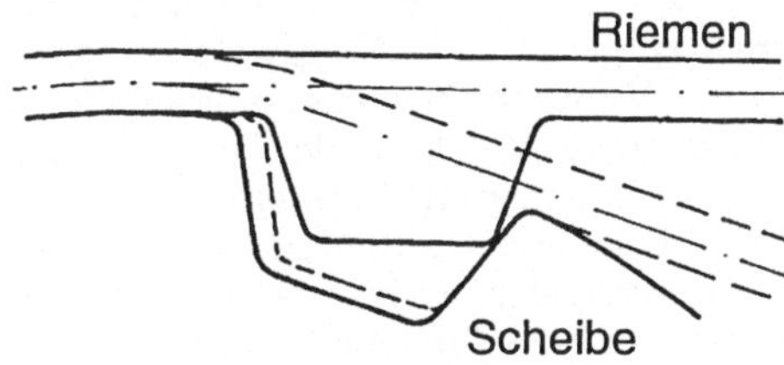

Bild. 3.56. Entstehen von Eingriffsstörungen

Obwohl die fertigungstechnisch bedingten Teilungsabweichungen sehr gering gehalten werden können, sind trotzdem durch das Aufsummieren der von jedem einzelnen Zahn herrührenden Abweichungen Eingriffsstörungen möglich (Bild 3.56), die dazu führen können, daß ein Zahnversatz entsteht, der so groß ist, daß er nicht mehr durch das vorhandene Zahnlückenspiel ausgeglichen werden kann. Unter dem Einfluß der Leistungsübertragung und der damit einhergehenden weiteren Veränderung der Riementeilung kann ein Zustand erreicht werden, bei dem der Riemenzahn nicht mehr die Zahnlücke der Scheibe, sondern den Zahn selber trifft.

Vom Grundsatz her kann durch eine Vergrößerung des Zahnlückenspiels bei den meisten Antrieben der zulässige Bereich der Teilungsabweichungen erweitert werden. Da es bei vielen praktischen Anwendungen der Zahnriemengetriebe nicht nur auf synchrone, sondern auch auf winkelgenaue Leistungsübertragung ankommt, sind dieser Möglichkeit Grenzen gesetzt. Die Grenzen für Anwendungsfälle des allgemeinen technischen Bedarfs sind in den Normen (DIN/ISO 5296, DIN/ISO 7721, 1 u. 2) enthalten, in denen auch die Wellenabstandsabweichungen als Maß für die Teilungsabweichung der Riemen sowie die Bedingungen, unter denen die Wellenabstandsabweichung zu messen ist, aufgeführt sind. Da die Übereinstimmung der Teilungen von Riemen und Riemenscheibe für die Funktionsfähigkeit des Getriebes bestimmend ist, führt eine vorhandene Teilungsabweichung zu einer Beeinträchtigung des Betriebsverhaltens. Innerhalb gewisser Grenzen ist jedoch ein Ausgleich vorhandener Teilungsabweichungen möglich. Aufgrund seiner elastischen Eigenschaften kann sich der Zahnriemen bis zu einem gewissen Grad der Teilung der Scheibe anpassen, und zwar sowohl durch Dehnung des Riemens infolge der anliegenden Zugkraft als auch durch Biegeverformungen der elastischen Zähne. Aus der örtlich im Riemen vorhandenen Zugkraft resultiert eine radiale Komponente, die den Riemenzahn zwangsweise in die Zahnlücke hineinzieht.

Da ein direkter Zusammenhang zwischen der örtlichen Teilungsabweichung und der örtlich herrschenden Zugkraft besteht, ist die Teilungsabweichung des Riemens die bestimmende Größe für dessen Eingriffsverhalten und für die Verteilung der Umfangskraft entlang des Umschlingungsbogens. Die Teilungsabweichung Δt ist als Differenz der vorhandenen Teilungen von Riemenscheibe und Riemen zu verstehen und nicht als Abweichung der vorhandenen Riementeilung von einem theoretischen Sollwert. Da der Zugstrang des Zahnriemens aus hochfestem, dehnungsarmem Material besteht, kann die neutrale Faser in Zugstrangmitte liegend angenommen werden. Damit ergibt sich der Wirkdurchmesser der Scheibe aus dem Kopfkreisdurchmesser und dem zweifachen Abstand a der Zugstrangmitte vom Kopfkreis. Dieser Wert ist eine vom Aufbau des Riemens abhängige, weitgehend unveränderliche Größe, die bei der Auslegung der Scheiben berücksichtigt werden muß (Bild 3.51). Weiterhin kann angenommen werden, daß ein Zahnriemen, dessen Teilung in gestrecktem Zustand genau der Sollteilung entspricht, u.U. im gekrümmten Zustand einen zu geringen Teilungswert aufweist, weil z.B. der Abstand zur neutralen Faser durch Verwendung eines zu dicken Polyamidgewebes oder eines zu dicken Zugstrangs größer ist, als bei der Fertigung der Scheibe angenommen wurde. Bei Krümmung des Riemens tritt weiterhin eine Veränderung der Höhe des aus einer Vielzahl einzelner Cordfäden bestehenden Zugstrangs auf, die zu berücksichtigen ist, und schließlich wirkt sich auch noch die Polygonform des umschlingenden Riemens auf den Wirkdurchmesser aus.

Alle diese Teilungsabweichungen werden als „scheinbare" Teilungsabweichungen bezeichnet [26], da sie auch dann auftreten, wenn beim Vermessen der

Riementeilung im gestreckten Zustand keine Teilungsabweichungen festgestellt werden. Diesen „scheinbaren" Teilungsabweichungen stehen die wirklichen Teilungsabweichungen gegenüber, die sich beim Vermessen der Riemen in den gestreckten Trumen durch Aufsummieren der einzelnen Teilungsfehler ergeben. Sie sind durch fertigungstechnische Einflüsse bedingt, und ihre Summe wird als Wellenabstandsabweichung Δe in hundertstel mm angegeben [18]. Die meßtechnische Ermittlung durch den Riemenhersteller erfolgt entsprechend den technischen Lieferbedingungen der Abnehmer, z.B. der Automobilindustrie.

3.2.5.3 Kräfte

Unter Vernachlässigung der beim Eingriff des Riemens in die Scheibe auftretenden Reibung lassen sich die Vorgänge bei der Drehmomentübertragung im Zahnriemengetriebe sehr anschaulich erklären [26]. Geht man von idealen Teilungsverhältnissen aus und von der Annahme, daß alle Zähne an der Übertragung der Umfangskraft gleichmäßig beteiligt sind, so erhält man einen linearen Verlauf der Zugkraft über dem Umschlingungsbogen. Dabei ist Voraussetzung, daß sich bei steigender Zugkraft keine Änderungen im System ergeben. In der Praxis muß man jedoch davon ausgehen, daß bereits aufgrund der vorhandenen herstellbedingten Teilungsabweichungen nicht alle Zähne gleichmäßig tragen, so daß mit einem nichtlinearen Zugkraftverlauf zu rechnen ist.

Riementeilung = Scheibenteilung, $\Delta t = 0$

Riementeilung < Scheibenteilung, $\Delta t < 0$

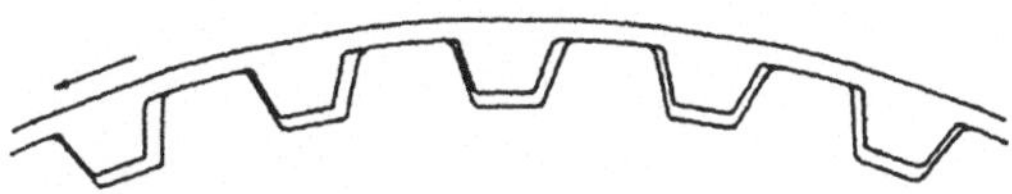

Bild 3.57. Tragbild in Abhängigkeit von der Teilungsabweichung (getriebene Scheibe)

Riementeilung > Scheibenteilung, $\Delta t > 0$

Unter der Voraussetzung, daß herstellbedingte Teilungsabweichungen vorhanden sind, daß jedoch keine Riemendehnung stattfindet (Riemenfederkonstante $c_R = \infty$), und daß ein Ausgleich der Teilungsabweichungen einzig und allein durch das elastische Nachgeben der Riemenzähne erfolgen kann (Zahnfederkonstante $c_Z = 0$), kann am Beispiel der getriebenen Scheibe die folgende Überlegung angestellt werden (Bild 3.57):

- Während bei exakter Übereinstimmung der Teilungen von Riemen und

Scheibe ($\Delta t = t_{Riemen} - t_{Scheibe} = 0$) alle Zähne gleichmäßig anliegen, ist dies beim Auftreten einer Teilungsabweichung nicht mehr der Fall. Ist der Riemen zu kurz ($\Delta t < 0$), so wird der vom Einlauf her gesehen erste Zahn anliegen. Ist der Riemen zu lang ($\Delta t > 0$), so liegt der letzte, am Auslauf befindliche Zahn an. Alle davor befindlichen Zähne sind um den Betrag der Teilungsabweichung gegenüber dem nachfolgenden Zahn verschoben.

- Soll also die Übertragung einer Umfangskraft erfolgen, so muß zunächst der erste tragende Zahn diese aufnehmen, während alle anderen Zähne nicht am Vorgang der Kraftübertragung beteiligt sind. Bei einer Steigerung der Umfangskraft wird sich der Zahn so lange weiterverformen, bis der nächste Zahn auch zu tragen beginnt. Dieser Vorgang setzt sich dann in der beschriebenen Weise weiter fort, bis schließlich alle Zähne am Tragen beteiligt sind.

Aus diesen Überlegungen resultiert die folgende Gleichung [26]

$$\frac{F_n}{F_{II}} = 1 \pm \frac{c_Z \cdot \Delta t}{2 \cdot F_{II}} \cdot \left[\left(2 \cdot k^2 + k \right) \cdot \frac{n}{k} \mp k^2 \cdot \left(\frac{n}{k} \right)^2 \right] \qquad \begin{matrix} \Delta t < 0 \\ \Delta t > 0 \end{matrix} \cdot \tag{3.72}$$

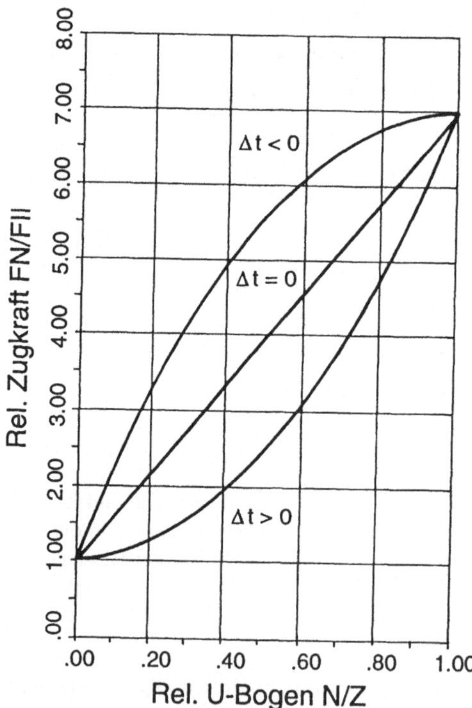

Bild 3.58. Theoretischer Zugkraftverlauf unter Vernachlässigung der Riemendehnung

Diese Beziehung gilt für die getriebene Scheibe. Die Verhältnisse für die treibende Scheibe lassen sich analog hierzu ermitteln. Bild 3.58 zeigt die grafische Darstellung der beiden Gleichungen, wobei die Anzahl der tragenden Zähne gleich der Anzahl der umschlungenen ist ($k = z = 22$). Das Trumkraftverhältnis F_I/F_{II} wurde willkürlich zu 7 angenommen. Man erkennt, daß beim zu kurzen Riemen ($\Delta t < 0$) die Zähne am Riemeneinlauf in stärkerem Maße an der Kraftübertragung beteiligt sind, was am steileren Verlauf der Kurve zu erkennen ist. Beim zu langen Riemen ($\Delta t > 0$) ist es entsprechend den angestellten Überlegungen umgekehrt. $\Delta t = 0$ stellt einen Sonderfall dar und bedeutet eine lineare Verteilung der Umfangskraft über dem Umschlingungsbogen.

Als elastisches Zugmittel ist der Zahnriemen hinsichtlich seiner Länge veränderlich. Trotz des Einsatzes dehnungsarmer Zugstrangmaterialien wird die Riementeilung maßgeblich durch die Größe der einwirkenden Zugkraft beeinflußt. Die Änderung der Zugkraft entlang des Umschlingungsbogens bewirkt eine ständige Änderung der Teilung von Zahn zu Zahn, die beim Ausgleich der Teilungsabweichung über die Zahnverformung zu berücksichtigen ist. Hierbei kann für den Riemen eine nahezu lineare Kraft-Dehnungs-Beziehung angenommen werden. Die Riemenfederkonstante c_R berücksichtigt den Einfluß der Zugkraft auf die Änderung der Teilung.

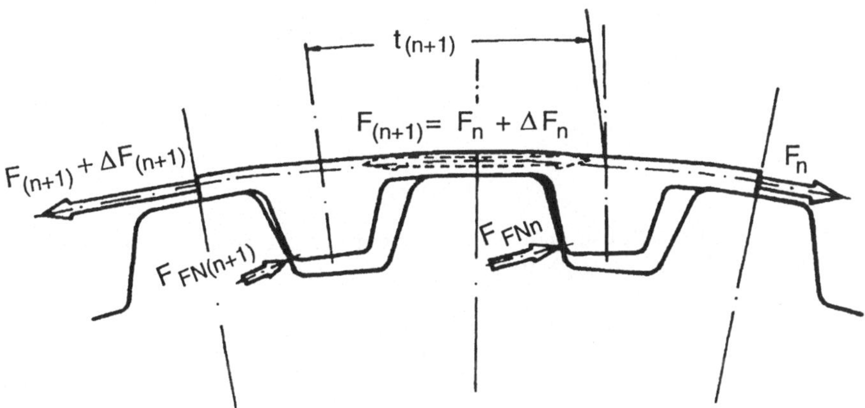

Bild 3.59. Teilungsausgleich durch Zahnverformung und Riemendehnung

Der Mechanismus der Drehmomentübertragung bei Zahnriemengetrieben verläuft wie folgt: Herstellbedingte Teilungsabweichungen bewirken, daß jeder Zahnriemen „ab Werk" eine Nullteilung t_0 besitzt, die nur in Ausnahmefällen der vorgegebenen Sollteilung entspricht. Beim Auflegen des Riemens auf die Scheiben wird eine Wellenkraft F_w aufgebracht, unter deren Einwirkung sich der Riemen dehnt und die Riementeilung vergrößert. Die tatsächliche Teilung t ergibt sich als Summe der herstellbedingten Nullteilung und einem aus der herrschenden Trumkraft $F_w/2$ herrührenden Teilungszuwachs $(F_w/2)/c_R$. Diese Teilung bleibt im Leerlauf im gesamten Riemen erhalten. Wird eine Umfangskraft F_u übertragen, so ändert sich die Kraft entlang des Umschlingungsbogens der getriebenen Scheibe F_{II} im gezogenen Trum zu $F_I > F_{II}$ im ziehenden Trum. Entsprechend stellt sich eine weitere Teilungsänderung ein, die bewirkt, daß die Teilung im ziehenden Trum größer ist als die Teilung im gezogenen Trum. Entlang des Umschlingungsbogens muß daher eine Teilungszunahme erfolgen, wodurch die örtliche Teilung zu einer veränderlichen Größe wird. Damit hat ein Riemen, dessen Teilung im gespannten Zustand ohne Kraftübertragung exakt derjenigen der Riemenscheibe entspricht, im Einlauf der getriebenen Scheibe eine zu geringe Teilung (infolge F_{II}) und im Auslauf eine zu große Teilung (infolge $F_I > F_{II}$). Diese Teilungsdifferenz muß entlang des Umschlingungsbogens durch Verformung der Riemenzähne ausgeglichen werden. Die Verformung wird durch die Zahnflankennormalkraft F_{FNn} unter Einwirkung der örtlichen Zugkraft F_n bzw. der Zugkraftänderung ΔF_n verursacht (Bild 3.59).

Unter der Einwirkung eines Zugkraftzuwachses ΔF_n erfährt die Riementeilung einen Zuwachs von t_n auf $t_{(n+1)}$. Die dann noch verbleibende Teilungsabweichung $\Delta t = t_{Scheibe} - t_{(n+1)}$ muß durch die Verformung des Riemenzahns ausgeglichen werden. Diese Vorgänge lassen sich durch die folgende Gleichung beschreiben.

$$\frac{F_n}{F_{II}} = \frac{\dfrac{1+F_u/F_w}{1-F_u/F_w} - \dfrac{2 \cdot F_0}{F_w} \cdot \dfrac{1}{1-F_u/F_w}}{e^{A \cdot z}} \cdot e^{A \cdot z \cdot \left(\frac{n}{z}\right)}$$

$$+ \left(1 - \frac{2 \cdot F_0}{F_w} \cdot \frac{1}{1-F_u/F_w} - \frac{\dfrac{1+F_u/F_w}{1-F_u/F_w} - \dfrac{2 \cdot F_0}{F_w} \cdot \dfrac{1}{1-F_u/F_w}}{e^{A \cdot z}} \right) \tag{3.73}$$

$$\cdot e^{-B \cdot z \cdot \left(\frac{n}{z}\right)} + \frac{2 \cdot F_0}{F_w} \cdot \frac{1}{1-F_u/F_w}$$

Hierin beinhalten die Konstanten A und B die durch die Federkonstanten ausgedrückten elastischen Abhängigkeiten.

$$A = \frac{2 \cdot \sqrt{c_R/c_Z} + c_R/c_Z}{2}$$

$$B = \frac{2 \cdot \sqrt{c_R/c_Z} - c_R/c_Z}{2} \tag{3.74}$$

F_0 ist die theoretische Teilungsausgleichskraft ($F_0 = c_R \cdot \Delta t_0$) und kann als diejenige Kraft interpretiert werden, die erforderlich ist, um die Teilung des Riemens so zu vergrößern, daß sie mit der Teilung der Riemenscheibe exakt übereinstimmt. Es handelt sich um eine fiktive Größe (Gesamtzahl z der umschlungenen Zähne entspricht der Anzahl der tragenden Zähne; $0 < n/z < 1$). Der Ausdruck F_{II}/F_w wird als Lastverhältnis bezeichnet. Im Leerlauf ist $F_{II}/F_w = 0$, bei theoretischer Höchstlast $F_{II}/F_w = 1$. Der Ausdruck $2F_0/F_w$ wird als Vorspannverhältnis bezeichnet. Ist der Riemen derart vorgespannt, daß $F_w/2 = F_0$ beträgt, dann liegt eine symmetrische Lastverteilung vor. Ist hingegen $F_w/2 < F_0$, dann ist die Riementeilung größer als die Scheibenteilung. Bei $F_w/2 > F_0$ ist es umgekehrt.

Bild 3.60 zeigt die graphische Darstellung dieser Gleichung. Einflußgrößen auf den Kurvenverlauf sind seitens des Riemens die Riemenfederkonstante c_R, die Zahnfederkonstante c_Z und die theoretische Teilungsausgleichskraft F_0 (als beschreibende Größe für die Teilungsabweichung Δt_0 des Riemens ohne Einwirkung einer Spannkraft). Von den Betriebsbedingungen her gehen die Wellenkraft F_w, die

Umfangskraft F_{II} und die Anzahl der im Eingriff befindlichen Zähne z in die Gleichung ein. Anstelle dieser absoluten Größen wurden die bezogenen Größen Lastverhältnis F_{II}/F_w, Vorspannverhältnis $2F_0/F_w$ und Dehnungsverhältnis c_Z/c_R als Parameter eingeführt, wodurch ein direkter Vergleich der Zugkraftdiagramme unterschiedlicher Riemen unabhängig von ihrer tatsächlichen Teilungsabweichung möglich wird.

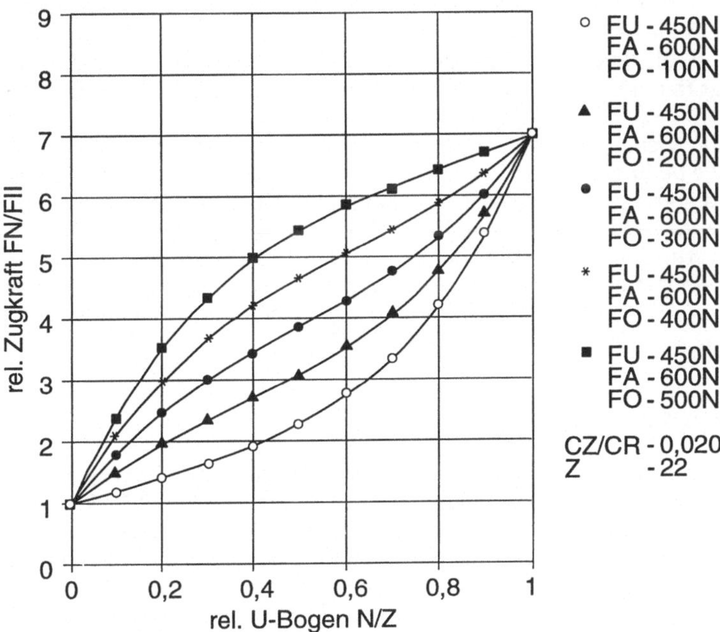

Bild 3.60. Theoretischer Zugkraftverlauf unter Berücksichtigung der Riemendehnung

Nach der angegebenen Gleichung für den Zugkraftverlauf ist die Teilungsabweichung nur in Verbindung mit der Wellenkraft zu sehen. Der Kurvenverlauf ist bei gleichen Parameterwerten auch für unterschiedliche Riemen identisch. Hierbei ist es ohne Belang, ob der Wert für das Vorspannverhältnis durch eine große Wellenkraft bei einem „kurzen" Riemen oder durch eine kleine Wellenkraft bei einem „langen" Riemen erreicht wird. Aufgrund seiner Dehnungseigenschaften läßt sich jeder Zahnriemen unabhängig von seiner wirklichen Teilungsabweichung durch eine mehr oder weniger große Vorspannung auf jedes gewünschte Vorspannverhältnis $0 < 2F_0/F_w < \infty$ bringen. Damit ist die Möglichkeit gegeben, über die Wellenkraft den Zugkraftverlauf eines beliebigen Zahnriemens zu beeinflussen. Da der Verlauf der Zugkraft die Verteilung der gesamten übertragenen Umfangskraft auf die einzelnen am Tragvorgang beteiligten Zähne bestimmt, kommt ihm eine maßgebliche Bedeutung bei der Belastbarkeit eines Zahnriemenantriebs zu. Geht man davon aus, daß die Tragfähigkeit der einzelnen Riemenzähne begrenzt ist, so muß jeder einzelne Traganteil unterhalb des Grenzwertes für die Belastbarkeit gehalten werden. Es zeigt sich, daß der erste tragende Zahn der getriebenen Scheibe besonders gefährdet ist, da von ihm ein Überspringen des Riemens eingeleitet wird. Dieses erfolgt dann, wenn der Riemenzahn nicht mehr auf die Scheibenzahnlücke, sondern auf einen Scheibenzahn auftrifft. Durch eine gezielte Wahl des Vorspannverhältnisses läßt sich ein möglichst flach ansteigender Zugkraftverlauf erreichen ($2F_0/F_w < 1$), wodurch ein sicherer Abstand zur Tragfähigkeitsgrenze des hier befindlichen Riemenzahns eingehalten werden kann [18].

In neueren Arbeiten [38, 43] hat man versucht, die Reibungsvorgänge beim Eingriff des Riemens in die Scheibe bei der Drehmomentübertragung zu berücksichtigen. Da gemäß Bild 3.60 innerhalb des Umschlingungsbogens Riementeilungen existieren, die teils kleiner, teils größer als die Scheibenteilung sind, erfährt die auftretende Reibkraft, die den Verschiebungen entgegenwirkt, eine Richtungsumkehr. Dadurch bedingt treten Unstetigkeiten bei der Berechnung der Scheibenzahnkräfte auf.

Aufgrund der vielen zu berücksichtigenden Einflüsse ergeben sich für jeden Zahn individuelle Bedingungen, die nicht durch eine einzige Gleichung erfaßt werden können und somit eine geschlossene Lösung ausschließen. Ein iteratives Rechenverfahren wird in [43] angegeben. Eine Abschätzung des Einflusses der Reibung über die Verlustleistung ergibt, daß der Anteil der äußeren Reibverluste am Gesamtverlust weniger als 10% beträgt. Auf die geringe Auswirkung der Reibung auf die Drehmomentübertragung bei Zahnriemengetrieben wird an anderer Stelle [25] hingewiesen.

3.2.5.4 Schwingungen

Grundsätzlich unterscheidet sich das Schwingungsverhalten von Zahnriemengetrieben nicht von demjenigen anderer Riemengetriebe (vgl. Kapitel 2.5). Während dort das dynamische Betriebsverhalten vorzugsweise von Fertigungsabweichungen beeinflußt wird, stellt der durch die Riemenverzahnung hervorgerufene Polygoneffekt bei den Zahnriemengetrieben einen systembedingten auslösenden Faktor dar. In diesem Zusammenhang sei auch auf Kapitel 3.1.5.3 verwiesen. Weitere Einflußgrößen auf das dynamische Verhalten von Zahnriemengetrieben sind neben den konstruktionsbedingten Parametern wie Riementyp, Wellenabstand, Scheibendurchmesser, Übersetzungsverhältnis und Drehzahl, das statische und dynamische Drehmoment, die Riemenvorspannung, die Betriebstemperatur und die Erregerfrequenz.

3.2.5.5 Geräusche

Mit dem Einsatz von Zahnriemengetrieben für die Übertragung hoher und höchster Leistungen zeigt es sich, daß einige der dieser Bauart ursprünglich zugeordneten Vorteile nicht mehr in dem Maße, wie ursprünglich vermutet, wirksam werden. Hierzu gehört insbesondere das Geräuschverhalten (Bild 3.61). Neben den objektiv meßbaren hohen Schalldruckpegeln ist es vor allem der stark tonale Charakter, der bewirkt, daß das Zahnriemengeräusch als sehr unangenehm und störend empfunden wird [23]. Frequenzanalysen des Luftschalls im Nahfeld eines Zahnriemengetriebes bestätigen die tonale Zusammensetzung des Schallsignals (Bild 3.62). Die Frequenzlage der Amplituden stimmt mit der Zahneingriffsfrequenz des Zahnriemengetriebes und deren ganzzahligen Vielfachen überein [23]. Zunächst wurden aufgrund des Kenntnisstandes unterschiedliche Vorgänge als Verursacher der Ge-

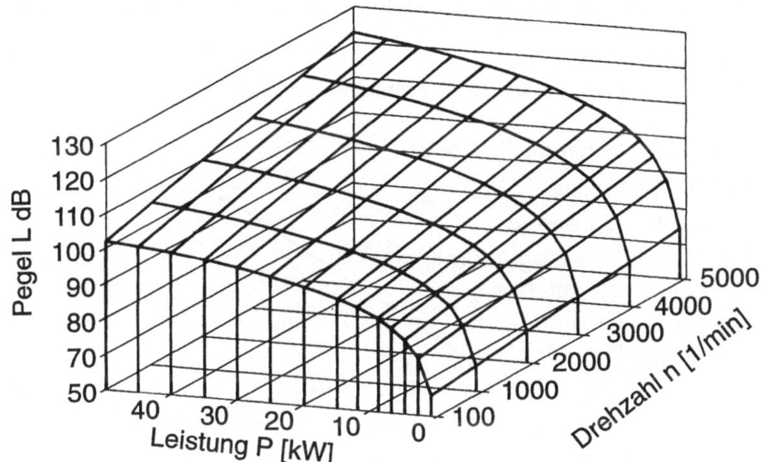

Bild 3.61. Geräuschverhalten von Zahnriemengetrieben in Abhängigkeit von Drehzahl und Leistung

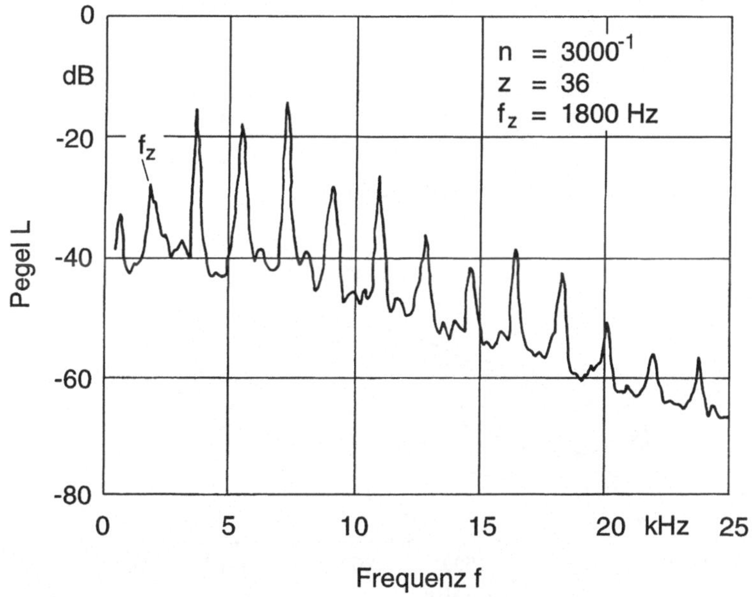

Bild 3.62. Typisches Frequenzspektrum eines Zahnriemengetriebes

räuschentwicklung genannt [17]:
- Luftverdrängung aus den Zahnlücken beim Einlaufen des Riemens in die Scheibe
- Ventilationsgeräusche von Riemen und Scheibe
- Reibungsvorgänge beim Ein- und Auslauf des Riemens

- geometrische Unverträglichkeiten an Ein- und Auslauf infolge von elastischen Verformungen
- Polygoneffekt
- Saitenschwingungen (Längs- und Querschwingungen)

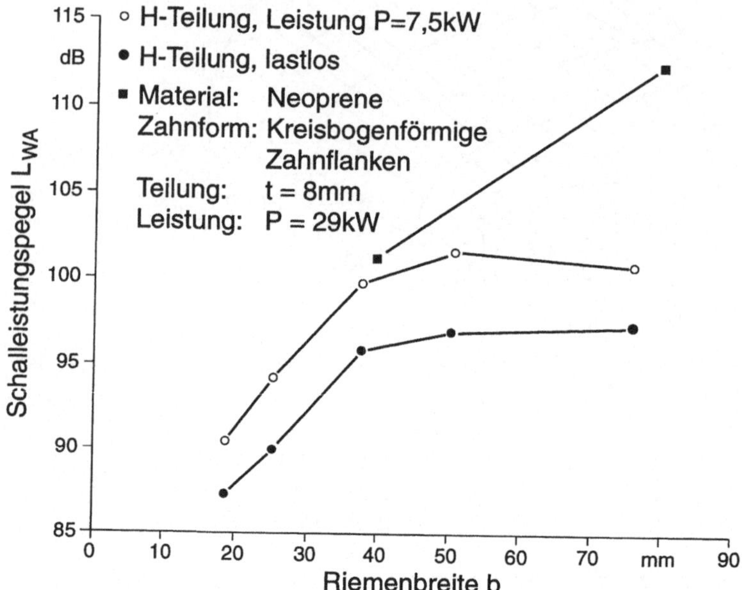

Bild 3.63. Schalleistungspegel als Funktion der Riemenbreite

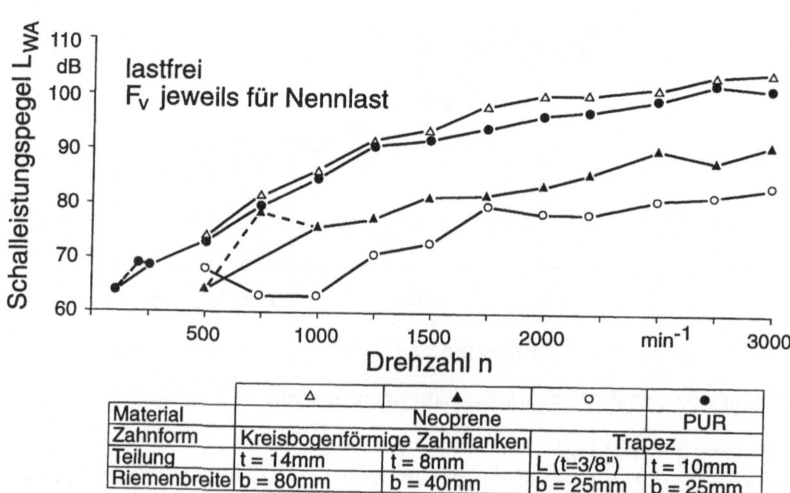

Material	△		▲	○	●
			Neoprene		PUR
Zahnform		Kreisbogenförmige Zahnflanken		Trapez	
Teilung	t = 14mm		t = 8mm	L (t=3/8")	t = 10mm
Riemenbreite	b = 80mm		b = 40mm	b = 25mm	b = 25mm

Bild 3.64. Schalleistungspegel von Zahnriementrieben unter Berücksichtigung des Drehzahleinflusses

Jansen [23] wies durch systematische Messungen an Zahnriemengetrieben nach, daß ausschließlich das Aufschlaggeräusch der Riemen- und Zahnscheibenteile bei jedem Zahneingriff als Ursache für das Laufgeräusch von Zahnriemengetrieben verantwortlich ist. Der Schallemissionspegel wird nachhaltig nur durch die Parameter Riemenbreite b (Bild 3.63) und Drehzahl n (Bild 3.64) beeinflußt. Die Riemenbreite b stellt bei gegebener Riementeilung ein Maß für die Kontaktfläche zwischen Riemen und Scheibe dar, und die Drehzahl n bestimmt die Anzahl der Zahneingriffe pro Zeiteinheit und die Stärke des Auftreffimpulses der Kollision von Riemen und Scheibe. In Bild 3.65 ist die Aufschlaggeschwindigkeit des Riemens auf die Zahnscheibe als Komponente der Riemenumlaufgeschwindigkeit dargestellt. Sie ist im wesentlichen eine Funktion von Drehzahl und Riementeilung. Obwohl die in Bild 3.62 dargestellte Frequenzanalyse des Zahnriemengeräusches mit seiner typischen ausgeprägten Reihe von Harmonischen der Zahneingriffsfrequenz auch mit den meisten der anderen oben erwähnten Einflußgrößen zu erklären wäre, wurden diese durch die in [23] ausführlich beschriebenen Versuchsergebnisse als unbedeutend charakterisiert.

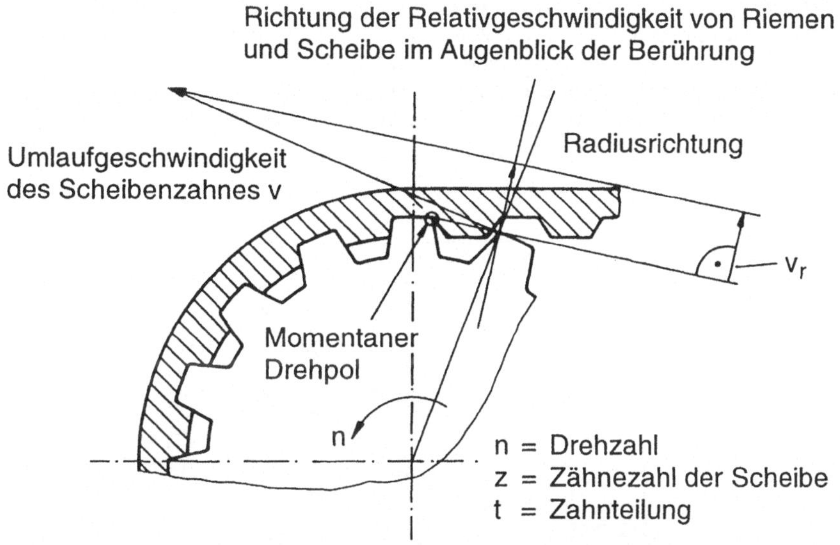

Bild 3.65. Aufschlaggeschwindigkeit des Riemens auf die Zahnscheibe als Komponente der Riemenumlaufgeschwindigkeit

Maßnahmen zur Geräuschminderung von Zahnriemengetrieben müssen daher dort ansetzen, wo die wesentlichen Ursachen der Geräuschentstehung erkannt wurden, d.h. beim Auftreffen des Riemenzahnlückengrundes auf den Scheibenzahnkopf. Allerdings ist der Spielraum für solche Maßnahmen eingeschränkt: zum einen sind dem durch Lärmminderungsmaßnahmen erwachsenden zusätzlichen Aufwand aus Kostengründen enge Grenzen gesetzt, zum anderen können potentielle lärmmindernde Maßnahmen durch unerkannte Einflüsse auf die Wirkzusammenhänge des Antriebs zu Einbußen in der Leistungsübertragungsfähigkeit, Verdrehsteifigkeit oder Lebensdauer führen [23]. Grundsätzlich lassen sich Maßnahmen zur Geräuschminderung am Zahnriemen, an der Zahnscheibe oder bei der Auslegung des Antriebs ergreifen.

Die besten Gräuschminderungseffekte am *Zahnriemen* wurden durch Ersatz der auf größtmögliche Abriebfestigkeit ausgelegten Zahnriemen-Deckgewebe durch weichere, den Aufschlag auf die Zahnscheibe dämpfende Materialien, erzielt. Die hiermit bewirkten Pegelsenkungen erreichen je nach Ausführungsform und Betriebspunkt 10...13 dB(A) [23]. Solche Riemen eignen sich auch zum nachträglichen Einbau in bereits ausgeführte Zahnriemengetriebe, weil sie infolge gleichbleibender geometrischer Abmessungen auf den Zahnscheiben der Ausgangsversion lauffähig bleiben. Riemen mit halbrunder Zahnform wurden zahnseitig mit einem Deckgewebe versehen, das eine einvulkanisierte, textilartige Struktur aufweist, wobei sich jeweils relativ hochflorige Zonen mit Zonen nach Art der herkömmlichen Deckgewebe abwechseln. Die Zonen sind als wenige Millimeter breite Streifen ausgeführt, die diagonal zur Riemenlaufrichtung angeordnet sind. Der beobachtete Lärmminderungseffekt durch diese Maßnahme war sehr beachtlich (Bild 3.66) [23]. Allerdings haften diesem Verfahren Nachteile an: wegen der weicheren Riemenoberfläche kann der Riemenzahn in der Zahnlücke der Scheibe Eigenbewegungen in Umfangsrichtung ausführen, was die Ungleichmäßigkeit der Wellendrehzahl an der Abtriebsseite und den abgestrahlten Körperschall erhöht. Polyurethan-Zahnriemen sind auch mit einem auf der Lauffläche aufgeklebten Polyamid-Deckgewebe lieferbar. Diese, ursprünglich nicht aus Lärmminderungsgründen entwickelte Spezialversion, hat sich im Mittel um 9 dB(A) leiser als die handelsüblichen Vergleichstypen mit glatter Lauffläche erwiesen [23].

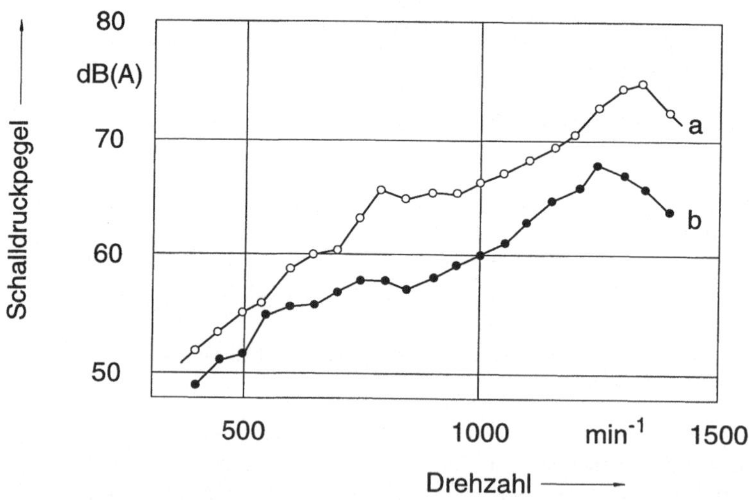

Bild 3.67. Geräuschpegel von Zahnriemen aus Polychloropren mit unterschiedlichen Zugstrangeinlagen (Riementyp L, Breite 20mm, F_I = 700 N) a) Glasfasercord b) Stahlcord

Neben der Beschaffenheit der Lauffläche der Zahnriemen beeinflußt auch der für die Zugstrangeinlagen gewählte Werkstoff das Geräuschverhalten in hohem Maße [15]. So zeigt Bild 3.67 bei Riemen gleicher Abmessungen und gleichen

Werkstoffs den Unterschied bei der Wahl von Zugstrangeinlagen aus Stahl- bzw. Glasfasercord.

Geräuschmindernde Maßnahmen an *Zahnriemenscheiben* sind nur unter Beachtung äußerster Vorsichtsmaßnahmen durchzuführen. So zeigte es sich, daß eine mit dem Einbringen von Dämpfungsmaterial in den Zahnfuß der Scheibe einhergehende Vergrößerung des Zahnscheiben-Wirkdurchmessers bereits bei Abweichungen im Zehntel-Millimeter-Bereich zu schwerwiegenden Problemen in der Kinematik des Riemengetriebes führt [23]. Hinzu kommt, daß schon bei Veränderungen an der Verzahnungsgeometrie, die so gering gehalten sind, daß sie keinen erkennbaren Einfluß auf das Laufverhalten des Antriebs haben, ein deutlicher Anstieg des Laufgeräusches festzustellen ist. Insofern ist auch der Einsatz von balligen Zahnriemenscheiben, wie er in [15] beschrieben wurde, nur unter Vorbehalt zu empfehlen.

Bereits bei der *Auslegung* eines Zahnriemengetriebes können akustisch wirksame Parameter in den durch die Antriebsaufgabe und das technische Umfeld gesetzten Grenzen so gewählt werden, daß sich ein möglichst geräuscharmer Antrieb ergibt. So sollte die Drehzahl des Zahnriemengetriebes, wo immer dies konstruktiv möglich ist, minimiert werden. Wenn ein Zahnriemengetriebe eine definierte Leistung zu übertragen hat, ohne daß eine Drehzahl vorgegeben ist, überwiegt die Geräuschminderung aufgrund der geringeren Drehzahl gegenüber dem Pegelanstieg aufgrund der größeren Riemenbreite, die zur Übertragung eines entsprechend größeren Drehmoments erforderlich ist [23].

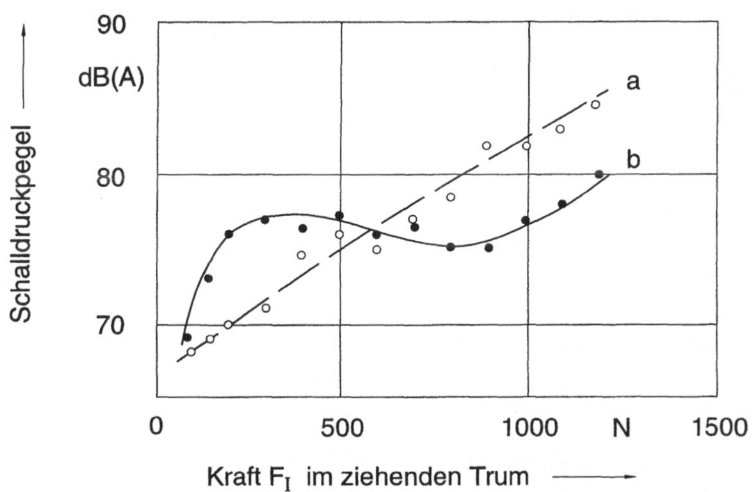

Bild 3.68. Geräuschpegel von Zahnriemen in Abhängigkeit von der Zugkraft im ziehenden Trum bei unterschiedlicher Teilungsabweichung (Drehzahl $n = 1000 \text{min}^{-1}$) a) $\Delta t = +0{,}022$ mm, b) $\Delta t = -0{,}028$ mm

Durch gezielte Auswahl marktüblicher Zahnriemen nach ihrer Teilungsabweichung (vgl. Kapitel 3.2.5.2) lassen sich für bestimmte Betriebsparameter die Laufgeräusche reduzieren (Bild 3.68). Für den zu langen Riemen ($\Delta t > 0$; Kurve a) erkennt man einen proportionalen Anstieg der Pegelwerte mit zunehmender Trumkraft F_I. Dies ist damit zu erklären, daß beginnend mit dem letzten Zahn des Umschlingungsbogens bei steigender Trumkraft erst nach und nach auch die Zähne in der Nähe des Eingriffs zum Tragen mit herangezogen werden. Das bedeutet, daß am Einlauf der Riemengrund ungehindert auf den Scheibenzahn aufschlagen kann. Kommen diese Zähne dann schließlich auch in Eingriff, so ist inzwischen die Trumkraft in einem solchen Maße angewachsen, daß die Zähne auch gegen Widerstand in die Zahnlücken der Scheibe hineingezogen werden und das Aufschlagen des Riemengrundes auf den Zahnkopf ungedämpft geschieht. Der zu kurze Riemen ($\Delta t < 0$; Kurve b) zeigt ein grundsätzlich anderes Verhalten [17]. Nachdem der Geräuschpegel zunächst rasch ansteigt (hier übernehmen die ersten im Eingriff befindlichen Zähne die volle Trumkraft und das Aufschlagen ist entsprechend heftig), bleibt er dann über einen weiten Bereich der Trumkraftsteigerung verhältnismäßig konstant. In diesem Bereich erhöht sich die Anzahl der kraftübertragenden Zähne weiter, und der Bereich des Zwanges beim Eingriff vergrößert sich. Dies führt zu einer Dämpfung der Vorgänge beim Einlaufen des Riemens und damit zur Verringerung des Geräuschpegels. Erst bei höheren Trumkräften verliert dieser Effekt seine Wirkung, und der Geräuschpegel steigt proportional zur Erhöhung der Trumkraft an. Aus Gründen der optimalen Kraftübertragungsvoraussetzungen empfiehlt Köster [26] die Anwendung von Riemen mit negativem Δt. Diese Empfehlung ist auch unter dem Gesichtspunkt der Geräuschminderung zu unterstützen.

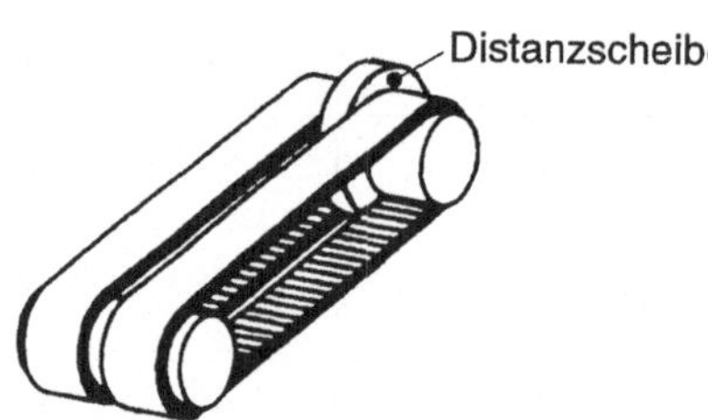

Zahnform: halbkreisförmig
$t = 8$ mm, $a = 336$ mm
$i = 1$ (36 Zähnescheiben)

Über den Einsatzbereich
gemittelter Schalleistungspegel:
Einzelriemen,   b =   20 mm: 89,3 dB(A)
Parallelriemen   b = 2x10 mm: 82,1 dB(A)

Bild 3.69. Parallelriemengetriebe [23]

Der überproportionale Einfluß der Riemenbreite auf die Entstehung der Laufgeräusche von Zahnriemen legt den Schluß nahe, daß der Ersatz eines breiten Riemens durch mehrere schmale Riemen zu einer deutlichen Pegelabsenkung führen müßte. In der Literatur [17, 23] findet diese Annahme ihre Bestätigung. So konnte bei einem Riemenantrieb mit 8 mm Teilung und Halbrund-Zahnprofil durch die Aufteilung der Nennbreite von 20 mm in 2 x 10 mm eine Pegelminderung von mehr als 7 dB(A) erzielt werden (Bild 3.69). Die in Bild 3.70 dargestellten Schalleistungspegel über den Parametern Drehzahl n, Vorspannkraft F_v und Drehmoment T zeigen gleiches qualitatives Verhalten für die beiden Varianten. Führt man eine solche

Auslegungsmaßnahme in der Praxis durch, so ist zu beachten, daß die Randzonen eines Riemens nicht in vollem Umfang an der Momentenübertragung beteiligt sind. Daher muß ein Riemen mit vorgegebener Breite durch Riemen ersetzt werden, die breiter sind als der Rechnung entspricht, so daß die Summe der verwendeten Riemenbreiten größer ist als die Ausgangsbreite des vergleichbaren Einzelriemens.

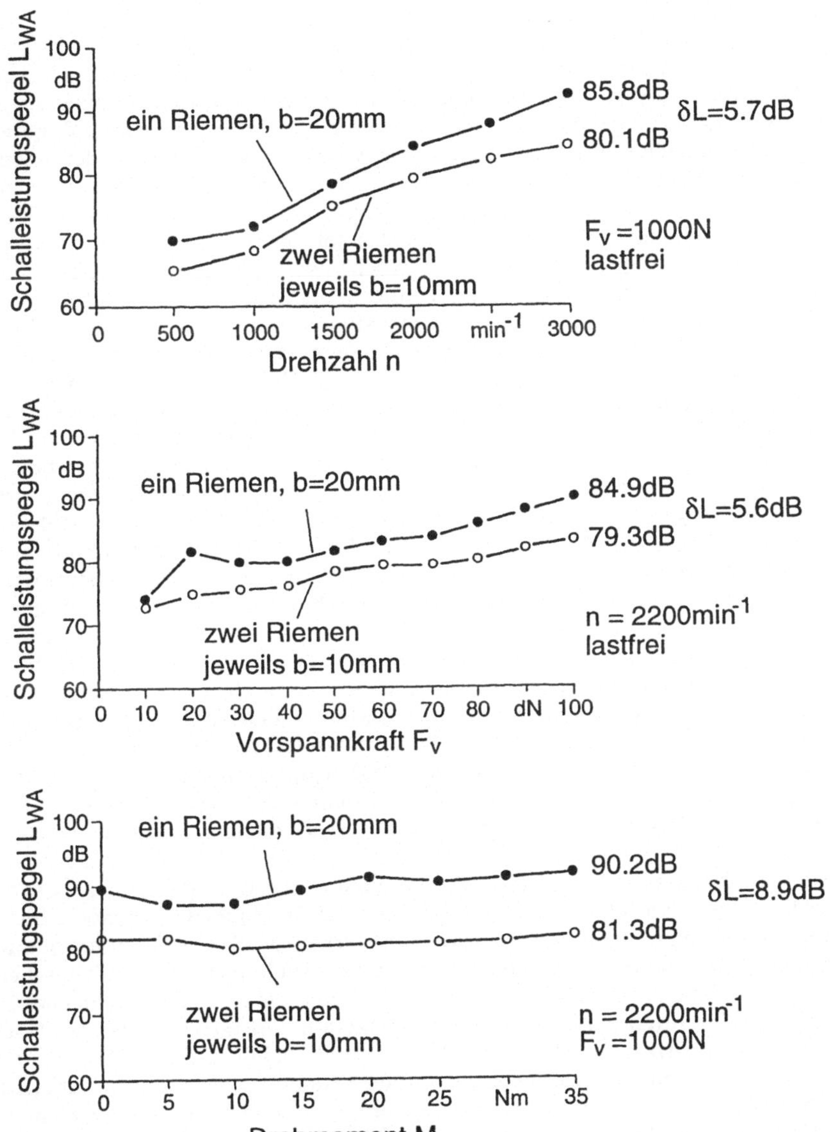

Bild 3.70. Ergebnisse akustischer Vergleichsmessungen an dem in Bild 3.69 dargestellten Parallelriemengetriebe [23]

Bei Hochleistungszahnriemen treten oft geringere Laufgeräusche auf als bei herkömmlichen Bauarten. Das beruht darauf, daß sich bei der Auslegung des Riemengetriebes infolge der größeren Tragfähigkeit der Riemenzähne eine geringere Riemenbreite ergibt.

3.2.5.6   Einsatzgrenzen

Die Einsatzgrenzen für Zahnriemengetriebe ergeben sich aus der maximalen Belastbarkeit und dem Verschleißverhalten. Die Grenze der Belastbarkeit eines Zahnriemens wird in der Regel dann erreicht, wenn die von der herrschenden Zugkraft abhängige Riementeilung und die Teilung der Scheibe so sehr voneinander abweichen, daß ein Ausgleich durch Verformung der elastischen Riemenzähne nicht mehr möglich ist. Die hieraus resultierenden Eingriffsstörungen bewirken ein Überspringen des Riemens, wodurch besonders bei solchen Antrieben, die ein hohes Maß an Winkelgenauigkeit erfordern (z.B. Nockenwellenantriebe), erhebliche Folgekosten durch Zerstörungen entstehen können. Aus Gründen der Sicherheit werden Zahnriemenantriebe daher oft überdimensioniert oder in einem zeit- und kostenaufwendigen Versuchsvorlauf für den jeweiligen Anwendungsfall optimiert.

Besondere Vorsicht ist dann geboten, wenn in ein Zahnriemengetriebe zusätzliche Abtriebe integriert werden, die nicht in die ursprüngliche Auslegung einbezogen wurden und die unvorhergesehene Drehmomentbelastungen hervorrufen können. So sind beispielsweise Schäden an Nockenwellenantrieben bekannt geworden, bei denen noch der Antrieb der Kühlwasserpumpe in das Zahnriemengetriebe integriert war. Ein Lagerschaden an der Kühlwasserpumpe führte zu einem nicht vorhergesehenen Anstieg des Drehmomentes und damit der Riemenzugkraft, was dazu führte, daß der Riemen übersprang und die Ventile des Motors zerstört wurden. Eine weitere Grenze der Belastbarkeit ist durch die Zugstrangfestigkeit gegeben. Hierbei wirkt sich in erster Linie die Biegewechselbeanspruchung aus. Insbesondere bei kleinen Scheibendurchmessern ist deshalb mit einem spürbaren Absinken der Tragfähigkeit der Zugstränge zu rechnen. Besonders nachteilig wirkt es sich aus, wenn es beim Zusammentreffen extremer Betriebsbedingungen zum Knicken der Zugstränge kommt [27]. Die Biegewechselbeanspruchung führt bei den Zugstrangeinlagen zum Brechen einzelner Fasern und damit zu einer erhöhten Dehnung, was bei Zahnriemengetrieben mit festem Wellenabstand ein Absinken der eingestellten Vorspannkraft mit allen daraus resultierenden Konsequenzen zur Folge hat.

Das Verschleißverhalten eines Zahnriemengetriebes wird durch das Zusammenwirken von Zahnriemen und Zahnscheibe und die dabei auftretenden Gleitvorgänge bestimmt. Obwohl der Verschleiß in starkem Maße am Zahnriemen auftritt, unterliegen auch die Zahnscheiben einem gewissen Verschleiß. Bei Zahnscheiben aus Stahl oder Grauguß sollte eine maximale Rauhtiefe $R_t \leq 12{,}5 \ \mu m$ eingehalten werden [27]. Hierdurch wird der Riemenverschleiß in Grenzen gehalten, und der an der Scheibenoberfläche auftretende Gleitverschleiß kann zu einer Glättung der Scheibenoberfläche führen, wodurch ein weiterer Gleitverschleiß verhindert wird. Bei Zahnriemenscheiben aus weicheren Legierungen bewirkt der Gleitverschleiß keine Verbesserung der Oberflächenqualität [27]. Es entstehen Riefen, deren Bildung von der anfänglichen Rauhtiefe der Oberfläche nicht beeinflußt wird. Von ausschlaggebender Bedeutung ist der Riemenverschleiß. Er bestimmt im wesentlichen die Lebensdauer eines Zahnriemens und unterliegt einer Vielzahl von Einflußgrößen. Insbesondere bei den für die Zahnriemenherstellung verwendeten elastomeren Werkstoffen ist eine Lebensdauerabschätzung nicht möglich. Es empfiehlt sich entweder eine regelmäßige Inspektion des Zahnriemens oder ein routinemäßiger Austausch nach einer festgelegten Anzahl von Betriebsstunden. Der Verschleiß von Zahnriemen ist durch eine stark progressive Zunahme des Verschleißvolumens bei gleichbleibender Last gekennzeichnet. Verschleißt z.B. bei Chloropren-Zahnriemen das Polyamidgewebe, so verliert die Verzahnung fast völlig ihre Tragfähigkeit [27]. Auch bei Polyurethan-Zahnriemen nimmt die Tragfähigkeit in starkem Maße ab, da bei diesen die äußere Spritzhaut wesentlich verschleißfester ist als das darunterliegende Elastomer. Krause [27] hat die Schadensfälle an Zahnriemengetrieben und ihre möglichen Ursachen zusammengestellt (Tabelle 3.15). Dabei kann ein bestimmter Schaden durchaus mehrere infrage kommende Ursachen haben, so daß eine eindeutige Zuordnung oft nicht möglich ist.

Tabelle 3.15. Mögliche Ursachen für Schadensfälle bei Zahnriemengetrieben

Schadensfall	Mögliche Ursachen
Verschleiß an den Flanken der Riemenverzahnung	Umfangskraft zu hoch Scheibenteilung falsch Flankenoberflächen der Scheibenverzahnung haben zu große Rauheit (für Leistungsgetriebe Rz = 12,5 µm einhalten) fehlende Schmierung bei PUR-Zahnriemen (Schmierung mit Wälzlagerfett) Vorspannung zu niedrig
Risse an den Riemenzähnen	Umfangskraft zu hoch Scheibenteilung falsch Scheibenverzahnung falsch Alterung des Elastomers Betriebstemperatur zu niedrig
Verschleiß des Zahnlückengrundes	Vorspannung zu hoch Oberflächenrauheit der Kopfflächen der Scheibenverzahnung zu groß
Zerreißen der Zugstränge	Vorspannung bzw. Umfangskraft zu hoch Störungen beim Zusammenwirken der Verzahnungen Biegebelastung zu groß Korrosion der Zugstränge aus Stahllitze bei PUR-Zahnriemen
Aufweichen des Elastomers	zu hohe Betriebstemperatur Lösungsmittelkontakt bei PUR-Zahnriemen bzw. Öl- oder Fettkontakt bei Chloropren-Zahnriemen
Seitlicher Verschleiß der Riemenkanten	fehlerhafte Bordscheiben ungenügende Fluchtung der Scheiben zu große Achsneigung oder Achsschränkung
Verschleiß der Zahnriemenscheibe	Verschleißfestigkeit des Scheibenwerkstoffes zu gering
Überspringen der Verzahnung	Vorspannung zu niedrig Außendurchmesser der Abtriebsscheibe zu groß

3.2.6 Wartung und Pflege

Im Unterschied zu den Kettengetrieben lassen sich Zahnriemengetriebe wartungsfrei betreiben. Die bleibende Dehnung der Zugstränge ist minimal, so daß auch bei
längerer Laufzeit ein Nachstellen des Wellenabstands nicht erforderlich wird. Eine
Schmierung ist nicht erforderlich. Während bei Polychloropren-Zahnriemen, wie
bei den anderen Riemen auch, eine Schmierstoffverträglichkeit nicht gewährleistet
ist, vertragen Polyurethanriemen Schmierstoffe und Ölnebel. Da das Verschleißverhalten von Zahnriemengetrieben nur schwer im voraus abzuschätzen ist (vgl. Kapitel 3.2.5.6), empfehlen sich in regelmäßigen Zeitabständen Inspektionen der Getriebe.

3.2.7 Berechnung und Konstruktion

Für die Berechnung von Zahnriemengetrieben liegen entsprechend den unterschiedlichen Bauarten herstellerbedingte Berechnungsvorschriften vor. Diese sind
im Bedarfsfall für die Auslegung der Zahnriemengetriebe heranzuziehen, da sie Erkenntnisse beinhalten, die auf Versuchen der Hersteller in ihren eigenen Laborato-
rien beruhen und deren Wettbewerbsvorteil darstellen. Meist übernehmen die Hersteller auch eine gewisse Gewährleistung für die eigenen Dimensionierungsrichtli-
nien. In der VDI-Richtlinie 2758 [53] hat man den Versuch unternommen, das theoretische Rüstzeug für die Lösung von Antriebsproblemen und die konstruktive und
rechnerische Auslegung von Riemengetrieben bereitzustellen. Die im folgenden
dargestellten Berechnungsgrundlagen für Zahnriemengetriebe beruhen auf dieser
Richtlinie.

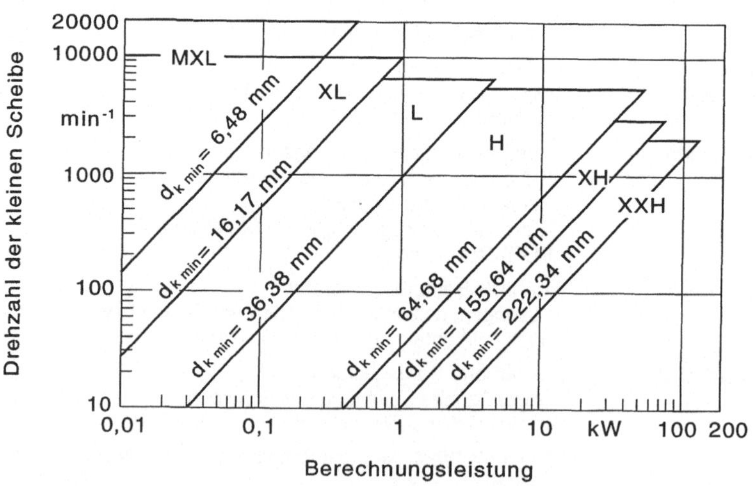

Bild 3.71. Auswahlempfehlung für Zahnriemen mit Trapezprofil

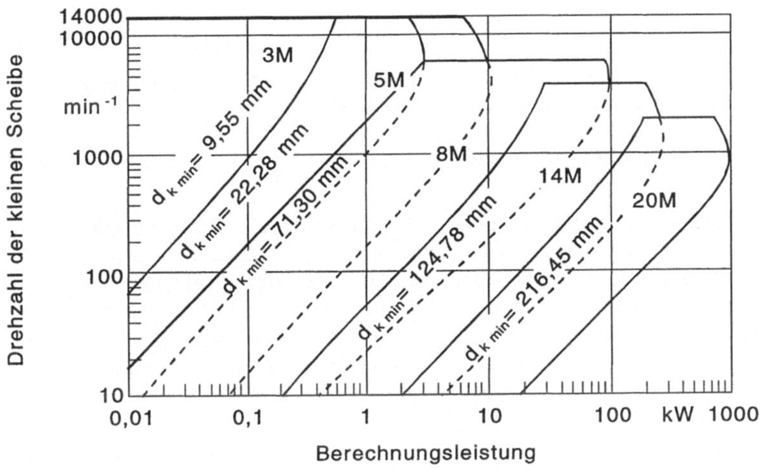

Bild 3.72. Auswahlempfehlung für Zahnriemen mit kreisförmigem Profil

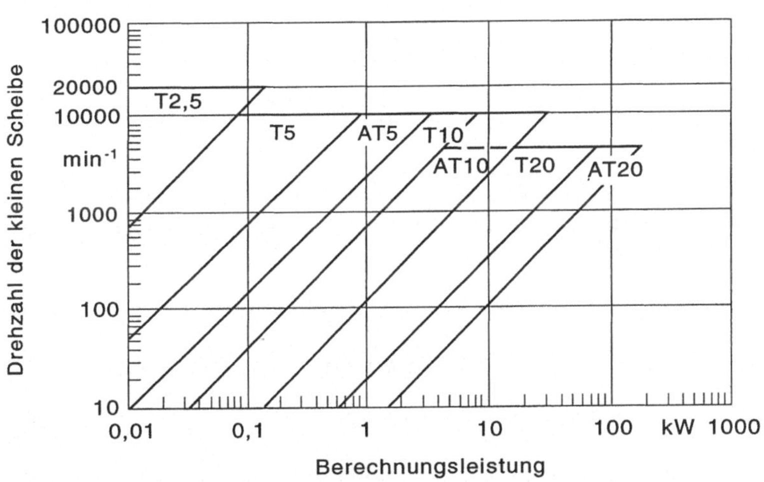

Bild 3.73. Auswahlempfehlung für Polyurethan-Zahnriemen

Eine erste Vorauswahl für das Zahnriemengetriebe wird aufgrund des Leistungsvermögens der Riemen getroffen (Bild 3.71, 3.72 und 3.73). Diese Diagramme führen zu einer Entscheidung aufgrund der Berechnungsleistung des Zahnriemengetriebes und der Drehzahl der kleinen Scheibe. Sie gestatten es, den geeigneten Riementyp auszuwählen. Die linken Begrenzungslinien in den Diagrammen werden durch die kleinsten Scheibendurchmesser gebildet. Die rechten Begrenzungslinien geben die maximalen Scheibendurchmesser an. Die Berechnungsleistung P_B ist im allgemeinen höher als die Nennleistung P_N von An- und Abtrieb

$$P_B = P_N \cdot C_B \tag{3.75}$$

Der Betriebsfaktor C_B berücksichtigt dabei die spezifischen Gegebenheiten von An- und Abtrieb (Tabelle 2.4) und wird wie folgt ermittelt.

$$C_B = 1 + C_{Typ} \cdot (0,075 \cdot C_{ab} + 0,1 \cdot C_{an} + 0,1 \cdot C_t) \tag{3.76}$$

Beim Einfluß von Staub oder Feuchtigkeit ist C_B mit einem Zuschlag von 0,1 zu versehen. Der geeignete Riementyp ergibt sich als Schnittpunkt der vertikalen Linie der Berechnungsleistung mit der horizontalen Linie der Drehzahl. Liegt der Schnittpunkt im Grenzbereich zweier Riementypen, so sollte man versuchen, auch mit dem nächst leichteren Riementyp eine Antriebsauslegung durchzuführen. Ebenso sollte der Bereich der Mindestscheibendurchmesser vermieden werden. Diese Mindestscheibendurchmesser führen zu breiteren Riemen, was nicht nur die Laufgeräusche (Kapitel 3.2.5.5), sondern auch die Kosten steigert.

Nach erfolgter Vorauswahl des Riementyps wird durch die folgende Berechnung die Riemenbreite ermittelt. Für den ausgewählten Zahnriemen ergibt sich die größte zu übertragende Umfangskraft zu

$$F_{u,B} = \frac{P_B \cdot 10^3}{v} \tag{3.77}$$

und die erforderliche Breite für Zahnriemen mit Trapezprofil

$$b_{erf} = b_{bez.} \cdot \left(\frac{F_{u,B}}{b_{bez.} \cdot k_z \cdot f_u}\right)^{(1/1,14)} . \tag{3.78}$$

Die Konstanten für die Bezugsbreite $b_{bez.}$ und die spezifische Umfangskraft f_u (N/mm) des jeweiligen Riementyps sind Tabelle 3.16 zu entnehmen. Der Zahneingriffsfaktor k_z ergibt sich zu

$$k_z = 1 - 0,2 \cdot (6 - z_e) \quad \text{für } z_e < 6, \quad \text{sonst } k_z = 1 . \tag{3.79}$$

Die Anzahl der im Eingriff befindlichen Zähne beträgt

$$z_e = z_k \cdot \beta_1 / 2 \cdot \tau \quad \text{(kleinste Ganzzahl)} . \tag{3.80}$$

Bei Antrieben mit weniger als sechs Zähnen im Eingriff sollte ein kleineres Profil gewählt werden. Entsprechend Tabelle 3.16 ist für das Riemengetriebe eine Standardbreite auszuwählen

$$b_{St} \geq b_{erf} . \tag{3.81}$$

Nach Wahl der Standardbreite sollte die Einhaltung der zulässigen Trumkräfte im dynamischen Zustand für das Getriebe überprüft werden

$$F_{u,B} + b_{St} \cdot m' \cdot v^2 \leq b_{St} \cdot f_u \ . \tag{3.82}$$

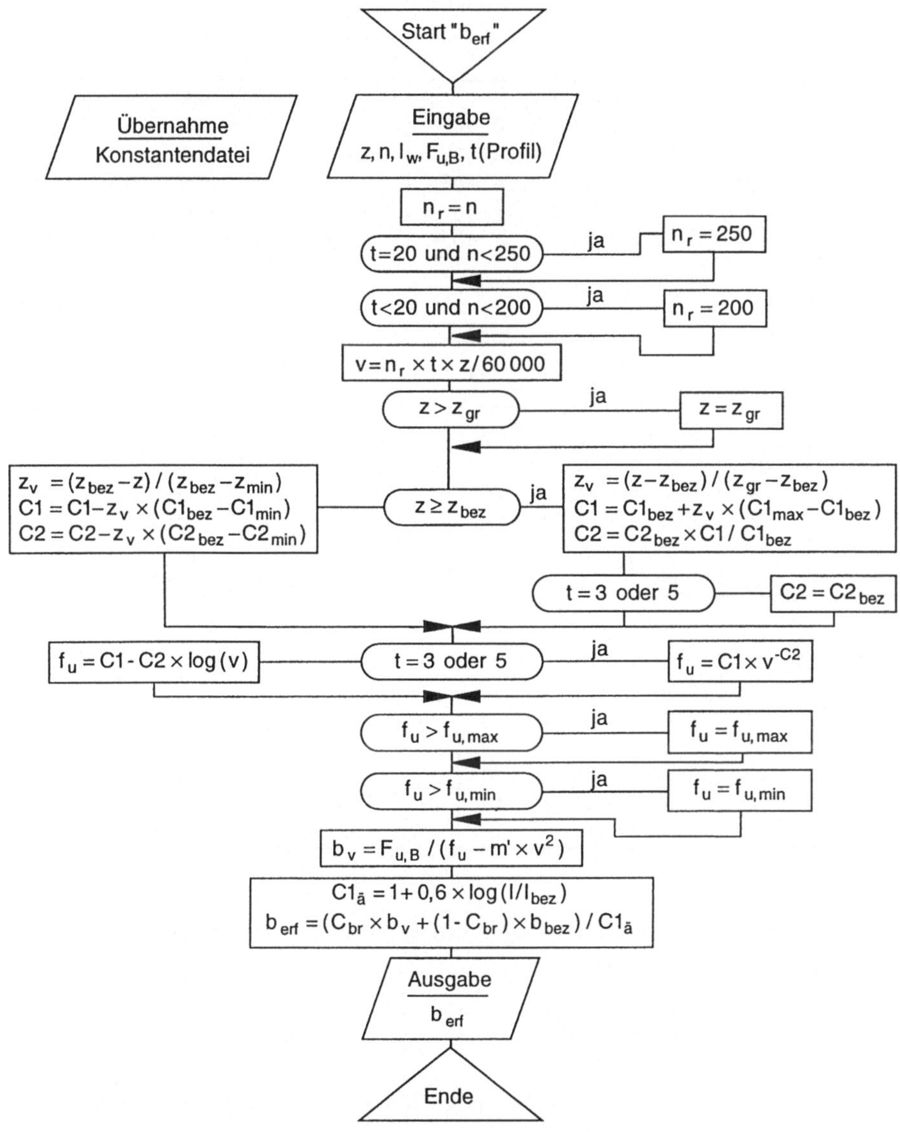

Bild 3.74. Rechengang für Zahnriemen mit kreisbogenförmigem Profil [53]

Ist die Bedingung nicht erfüllt, so muß die nächst größere Standardbreite gewählt werden. Die erforderliche Breite von Zahnriemen mit kreisbogenförmigem Profil ergibt sich auch aus dem Verhältnis $F_{u,B}/f_{u,zul}$, jedoch ist der Rechengang aufwendiger als für Zahnriemen mit Trapezprofil (Bild 3.74). Die für die Berechnung erforderlichen Konstanten enthält Tabelle 3.17.

Tabelle 3.16. Konstanten zur Berechnung von Zahnriemen mit Trapezprofil [53]

Profil	f_u	b_{bez}	m'	Standardbreiten b_{St}				
MXL	5,625	6,4		3,2	4,8	6,4		
XL	5,68	9,5	$2,72 \cdot 10^{-3}$	6,4	7,9	9,5		
L	9,80	25,4	$3,83 \cdot 10^{-3}$	12,7	19,1	25,4		
H	28,00	76,2	$5,84 \cdot 10^{-3}$	19,1	25,4	38,1	50,8	76,2
XH	40,00	101,6	$13,91 \cdot 10^{-3}$	50,8	76,2	101,6		
XXH	51,42	127,0	$17,94 \cdot 10^{-3}$	50,8	76,2	101,6	127,0	

Tabelle 3.17. Konstanten zur Berechnung von Zahnriemen mit kreisbogenförmigem Profil

Profil	z_{min}	z_{bez}	z_{gr}	$f_{u,min}$	$f_{u,max}$	$C_{1\,min}$	$C_{1\,bez}$	$C_{1\,max}$
3	10	51	80	5,0	9,5	7,8	6,0	18,0
5	14	51	80	5,5	32,0	15,2	30,5	34,8
8	22	38	40	27,8	53,0	24,5	51,8	53,5
14	28	37	80	34,3	100,5	72,5	107,5	146,5
20	34	48	48	90,0	158,0	180,0	207,0	207,0

Profil	$C_{2\,min}$	$C_{2\,bez}$	C_{br}	b_{bez}	l_{bez}	m'	Standardbreiten b_{St}				
3	0,23	0,285	0,75	6	330	0,0025	6	9	15		
5	0,24	0,297	0,75	9	680	0,0033	9	15	25		
8	5,20	11,100	0,83	20	1040	0,0063	20	30	50	85	
14	34,00	50,000	0,72	40	2310	0,0096	40	55	85	115	170
20	63,00	72,600	0,84	115	4200	0,0260	115	170	230	290	340

Die geometrischen Hauptabmessungen des Zahnriemengetriebes ergeben sich aus dem Übersetzungsverhältnis

$$i = \frac{n_{an}}{n_{ab}} = \frac{d_{ab}}{d_{an}} = \frac{z_{ab}}{z_{an}} \; . \tag{3.83}$$

Es sind nur ganzzahlige Zähnezahlen möglich. Die Berechnungsdurchmesser ergeben sich zu

$$\begin{aligned} d_{an} &= z_{an} \cdot t / \pi \\ d_{ab} &= z_{ab} \cdot t / \pi \end{aligned} \tag{3.84}$$

und der Wellenabstand

$$e_{min} \leq e_0 \leq 2 \cdot (d_2 + d_1) \tag{3.85}$$

mit

$$e_{min} = 0,5 \cdot (d_2 + d_1) + 15\,mm \ . \tag{3.86}$$

Mit dem Trumwinkel α im Bogenmaß

$$\alpha = \arcsin\left(\frac{d_2 - d_1}{2 \cdot e_0}\right) \tag{3.87}$$

ergeben sich die Umschlingungswinkel

$$\begin{aligned} \text{der kleinen Scheibe } \beta_1 &= \pi - 2 \cdot \alpha \\ \text{der großen Scheibe } \beta_2 &= \pi + 2 \cdot \alpha \end{aligned} \tag{3.88}$$

und hieraus die vorläufige Wirklänge des Zahnriemens

$$\begin{aligned} l_{w,0} &= 2 \cdot e_0 \cdot \cos\alpha + \frac{d_2}{2} \cdot \beta_2 + \frac{d_1}{2} \cdot \beta_1 \\ &= 2 \cdot e_0 \cdot \cos\alpha + \frac{\pi}{2} \cdot (d_2 + d_1) + \alpha \cdot (d_2 - d_1) \ . \end{aligned} \tag{3.89}$$

Die endgültige Berechnungslänge l_w ist die $l_{w,0}$ am nächsten kommende Norm-länge $l_{w,St}$. Sie muß nach ganzen Zähnezahlen festgelegt werden. Daraus ergibt sich der endgültige Wellenabstand

$$e \approx e_0 + \frac{l_{w,St} - l_{w,0}}{2} \ . \tag{3.90}$$

Wenn für Antriebe keine Einstellmöglichkeit des Wellenabstands gegeben ist, muß der genaue Wert von e durch Iteration mit den Gleichungen (3.87), (3.89) und (3.90) bestimmt werden.

Die Zahnriemen als formschlüssige Zugorgane benötigen nur eine geringe Vor-spannkraft, was als Vorteil gilt, weil die Lagerbelastungen gering gehalten werden können. Da jedoch die Vorspannkraft von Einfluß auf die Drehmomentübertragung (vgl. Kapitel 3.2.5.3) und das Überspringverhalten (vgl. Kapitel 3.2.5.6) ist, ist sie für Zahnriemen mit Trapez- und Kreisprofil wie folgt zu berechnen

$$F_{t,0} = \frac{F_{u,B}}{2} + m' \cdot v^2 \cdot b_{St} \ . \tag{3.91}$$

Damit wird die über die Wellenzentren im statischen Zustand gemessene Wellen-vorspannkraft

$$F_{w,0} = 2 \cdot F_{t,0} \cdot \sin\frac{\beta_1}{2} \ . \tag{3.92}$$

Das Aufbringen bzw. die Kontrolle der korrekten Vorspannung kann nach den folgenden Methoden geschehen:

- Mit einem geeigneten Kraftmeßgerät wird die Wellenspannkraft $F_{w,0}$ im statischen Zustand gemessen.
- Die Eindrücktiefe t_e (Bild 2.39) des mit F_t vorgespannten Trums der Länge l_f durch die Eindrückkraft F_e ergibt sich zu

$$t_e \approx \frac{1}{50} \cdot l_f \qquad\qquad (3.93)$$

mit

$$F_e \approx \frac{F_{u,B}}{20} \qquad\qquad (3.94)$$

Werkbild Continental

Bild. 3.75. Einsatz unterschiedlicher Zugmittelgetriebe beim Antrieb einer Säulenbohrmaschine

Zahnriemengetriebe, wie Kettengetriebe auch, bieten den Vorteil, daß sie ohne eigenes Gehäuse in vorhandene Maschinen und Anlagen integriert werden können. Da sie auch keine Schmierung benötigen, genügen bei langen Wellenabständen Schutzkästen, die die Antriebe so abdecken, daß für Personen keine Verletzungsgefahr besteht und keine Fremdkörper eindringen können. Sofern man hierfür einfache Blechkonstruktionen verwendet, sollte man dafür Sorge tragen, daß diese so konstruiert sind, daß sie nicht als zusätzliches Abstrahlelement für die entstehenden Laufgeräusche dienen. Gegebenenfalls können Oberflächenbeschichtungen dämpfend wirken.

Praktische Anwendungsfälle von Zahnriemengetrieben im Maschinen- und Motorenbau sowie in der Landtechnik zeigen die Bilder 3.75 bis 3.77. Bei der computergesteuerten Säulenbohrmaschine (Bild 3.75) erkennt man vier unterschiedliche Riemengetriebe:

- ein Breitkeilriemenverstellgetriebe,
- ein Zahnriemengetriebe für den Vorschub der Arbeitsspindel,
- den Antrieb der Arbeitsspindel (Drehzahlbereich bis 5000 min^{-1}) mit einem Keilrippenriemen und
- ein Zahnriemengetriebe zur wartungsfreien Steuerung des Verstellgetriebes.

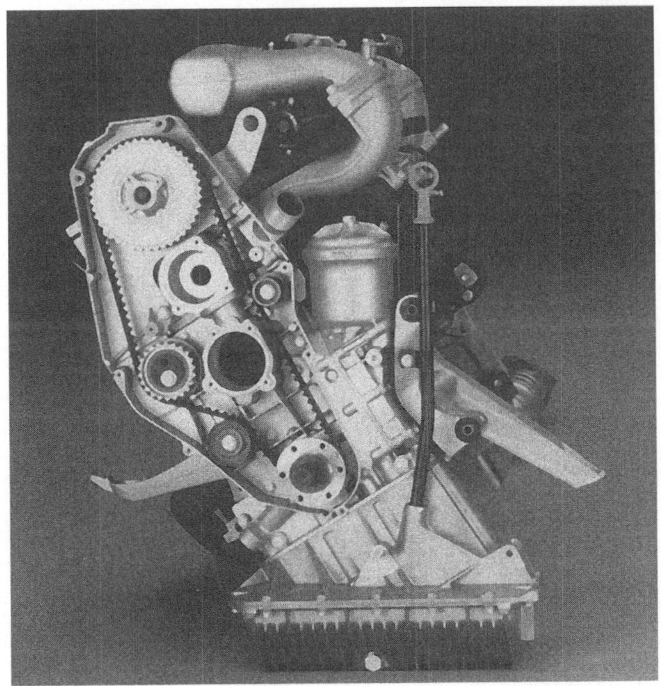

Bild. 3.76. Einsatz eines Zahnriemens für den Nockenwellenantrieb eines Verbrennungsmotors

Werkbild Gates

Bild. 3.77. Einsatz von Zahnriemengetrieben in der Landtechnik

4 Stufenlos einstellbare Getriebe

Manche Arbeitsverfahren erfordern während des Betriebs veränderliche Drehzahlen und Drehmomente. Dies gilt insbesondere für alle Prozesse mit häufigen, schwierigen Anfahrvorgängen [39]. Dabei ist es unabhängig von der Art des Antriebs wirtschaftlich, die Drehzahl auf hohem Niveau (d.h. bei niedrigem Drehmoment) zu verstellen und ein hohes Drehmoment, d.h. niedriges Drehzahlniveau, durch ein nachgeschaltetes Zahnradgetriebe zu erzeugen [39]. Hierfür eignen sich insbesondere Planetengetriebe [35], die es ermöglichen, bei entsprechender Auslegung mit einer verhältnismäßig geringen Leistung des Verstellgetriebes (Nebengetriebe) große Leistungen des gesamten Getriebesystems (Stellkoppelgetriebe) zu übertragen und stufenlos zu verstellen. Sowohl Riemen- als auch Kettengetriebe haben als stufenlos einstellbare Getriebe eine ständig wachsende Bedeutung. Neben Flachriemen (selten) kommen hierfür heute meist Breitkeilriemen (vgl. Kapitel 2.3.2) in symmetrischer und asymmetrischer Ausführung sowie Ketten in Spezialausführung [40, 52] zum Einsatz. Haupteinsatzgebiete sind Antriebe für Werkzeugmaschinen, Rührwerke u.ä. sowie Kraftfahrzeuge (CVT-Getriebe). Stufenlos einstellbare mechanische Getriebe arbeiten nach dem Prinzip, daß der Radius, an dem die Umfangskraft angreift, verändert wird. Dies ist im wesentlichen nur bei kraftschlüssigen Getrieben möglich.

4.1 Riemengetriebe

Bei Transmissionen und auch bei Einzelantrieben von Werkzeugmaschinen waren Stufenscheiben (Bild 4.1) lange Zeit vorherrschend. Heute sind sie weitgehend durch stufenlos einstellbare Antriebe verdrängt worden [39]. Die Scheibendurchmesser sind so zu wählen, daß sich für jede Stufe die gleiche Riemenlänge ergibt. Das Schalten (Verändern der Übersetzung) geschieht im Stillstand. Dabei verschiebt man den Riemen auf eine andere Stufe der Scheibe, indem man eine Stufenscheibe langsam von Hand dreht. Bei Keilriemengetrieben muß zusätzlich der Wellenabstand verstellbar sein. Der Kraftfluß ist beim Schalten unterbrochen. Um diesen Mangel zu beheben, wurden stufenlos einstellbare Riemengetriebe entwickelt. Dabei ging man davon aus, daß bei konstanter Riemenlänge l_w entweder der Wirkdurchmesser einer Scheibe und der Wellenabstand oder aber die Wirkdurchmesser beider Riemenscheiben bei konstantem Wellenabstand zu verändern waren. Dies führte zu einfachen Flachriemen- oder Keilriemenverstellgetrieben.

Bild 4.2 zeigt ein einfaches Kegelscheiben-Verstellgetriebe für Flachriemen, wie es z.B. für Gruppenantriebe von Papier- und Textilmaschinen verwendet wurde. Der Riemen wird mit Hilfe seitlicher Rollen entsprechend der gewünschten Übersetzung auf den breiten konischen Riemenscheiben eingestellt und geführt. Der auf

den größeren Durchmesser der konischen Scheibe auflaufende Riemenrand nimmt
eine höhere Geschwindigkeit an als der Riemenrand auf der anderen Seite. Dadurch
wird das nachfolgende Riemenstück schräg gezogen und läuft auf einen größeren
Durchmesser auf (vgl. Kapitel 2.2.3). Auf diese Weise stellt sich beim Kegelscheiben-Verstellgetriebe unter Schräglauf des Riemens bei Verschiebung q Gleichgewicht ein. Dabei erfährt der Riemen eine Biegebeanspruchung um die Breitenachse,
die umso größer ist, je breiter der Riemen, je größer der Kegelwinkel, je größer der
E-Modul des Riemenwerkstoffs und je kleiner die Scheibendurchmesser sind. Man
wählt daher Riemen, die möglichst schmal und dick sind und Scheiben mit Kegel-
winkeln von maximal 1:10 bis 1:20. Den Wirkdurchmesser einer Keilriemenscheibe

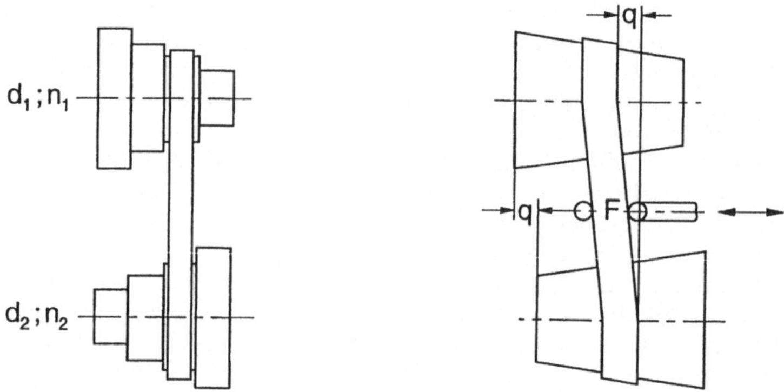

Bild 4.1. Riemengetriebe mit Stufenscheiben   Bild 4.2. Kegelscheiben-Verstellgetriebe
(vier Übersetzungsmöglichkeiten)

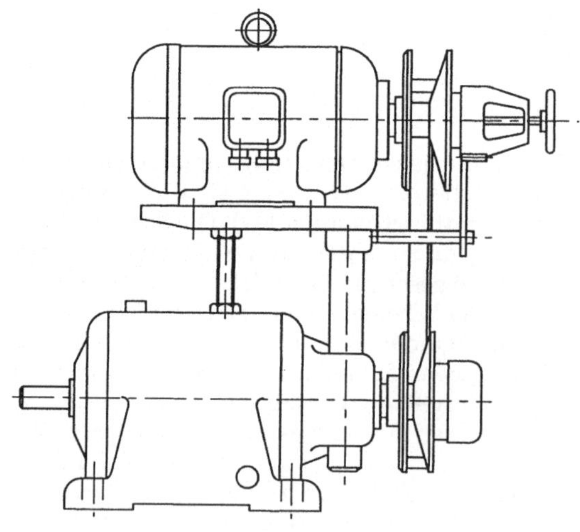

Bild 4.3. Stufenlos einstellbares Breitkeilriemengetriebe mit federbelasteter Abtriebsscheibe

kann man dadurch verändern, daß man den Abstand der beiden Scheibenhälften ändert. Ein stufenlos einstellbares Breitkeilriemengetriebe zeigt Bild 4.3 als Kombination mit einem Elektromotor und einem Zahnradgetriebe. Durch Drehung am Handrad wird die rechte Scheibenhälfte verschoben. Die untere Scheibe ist eine Spreizscheibe (Bild 4.4) und paßt sich selbsttätig der Übersetzung an. Die Feder erzeugt dabei Anpreßkraft und Vorspannung, sie gleicht Riemenverschleiß und Schwankungen der Riemenbreite (Fertigungstoleranzen) aus.

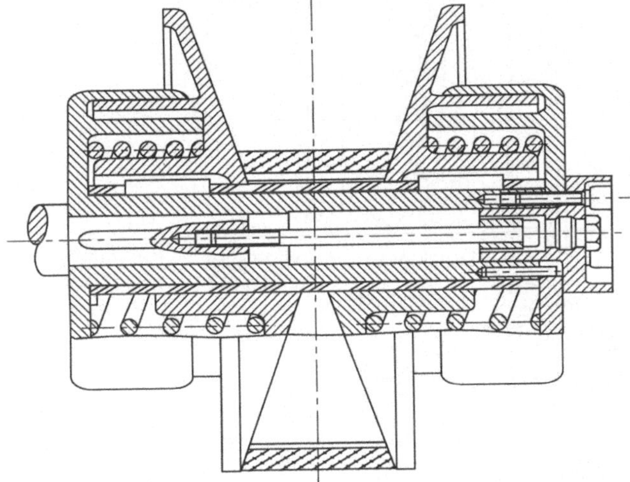

Bild 4.4. Federbelastete Spreizscheibe

4.2 Kettengetriebe

Die heute vorzugsweise für höhere Leistungen im Einsatz befindlichen Kettengetriebe mit stufenlos einstellbarer Übersetzung (Bild 4.5) arbeiten nach dem gleichen Prinzip wie die Keilriemen-Verstellgetriebe. Die Kette läuft zwischen zwei Kegelscheibenpaaren. Je eine der Scheiben ist axial verschiebbar, während die andere fest angeordnet ist. Eine stufenlose Drehzahländerung wird durch eine gegenläufige axiale Verschiebung der sog. Wegscheiben bewirkt. Hierdurch ändert die Kette ihre Laufradien. Die Übertragung der Umfangskraft zwischen Kette und Scheibe geschieht kraftschlüssig zwischen den gewölbten Stirnflächen der Wiegebolzen und den glatten Laufflächen der Kegelscheiben. Hierbei tritt Schlupf auf. Die notwendige Anpreßkraft zwischen Kette und Kegelscheibe wird entsprechend dem dargestellten Beispiel [40] drehmomentabhängig mit Hilfe der Kurventräger und der Anpreßrollen erzeugt. Für die Kettenanpressung im Leerlauf sorgt eine Druckfeder. Die Drehzahlveränderung erfolgt durch eine Drucölsteuerung (Bild 4.6). Das Drucköl dient zur Anpressung der Kegelscheiben an die Kette, zur Axialverschiebung der Wegscheiben und zur Schmierung aller beweglichen Getriebeteile.

Die wesentlichen Unterschiede der am Markt befindlichen stufenlos einstellbaren Kettengetriebe ergeben sich aus der Konstruktion der Kette als Zugorgan [6]. Die P.I.V.-Keilkette (Bild 4.7) besteht aus Laschen, die zu Gliedern zusammengefügt und mittels eines Wiegegelenks verbunden sind. Die Bolzen des Wiegegelenks sind

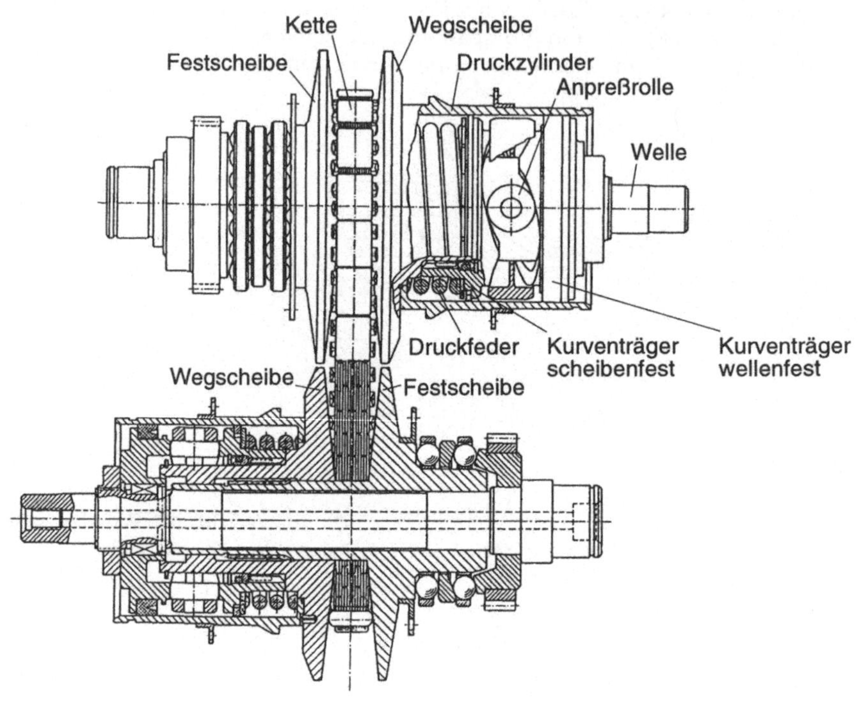

Bild 4.5. Stufenlos einstellbares Kettengetriebe [40]

an ihren Enden ballig ausgeführt und dienen der Übertragung der Umfangskraft
auf die Keilscheiben. Die Laschenpakete der Kettenglieder werden durch einen die
Laschen übergreifenden U-förmigen Steg zusammengehalten, der darüber hinaus
eine Schräglage der Kettenglieder verhindert. Die Kette ist sehr leicht und besitzt
eine veränderliche Teilung von ca. 10 bis 11 mm. Die Arbeitsbreite beträgt ca. 24
mm. Eine interessante Alternative zur Kette als Zugmittel stellt das Ganzmetall-
VDT-Schubgliederband dar (Bild 4.8). Es ist wie eine endlose Kette aufgebaut, überträgt jedoch die Umfangskräfte nicht als Zug-, sondern als Druckorgan. Es besteht
aus dünnen, hintereinander angeordneten Querelementen, die durch zwei seitlich
angeordnete Pakete sehr flexibler geschichteter dünner Stahlbänder zusammengehalten werden. Diese Bänder dienen ausschließlich der Führung der Schubglieder
und sind an der Leistungsübertragung nicht beteiligt. Zur Übertragung der Um-

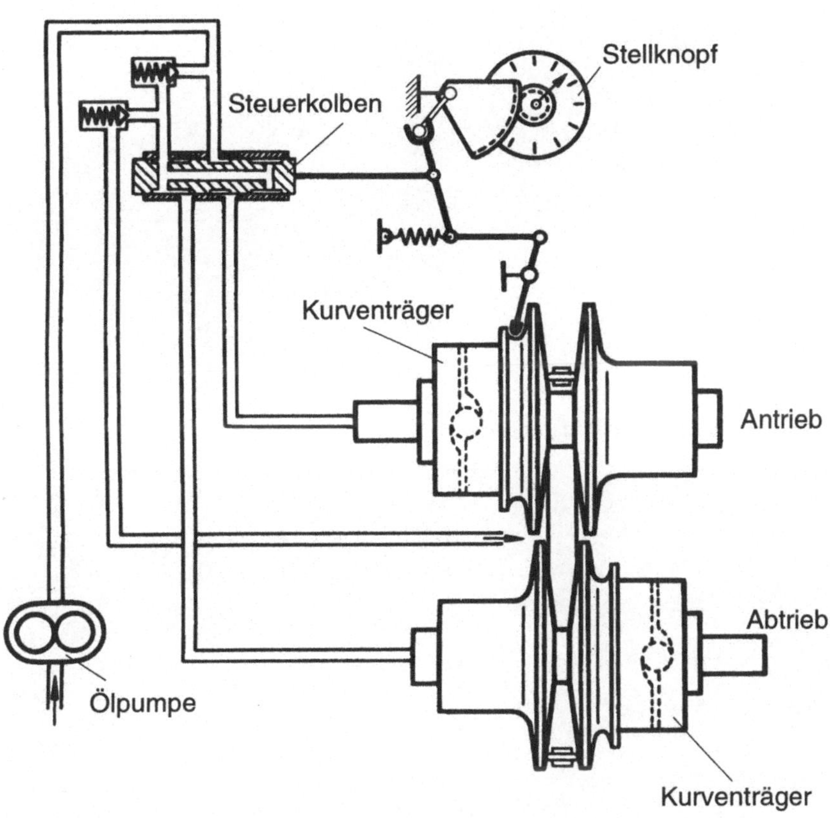

Bild 4.6. Servohydraulische Drucköllsteuerung für das Getriebe nach Bild 4.5 [40]

fangskraft werden die Schubglieder zwischen die Keilscheiben geklemmt. Die Teilung des Schubgliederbandes entspricht dabei praktisch der Dicke der Schubglieder (1,2 bis 2,2 mm). Diese Tatsache bewirkt, daß die Seitenflächen des Schubgliederbandes nahezu eine homogene Oberfläche besitzen. Die Arbeitsbreite des Schubgliederbandes beträgt 23 mm. Als jüngste Entwicklung ist die B.W.-Druckrahmenkette [22, 46] zu nennen (Bild 4.9). Sie besteht aus flachen, trapezförmigen Querelementen, die paarweise zusammengefügt und durch die Kettenlaschen in Längsrichtung fixiert werden. Die Kettenbolzen sind als Wiegegelenke ausgebildet und geben die Teilung für die Querelemente vor. Im Unterschied zur P.I.V.-Keilkette erfolgt die Übertragung der Umfangskraft auf die Keilscheibe bei der B.W.-Kette durch die Querelemente. Die Kette besitzt eine konstante Teilung von ca. 10 mm und eine wirksame Breite von 24 mm.

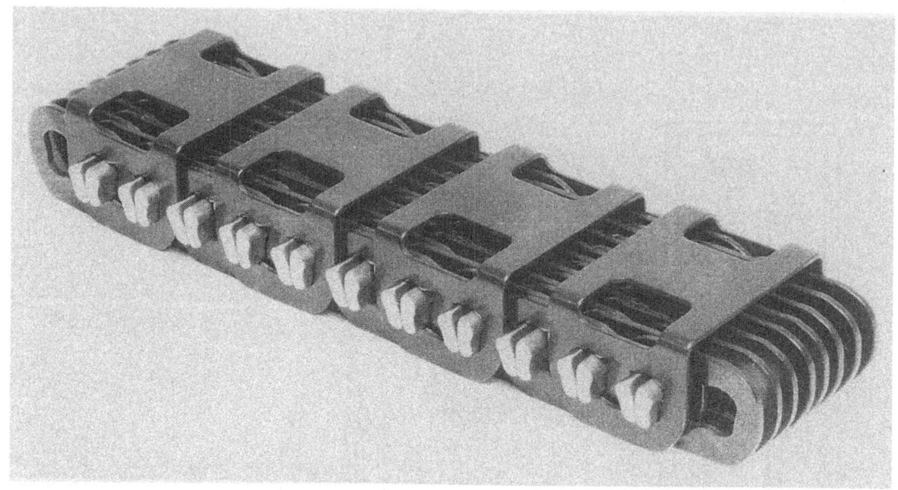

Bild 4.7. P.I.V.-Keilkette für Kraftfahrzeuggetriebe

Bild 4.8. VDT-Schubgliederband für Kraftfahrzeuggetriebe

Bild 4.9. B.W.-Druckrahmenkette

4.3 Stellkoppelgetriebe

Da stufenlos einstellbare Getriebe üblicherweise mit kraftschlüssigen Übertragungselementen arbeiten, sind sie hinsichtlich ihrer übertragbaren Leistung begrenzt. Um den Leistungsbereich nach oben zu erweitern, bietet sich die Kopplung mit einem Planetengetriebe an [35]. Dies geschieht in der Weise, daß ein zwangläufiges elementares Umlauf-Koppelgetriebe so gestaltet wird, daß das Hauptgetriebe als ein zweiläufiges Umlaufgetriebe ausgeführt wird und das Nebengetriebe eine stufenlos einstellbare Übersetzung aufweist (Bild 4.10). Solche Getriebe sind auch in

Bild 4.10. Zwangläufiges Koppelgetriebe in symbolischer Darstellung mit einem Nebengetriebe mit stufenlos einstellbarer Übersetzung a) Getriebeschema b) Leistungsfluß I Hauptgetriebe II Nebengetriebe; I, II Einzelwellen, S angeschlossene Koppelwelle, F freie Koppelwelle [35]

ihrer Gesamtübersetzung stufenlos verstellbar und werden deshalb als Stellkoppelgetriebe [35] bezeichnet. Da der Leistungsfluß im Getriebeinneren bei richtiger Auslegung so verläuft, daß nur ein Bruchteil der Leistung über das Nebengetriebe fließt, können hier kraftschlüssige Verstellgetriebe geringer Leistung eingesetzt werden, um die Drehzahl des Gesamtgetriebes großer Leistung stufenlos zu verstellen. Eine ausführliche Darstellung der Stellkoppelgetriebe sowie Hinweise zu deren Auslegung finden sich in [35], Hinweise zu deren Einsatz bei Fahrzeugantrieben in [31].

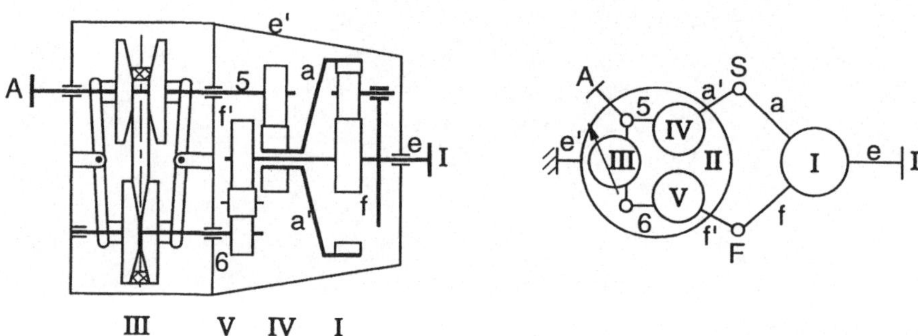

Bild 4.11. Schema und symbolische Darstellung eines P.I.V.-Stellkoppelgetriebes mit einem Kettengetriebe als Stellgetriebe III, zwei Zwischengetrieben IV und V mit negativer bzw. positiver Übersetzung; A Antrieb I Abtrieb S nicht angeschlossen [35]

Bild 4.11 zeigt als Schemazeichnung und symbolische Darstellung ein Stellkoppelgetriebe, das als stufenlos einstellbares Nebengetriebe ein Kettengetriebe enthält. Dieses kann aufgrund seiner geometrischen Abmessungen nicht direkt mit dem Hauptgetriebe gekoppelt werden und benötigt zur Überbrückung konstruktiv vorgegebener Wellenabstände Zwischengetriebe. Der Antrieb befindet sich bei A, der Abtrieb bei I. Stellkoppelgetriebe der geschilderten Konfiguration stellen die Grundlage für die sich derzeit in Entwicklung befindlichen CVT-Getriebe für Fahrzeugantriebe dar. Erste Getriebeausführungen befinden sich bereits in serienmäßigem Einsatz.

4.4   CVT-Getriebe

Im Antriebsstrang von Kraftfahrzeugen werden bisher fast ausschließlich handgeschaltete oder automatisch betätigte Zahnradgetriebe verwendet. Beide Getriebebauarten sind durch feste Übersetzungsstufen gekennzeichnet. Sie wurden im Laufe ihrer Entwicklung ständig verbessert und haben einen hohen Stand der Technik erreicht.

Unter dem Begriff CVT (Continuous Variable Transmission) haben in neuerer Zeit stufenlos einstellbare Kettengetriebe (Kettenwandler) und Stellkoppelgetriebe, deren Nebengetriebe aus einem stufenlos einstellbaren Kettengetriebe besteht, Eingang in die Fahrzeugtechnik gefunden [4, 47]. Anlaß hierzu gaben unter anderem
  - der weltweit härter werdende Preiswettbewerb,
  - die zunehmenden Komfortansprüche (automatische Getriebeverstellung ohne Gangstufenwechsel und Lastunterbrechung) und

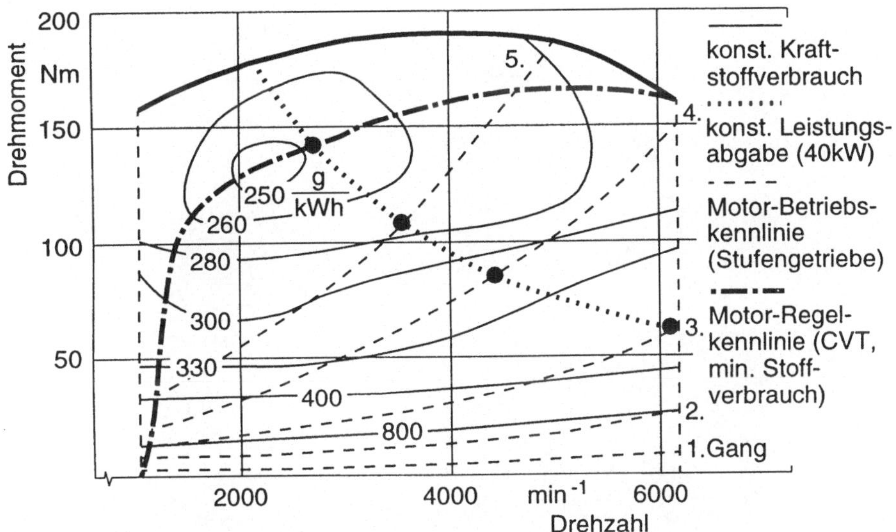

Bild 4.12. Kraftstoffverbrauchs-Kennfeld für einen Pkw-Ottomotor [4]

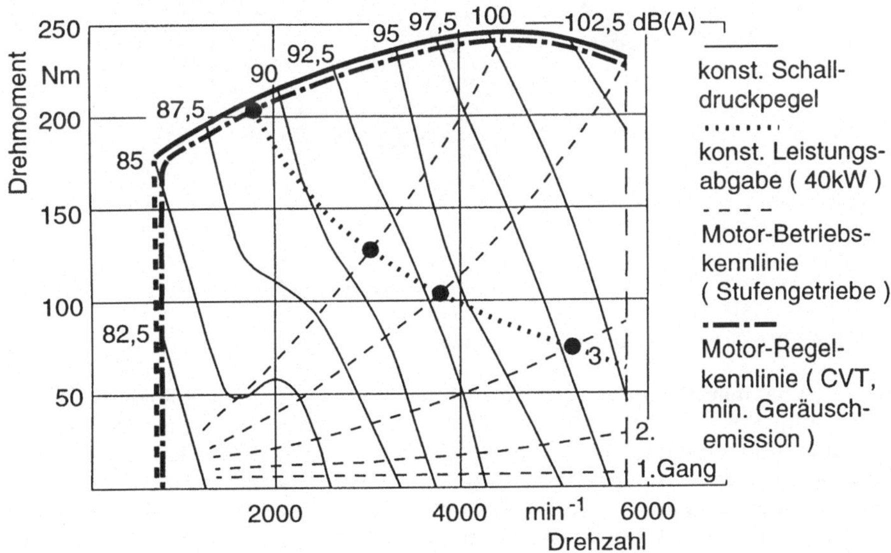

Bild 4.13. Geräusch-Kennfeld für einen Pkw-Ottomotor [4]

Werkbild Zahnradfarik Friedrichshafen

Bild 4.14. CVT-Getriebe für einen Pkw-Antrieb

   - zunehmende Forderungen hinsichtlich Ökonomie und Ökologie (Verringerung des Kraftstoffverbrauchs, der Abgas- und der Geräuschemissionen).

Hinsichtlich dieser Kriterien bieten CVTs gegenüber den bisher verwendeten
Zahnradgetrieben prinzipbedingt Vorteile. Bei Fahrzuständen im Gleichgewicht
(steady state) kann auf der Kurve des optimalen Verbrauchs (Bild 4.12) gefahren
werden, da beim CVT keine feste Kopplung von Motordrehzahl und Fahrzeugge-
schwindigkeit besteht. Dadurch sind deutliche Kraftstoffeinsparungen zu erzielen
[7]. Die Schaltvorgänge beschränken sich auf das Anfahren, jegliches weitere
Schalten von Gangstufen und Lastunterbrechungen entfällt. Durch die freie Regel-

barkeit der Motorbetriebsparameter Drehmoment und Drehzahl kann das Betriebsverhalten des Verbrennungsmotors hinsichtlich Abgas- und Geräuschemission optimiert werden [4]. Bild 4.12 zeigt das Verbrauchskennfeld eines PKW-Ottomotors. Dieser Motor ist mit einem Fünfgang-Handschaltgetriebe kombiniert. Bei Konstantfahrt in der Ebene ergeben sich die gestrichelt gezeichneten Betriebskurven für die einzelnen Gänge. Die Kennlinie des geringsten Kraftstoffverbrauchs ist als strichpunktierte Kurve dargestellt. Zur Veranschaulichung möglicher Kraftstoffeinsparungen ist als Beispiel die 40 kW-Leistungshyperbel des Motors punktiert eingetragen. Wie ein Vergleich der verschiedenen Arbeitspunkte auf der Leistungshyperbel zeigt, kann bei heutigen Schaltgetrieben durch frühes Hochschalten eine Kraftstoffersparnis erreicht werden. Bei Einsatz eines CVTs ergibt sich eine deutliche Verringerung des Kraftstoffverbrauchs und damit verbunden auch der Abgasemissionen. Auch die Geräuschemission des Verbrennungsmotors kann durch Einsatz eines CVT merklich verringert werden (Bild 4.13). Interessanterweise verläuft die Kurve der minimalen Geräuschemission ähnlich wie die Kurve des minimalen Verbrauchs. Die Geräuschemission des Motors wird wesentlich stärker durch die Motordrehzahl als durch das Motordrehmoment beeinflußt (Pegelerhöhung etwa 6 dB(A) bei Drehzahlverdopplung, etwa 3 dB(A) bei Momentenverdopplung). Da die Betriebskennlinien für geringsten Kraftstoffverbrauch und niedrigste Geräuschemission ähnliche Verläufe aufweisen, besteht für den Einsatz eines CVTs kein Zielkonflikt für die Wahl der zu verwirklichenden Motorbetriebskennlinie [4]. Hierfür benötigt man die richtige Regelstrategie, um bei Veränderungen der Last schnell wieder auf die gewählte Betriebskennlinie zurückzukehren. Dies wird mit elektronischen Mitteln erreicht. Die permanente Kraftübertragung durch Reibung zwischen Scheiben und Kette stellt hohe Anforderungen an die Zuverlässigkeit des Hydrauliksystems. Hierdurch wird letztendlich die Dauerhaltbarkeit des Getriebes bestimmt. Diese ist auch bei extremen Fahrsituationen sicherzustellen (Fehlverhalten des Fahrers, blockierende Antriebsräder usw.). Zugmittelgetriebe eignen sich durch ihren speziellen Aufbau besonders für den quergestellten Frontantrieb [7]. Ein Beispiel für ein bereits im Einsatz befindliches CVT zeigt Bild 4.14.

5 Literaturverzeichnis

5.1 Schrifttum

1   Arntz-Optibelt-KG, Höxter: Technisches Handbuch für Optibelt-Antriebselemente. 3. Aufl. 1179/1/II/89, 1989, 1058/3/I/89, 1987

2   Arntz-Optibelt-KG, Höxter: Technisches Handbuch für Optibelt-Zahnflachriemen. 3. Aufl. 1179/1/III/89, 1989

3   Berents, R.; Maahs, G.; Schiffner, H.; Vogt, E.: Handbuch der Kettentechnik. Einbeck: Arnold & Stolzenberg 1989

4   Biermann, J.W.: Übersicht über stufenlos verstellbare Getriebe. 1. Aachener Kolloquium Fahrzeug- und Motorentechnik: Aachen 1987, 433-455

5   Continental AG, Hannover: Conti Synchrobelt Zahnriemen. WT 1925.2.90 (TS) 1990

6   Cuypers, M.H.; Sevoo, J.M.: Durch Metallkeilriemen und -ketten in stufenlosen Kraftfahrzeuggetrieben übertragbare Drehmomente. Antriebstechnik 29 (1990), 72-76

7   Dach, H.: Automatgetriebe. 1. Aachener Kolloquium Fahrzeug- und Motorentechnik: Aachen 1987, 385-404

8   Decker, K.-H.: Maschinenelemente. 8. Aufl. München: Hanser 1982

9   Erxleben, St.: Dynamisches Verhalten von Riemengetrieben. VDI-Bericht 524. Düsseldorf: VDI-Verlag 1984, 271-291

10 Erxleben, St.: Untersuchungen zum Betriebsverhalten von Riemengetrieben unter Berücksichtigung des elastischen Materialverhaltens. Diss. RWTH Aachen 1984

11 Fischer, F.W.: Auswirkungen der Fertigungsabweichungen von Riemengetrieben auf das dynamische Betriebsverhalten. Fortschr.-Ber. VDI Reihe 1 Nr. 186. Düsseldorf: VDI-Verlag 1990

12 Forschungsgruppe Zahnriemengetriebe: 91.01 bis 91.08. Dresden: Institut für Feinwerktechnik, TU Dresden 1991

13 Funk, W.: Belt Drives. Power Transmission Elements, Chapter 3, 111-157. New York: McGraw Hill 1990

14 Funk, W.: Der Einfluß der Reibkorrosion auf die Dauerhaltbarkeit zusammengesetzter Maschinenelemente. Diss. TH Darmstadt 1968

15 Funk, W.: Eingriffsverhältnisse in Zahnriementrieben beeinflussen die Geräusche. Maschinenmarkt 93 (1987), 64-68

16 Funk, W.: Reibkorrosion und Verschleiß - Versuch einer Begriffsabgrenzung. Metalloberfläche 23 (1969), 233-237

17 Funk, W.: Ursachen von Geräuschentwicklungen in Zahnriementrieben und primäre Gegenmaßnahmen. Maschinenmarkt 93 (1987), 48-53

18 Funk, W.; Köster, L.: Problematik der Drehmomentübertragung durch Zahnriementriebe. Antriebstechnik 21 (1982), 390-394

19   Gogolin, B.: Keilriemen - laufruhig selektiert? Antriebstechnik 28 (1989) 61-64

20   Habasit GmbH., Reinach-Basel (Schweiz): Hochleistungs-Flachriemen. Firmenunter-
        lagen 1209, 1190, 1310, 1990

21   Hagemeister, K.; Zacherl, A.: Hochtourige Flachriemengetriebe mit Laufgeschwin-
        digkeiten bis 200 m/s. Antriebstechnik 18 (1979) 247-252, 315-319

22   Hirona, S.; Miller, A.L.; Schneider, K.F.: SCVT - A State of the Art Electronically
        Controlled Continuously Variable Transmission. SAE Techn. Paper Series 910410,
        1991

23   Jansen, U.: Geräuschverhalten und Geräuschminderung von Zahnriementrieben.
        Fortschr.-Ber. VDI Reihe 11 Nr. 136. Düsseldorf: VDI-Verlag 1990

24   Jansen, U.: Geräuschverhalten von Zahnriemen. Fachseminar der Wilhelm Herm.
        Müller GmbH & Co., K.G., Hannover 1991

25   Köster, L.: Der Zugkraftverlauf in Zahnriemenantrieben. Konstruktion 34 (1982) 99-
        104

26   Köster, L.: Untersuchung der Kräfteverhältnisse in Zahnriemenantrieben. Diss.
        UniBw Hamburg 1981

27   Krause, W.: Zahnriemengetriebe. Heidelberg: Hüthig, 1988

28   Langer, H.-P.: Reibung, Verformung und Schlupf von Flachriemen, Teil I. Antriebs-
        technik 16 (1977) 63-69

29   Langer, H.-P.: Reibung, Verformung und Schlupf von Flachriemen, Teil II. Antriebs-
        technik 16 (1977) 293-295

30   Linde v.d., J.: Untersuchungen des Geräuschverhaltens von Rollenkettengetrieben.
        Industrie-Anzeiger 87 (1965) 115-121

31   Loomann, J.: Zahnradgetriebe. 2. Aufl. Berlin, Heidelberg, New York, London, Paris,
        Tokyo: Springer, 1988

32   Mannesmann Rexroth Pneumatik GmbH.: Katalog Zahnketten, 1990

33   Marshek, K.M.: Chain Drives. Power Transmission Elements, Chapter 4, 159-207.
        New York: McGraw-Hill 1990

34   Müller, H.W.: Anwendungsbereiche der Keilriemen in der Antriebstechnik. Keil-
        riemen - Eine Monografie. Essen: Verlag Ernst Heger, 1972

35   Müller, H.W.: Die Umlaufgetriebe. Berlin, Heidelberg, New York: Springer, 1971

36   Müller, H.W.: Kompendium Maschinenelemente. 7. Aufl. Darmstadt: Selbstverlag
        1990

37   Müller, J.; Hagedorn, H.; Klammert, A.: Getriebetechnik Rollenkettengetriebe, 1.
        Aufl. Berlin: VEB Verlag Technik 1983

38   Naji, M.R.; Marshek, K.M.: Toothed Belt-Load Distribution. ASME 83-DE-7, 1983

39   Niemann, G.; Winter, H.: Maschinenelemente, Bd. III, 2. Aufl. Berlin, Heidelberg,
        New York, Tokyo: Springer 1983

40   P.I.V. Antrieb Werner Reimers Gmbh. & Co. KG, Bad Homburg: Positrac-Stufenlose
        Getriebe System RH 159/10. Firmenunterlagen, 1987

41   Peeken, H.; Erxleben, St.; Fischer, F.: Anfahrbeanspruchung von Riemengetrieben.
        VDI-Z. 128 (1986) 225-232

42   Peeken, H.; Erxleben, St.; Fischer, F.: Verdrehsteifigkeitskennlinien von Riemenge-
        trieben. VDI-Z. 127 (1985) 919-926

43   Peeken, H.; Fischer, F.; Frenken, E.: Kraftübertragung in Zahnriemengetrieben. Kon-
        struktion 41 (1989) 183-190

44   Peeken, H.; Fischer, F.; Frenken, E.: Auswirkungen von Fertigungsabweichungen
        auf das Betriebsverhalten von Riementrieben. Antriebstechnik 29 (1990), 77-80

45   Rachner, H.-G.: Stahlgelenkketten und Kettentriebe. Berlin, Göttingen, Heidelberg:
        Springer 1962

46   Rattunde, M.; Schönnenbeck, G.; Wagner, P.: Bauelemente stufenloser Kettenwandler und deren Einfluß auf den Wirkungsgrad. VDI-Ber. 878. Düsseldorf: VDI-Verlag, 1991, 259-275

47   Renius, K. Th.; Sauer, G.: Kettenwandler in Traktorgetrieben. VDI-Ber. 878. Düsseldorf: VDI-Verlag 1991, 277-292

48   Siegling, E., Hannover: Flachriemen als kostengünstiges Antriebselement: Eine Alternative zu Keilriemen? Firmenunterlagen, 1989

49   Siegling, E., Hannover: Hochleistungsflachriemen Extremultus. Firmenunterlagen, 1993

50   Tochtermann, W.; Bodenstein, F.: Konstruktionselemente des Maschinenbaues. 9. Aufl. Berlin, Heidelberg, New York: Springer 1979

51   Tope, H.-G.: Zugmittelgetriebe. Veranstaltungsunterlagen zum Seminar Nr. S-3-914-05-0. Essen: Haus der Technik, 1980

52   Van Doorne's Transmissie B.V., Tilburg (Niederlande): General Product Description, Firmenunterlagen, 1991

53   VDI-Gesellschaft Entwicklung Konstruktion Vertrieb: Riemengetriebe. VDI 2758. Düsseldorf: VDI-Verlag 1993

54   Zollner, H.: Kettentriebe. München: Carl Hanser Verlag 1966

5.2   Normen

DIN 109 Teil 1   Antriebselemente; Umfangsgeschwindigkeiten; Dez. 1993

DIN 109 Teil 2   Antriebselemente; Achsabstände für Riementriebe mit Keilriemen; Dez. 1993

DIN 111   Antriebselemente; Flachriemenscheiben; Maße; Nenndrehmomente; Aug. 1982

DIN 740 Teil 1   Nachgiebige Wellenkupplungen; Anforderungen, Technische Lieferbedingungen; Aug. 1986

DIN 740 Teil 2   Nachgiebige Wellenkupplungen; Begriffe und Berechnungsgrundlagen; Aug. 1986

DIN 2211 Teil 1   Antriebselemente; Schmalkeilriemenscheiben; Maße; Werkstoff; März 1984

DIN 2211 Teil 2   Antriebselemente; Schmalkeilriemenscheiben; Prüfung der Rillen; März 1984

DIN 2211 Teil 3   Antriebselemente; Schmalkeilriemenscheiben; Zuordnung der elektrischen Motoren; Jan. 1986

DIN 2215   Endlose Keilriemen; Maße; März 1975

DIN 2216   Endliche Keilriemen; Maße; Okt. 1972

DIN 2217 Teil 1   Antriebselemente; Keilriemenscheiben; Maße; Werkstoff; Febr. 1973

DIN 2217 Teil 2   Antriebselemente; Keilriemenscheiben; Prüfung der Rillen; Febr. 1973

DIN 2218   Endlose Keilriemen für den Maschinenbau; Berechnung der Antriebe; Leistungswerte; April 1976

DIN 7716   Erzeugnisse aus Kautschuk und Gummi; Anforderung an die Lagerung, Reinigung und Wartung; Mai 1982

DIN 7719 Teil 1   Endlose Breitkeilriemen für industrielle Drehzahlwandler; Riemen und Rillenprofile der zugehörigen Scheiben; Okt. 1985

DIN 7719 Teil 2	Endlose Breitkeilriemen für industrielle Drehzahlwandler; Riemen und Rillenprofile der zugehörigen Scheiben; Jan. 1987
DIN 7721 Teil 1	Synchronriementriebe, metrische Teilung; Synchronriemen; Juni 1989
DIN 7721 Teil 2	Synchronriementriebe, metrische Teilung; Zahnlückenprofil für Synchronscheiben; Juni 1989
DIN 7722	Endlose Hexagonalriemen für Landmaschinen und Rillenprofile der zugehörigen Scheiben; Juni 1982
DIN 7753 Teil 1	Endlose Schmalkeilriemen für den Maschinenbau; Maße; Jan. 1988
DIN 7753 Teil 2	Endlose Schmalkeilriemen für den Maschinenbau; Berechnung der Antriebe, Leistungswerte; Apr. 1976
DIN 7753 Teil 3	Endlose Schmalkeilriemen für den Kraftfahrzeugbau; Maße der Riemen und Scheibenrillenprofile; Febr. 1986
DIN 7753 Teil 4	Endlose Schmalkeilriemen für den Kraftfahrzeugbau; Ermüdungsprüfung; März 1988
DIN 7867	Keilrippenriemen und -scheiben; Juni 1986
DIN 8154	Buchsenketten mit Vollbolzen; Amerik. Bauart; März 1984
DIN 8164	Buchsenketten; Juli 1990
DIN 8181	Rollenketten, langgliedrig; März 1984
DIN 8187	Rollenketten, Europ. Bauart; März 1984
DIN 8188	Rollenketten, Amerik. Bauart; März 1984
DIN 8189	Rollenketten für Landmaschinen; Teil 1: Mit Befestigungslaschen; Teil 2: Ohne Befestigungslaschen; März 1987
DIN 8190	Zahnketten mit Wiegegelenk und 30° Eingriffswinkel; Jan. 1988
DIN 8191	Verzahnung der Kettenräder für Zahnketten nach DIN 8190; Profilabmessungen; Jan. 1988
DIN 8192	Kettenräder für Rollenketten nach DIN 8187; Baumaße; März 1987
DIN 8194	Stahlgelenkketten; Ketten und Kettenteile; Bauformen; Benennungen; Aug. 1983
DIN 8195	Rollenketten; Kettenräder; Auswahl von Kettentrieben; Aug. 1977
DIN 8196 Teil 1	Verzahnung der Kettenräder für Rollenketten nach DIN 8187 und DIN 8188; Profilabmessungen; März 1987
DIN 8196 Teil 2	Verzahnung der Kettenräder für Rollenketten; Langgliedrig; nach DIN 8181; Profilabmessungen; März 1992
DIN 8197	Stahlgelenkkette; Bezugsprofile von Wälzwerkzeugen für Kettenräder für Rollenketten; Juni 1980
DIN 8199	Verzahnung der Kettenräder für Rollenketten für Landmaschinen; Profilabmessungen; März 1987
DIN 8298	Profile von Zahnlückenfräsern für Kettenräder für Rollenketten; Febr. 1989
DIN/ISO 5290	Verbund-Schmalkeilriemenscheiben; Profile 9J; 15J; 20J; 25J; Mai 1988
DIN/ISO 5294	Synchronriementriebe; Scheiben; Mai 1991
DIN/ISO 5296 Teil 1	Synchronriementriebe; Riemen; Zahnteilungs-Kurzzeichen MXL, XL, L, H, XH und XXH; Metrische und Inch-Maße; Mai 1991
DIN/ISO 5296 Teil 2	Synchronriementriebe; Riemen; Zahnteilungs-Kurzzeichen MXL und XXL; Metrische Maße; Mai 1991
DIN/ISO 9010	Synchronriementriebe; Riemen für den Kraftfahrzeugbau; Juni 1990
DIN/ISO 9011	Synchronriementriebe; Scheiben für den Kraftfahrzeugbau; Juni 1990
ISO/DIS 5290	Riemengetriebe; Rillenscheiben für Verbund-Schmalkeilriemen; Rillenprofile 9J, 15J, 20J und 25 J; Nov. 1991

ISO 22 — Riementriebe; Flachriemen und zugehörige Scheiben; Maße und Toleranzen; Dez. 1991

ISO 155 — Riementriebe; Riemenscheiben; Grenzwerte für die Einstellung von Mittenabständen; Sept. 1989

ISO 255 — Riementriebe; Riemenscheiben für Keilriemen; Überprüfung der Rillengeometrie; Nov. 1990

ISO 487 — Stahlrollenketten, Typen S und C; Befestigungsglieder und Kettenräder; Aug. 1984

ISO 606 — Kurzgliedrige Präzisionsrollenketten und Kettenräder für Antriebe; Dez. 1982

ISO 1081 — Getriebe mit Keilriemen und Keilriemenscheibe; Begriffe; Aug. 1980

ISO 1275 — Langgliedrige Präzisionsrollenketten und Kettenräder für Antriebe und Fördereinrichtungen; März 1984

ISO 1395 — Kurzgliedrige Präzisionsbuchsenketten und Kettenräder für Antriebe; Jan. 1977

ISO 1604 — Riementriebe; Endlose Breitkeilriemen für industrielle Drehzahlwandler sowie Rillenprofile der entsprechenden Riemenscheiben; Nov. 1989

ISO 1813 — Antistatische, endlose Keilriemen; Elektrische Leitfähigkeit; Kennwerte und Prüfverfahren; Apr. 1979

ISO 2790 — Riementriebe; Schmalkeilriemen für die Kraftfahrzeugindustrie sowie entsprechende Riemenscheiben; Maße; Aug. 1989

ISO 3410 — Maschinen für die Landwirtschaft; Endlose Keilriemen für Wechselgetriebe sowie Rillenprofile der entsprechenden Riemenscheiben; Aug. 1989

ISO 4183 — Riementriebe; Normal- und Schmalkeilriemen; Rillenscheiben (auf der Richtbreite basierendes System); Nov. 1989

ISO 4184 — Normal- und Schmalkeilriemen; Längen; Dez. 1992

ISO 5287 — Schmalkeilriementriebe für die Kraftfahrzeugindustrie; Ermüdungsprüfung; Mai 1985

ISO 5288 — Synchron-Riementriebe; Begriffe; Jan. 1982

ISO 5289 — Landwirtschaftliche Maschinen; Endlose Hexagonalriemen und Rillenprofile der zugehörigen Scheiben; Juni 1992

ISO 5290 — Rillenscheiben für Verbund-Schmalkeilriemen; Rillenprofile 9J, 15J, 20J und 25J; April 1993

ISO 5291 — Rillenscheiben für Verbund-Normalkeilriemen; Rillenprofile AJ, BJ, CJ und DJ (Bezugssystem); Mai 1993

ISO 5292 — Industrie-Keilriementriebe; Berechnung von Nennleistungswerten; März 1980

ISO 5294 — Synchron-Riementriebe; Riemenscheiben; Juli 1989

ISO 5295 — Synchronriemen; Berechnung der Nennleistung und des Antriebsachsabstands; Dez. 1987

ISO 5295 Teil 1 — Zahnteilungs-Kurzzeichen MXL, XL, L, H, XH und XXH; Metrische und Zoll-Maße; Juli 1989

ISO 5295 Teil 2 — Zahnteilungs-Kurzzeichen MXL und XXL; Metrische Maße; Juli 1989

ISO 6972 — Getriebeketten mit gekröpften Gliedern aus geschweißtem Stahl und zugehörige Kettenräder; Dez. 1982

ISO 8370 — Keilriemen und Zahnkeilriemen; Dynamisches Prüfverfahren zum Bestimmen der Lage der Wirkzone; Okt. 1993

ISO 8419	Verbund-Schmalkeilriemen; Längen im Bezugssystem; Dez. 1987
ISO 9010	Synchron-Riementriebe; Kraftfahrzeugriemen; Dez. 1987
ISO 9011	Synchron-Riementriebe; Kraftfahrzeug-Riemenscheiben; Dez. 1987
ISO 9563	Riementriebe; Elektrische Leitfähigkeit von antistatischen endlosen Synchronriemen; Merkmale und Prüfverfahren; Aug. 1990
ISO 9608	Keilriemen; Gleichförmigkeit von Keilriemen; Achsabstandsschwankungen; Spezifikation und Prüfverfahren; Sept. 1993
ISO 9633	Fahrradketten; Anforderungen; Prüfungen; Juli 1992
ISO 9980	Riementriebe; Rillenscheiben für Keilriemen (Beschreibung im System der Bezugsmaße); Geometrische Nachprüfung der Rillen; Sept. 1990
ISO 9981	Riementriebe; Keilrippen-Scheiben und -Riemen für die Kraftfahrzeugindustrie; Maße; Profil PK; Dez. 1990
ISO/DIS 606	Kurzgliedrige Präzisionsrollenketten und Kettenräder; Jan. 1992
ISO/DIS 1275	Langgliedrige Rollenketten und Kettenräder für Antriebe und Förderanlagen; März 1992
ISO/DIS 4184	Riemengetriebe; Klassische Keilriemen und Schmalkeilriemen; Längen im Richtsystem; Nov. 1991
ISO/DIS 5291	Riemengetriebe; Rillenscheiben für klassische Verbund-Keilriemen; Rillenprofile AJ, BJ, CJ und DJ (Bezugssystem); Nov. 1991
ISO/DIS 8370 Teil 1	Riemengetriebe; Dynamische Prüfung zur Bestimmung der Lage der Wirkzone; Keilriemen; Okt. 1993
ISO/DIS 8370 Teil 2	Riemengetriebe; Dynamische Prüfung zur Bestimmung der Lage der Wirkzone; Keilrippenriemen; Okt. 1993
ISO/DIS 9982	Riementriebe; Keilrippen-Scheiben und -Riemen für industrielle Anwendungen; Maße für die Profile PH, PJ, PK, PL und PM; Febr. 1991
ISO/DIS 10917	Synchronriementriebe; Riemen und Scheiben für den Kraftfahrzeugbau; Ermüdungsprüfung; Sept. 1992

Sachverzeichnis

Springer-Verlag und Umwelt

Als internationaler wissenschaftlicher Verlag sind wir uns unserer besonderen Verpflichtung der Umwelt gegenüber bewußt und beziehen umweltorientierte Grundsätze in Unternehmensentscheidungen mit ein.

Von unseren Geschäftspartnern (Druckereien, Papierfabriken, Verpackungsherstellern usw.) verlangen wir, daß sie sowohl beim Herstellungsprozeß selbst als auch beim Einsatz der zur Verwendung kommenden Materialien ökologische Gesichtspunkte berücksichtigen.

Das für dieses Buch verwendete Papier ist aus chlorfrei bzw. chlorarm hergestelltem Zellstoff gefertigt und im pH-Wert neutral.